无废城市——固体废物资源化利用丛书

城市固废路用材料资源化

主　编　过震文
副主编　徐　斌　苏　凯　何昌轩

上海科学技术出版社

图书在版编目（ＣＩＰ）数据

城市固废路用材料资源化 / 过震文主编. -- 上海 ：
上海科学技术出版社，2021.3
　（无废城市 ： 固体废物资源化利用丛书）
　ISBN 978-7-5478-5197-5

　Ⅰ．①城… Ⅱ．①过… Ⅲ．①城市－固体废物利用－
研究 Ⅳ．①X705

　中国版本图书馆CIP数据核字(2020)第272510号

城市固废路用材料资源化
主编　过震文

上海世纪出版(集团)有限公司
上海 科 学 技 术 出 版 社　出版、发行
（上海钦州南路 71 号　邮政编码 200235　www.sstp.cn）
上海雅昌艺术印刷有限公司印刷
开本 787×1092　1/16　印张 14.75
字数 300 千字
2021 年 3 月第 1 版　2021 年 3 月第 1 次印刷
ISBN 978 - 7 - 5478 - 5197 - 5/X·58
定价：150.00 元

_____

内容提要

我国每天都会产生数量可观的城市固体废弃物，其管理和处置问题刻不容缓；同时，城市道路的高速建设消耗了大量天然矿山资源，需要寻找合适的替代品以减缓对自然资源的消耗。通过技术手段将固体废弃物用作道路材料，既减少了城市固体废弃物（简称固废）的环境污染，又为道路建设找到了新的原料来源，可谓一举两得。

本书从固废资源化利用的矿物学研究入手，将固废视为矿物资源，阐述了典型固废的成分及选矿技术；同时对固废资源化利用的材料用途和性能、环境问题、变异性等方面的研究成果进行了系统介绍。关于固废材料性能，本书主要介绍了它与传统路用材料性能上的差异，并对其有利特性和不利特性分别进行了分析。关于固废材料潜在的环境问题，本书对其资源化利用过程中各环节可能产生的环境问题进行详细剖析，阐述相关的评价指标，并提出相应的污染预防及控制措施。同时，本书还介绍了固废变异性的表征，并分析了在固废资源化的取样、选矿、产品设计与应用等环节控制变异性的技术。

本书后半部分详细介绍了多个固废资源化的应用和研究案例，包括旧沥青路面厂拌热再生、废旧轮胎用于沥青改性、生活垃圾焚烧炉渣资源化利用、工程废弃泥浆资源化利用、建筑装修垃圾资源化处置技术等，通过实践来验证相关理论和技术的可行性。

本书理论与实践相结合，既可供城市固废相关领域从业者使用，也可作为高等院校道桥和环境专业师生或研究人员的参考用书。

前　言

本书为"无废城市——固体废物资源化利用丛书"系列丛书的第二本。在上一本《生活垃圾焚烧炉渣资源化理论与实践》中，笔者将生活垃圾焚烧炉渣作为具有代表性的城市固体废弃物进行分析，对其材料特性、选矿方法、金属回收、环境影响、资源化利用等相关研究成果进行了详细阐述。而本书将从新的视角出发，将研究对象拓展到各类生活和工业废弃物，而将它们的资源化应用领域重点放在城市道路工程上。

近年来，城市道路的原材料需求量逐年攀升，而各地环保政策对石料开采的限制又导致从自然山体获取原材料变得困难。但这样的限制也促使我们开始转变思路，将部分原材料的获取来源由"自然"变为"城市自身"。2018 年，习近平总书记指出，要推动形成绿色发展方式和生活方式，全面促进资源集约利用。2019 年，国务院办公室印发《"无废城市"建设试点工作方案》。这些指导性思想和文件都为我们解决道路工程原材料问题指明了方向。

2017 年，我国城市固体废弃物年产量达到 14 亿 t，并且还在以每年 7％～9％的速度递增，其处理处置刻不容缓。事实上，固体废弃物是"放错位置的资源"。如此庞大的固废数量同时也可看作是丰富的材料来源。面向道路工程进行城市固废资源化利用，既可化解道路建设中存在的供需矛盾，又解决了城市固体废弃物的处理处置问题，一举多得。

本书介绍了固体废弃物材料与其相对应的天然材料具有的一些不同特性。诸如自黏结特性和火山灰特性等有助于促进固废材料的力学性能，是固废材料的有利特性；而固废使用过程中体积的潜在变化引起的不安定性会导致产品的破坏或使用性能下降（如生活垃圾焚烧炉渣中由自由石灰、锈蚀铁、硅酸二钙、金属铝氧化、硫酸盐、碱氧化硅等成分引起的膨胀、开裂、性能下降等问题），属于固废材料的不利特性，这类特性在固废使用中需要引起额外重视。

环境问题一直以来都是固体废弃物资源化利用中不可回避的研究重点之一。相对于已经被长期研究和使用的传统路用原材料而言，大部分固体废弃物用于道路所带来的环境影响尚不十分明确，且由于种类繁多，不能一概而论。本书将典型固废在堆放、运输、加工、使用等过程中潜在的水、声、气污染情况及评价指标进行了系统阐述，可为相关固废材料的设计和应用提供一定的理论参考。

此外,固体废弃物因组成差异、时空差异、加工工艺差异等,通常具有较大的变异性。而变异性又将影响其使用的稳定性和力学性能等评价指标的准确性。在固废资源化过程中,需理清固废变异性的来源和表征,分析固废在取样、选矿、资源化利用和结构使用上的变异性特点,并通过技术手段控制其变异性。

作为城市固废路用材料资源化的应用实例,本书介绍了生活垃圾焚烧炉渣和建拆垃圾在世界范围内的资源化加工厂现状,并介绍了旧沥青路面厂拌热再生、废旧轮胎用于沥青改性、生活垃圾焚烧炉渣资源化利用、工程废弃泥浆资源化利用、建筑装修垃圾资源化处置等五项技术在国内应用的具体案例,为面向道路的固废资源化利用落到实处提供了一些建议和启发。

目前国家对于固体废弃物资源化利用的全过程规范管理(包括对各类固体废弃物的原料市场、资源化处理、相关产品质量、污染防控等方面的标准、规范化和管控)尚处于起步阶段。而本书则是希望通过分享笔者与研究团队十余年在该领域的研究成果,抛砖引玉,激发行业内相关从业人员及学者对一些问题的思考与研究,促进相关标准、技术和规范化流程的形成,推动固废资源化在我国的健康可持续发展。

本书在写作过程中,得到了上海城投公路投资(集团)有限公司的大力支持,在此表示感谢;同时,黄少文、孙文州、宰正浩、阮仁勇、冀振龙、田海洋、张绪国、李逸翔等同事同仁也从各方面对本书的撰写提供了帮助,在此一并致以谢意!

作　者

目 录

第五章　固废变异性的控制　　　　　　　　　　　　82

第九章　生活垃圾焚烧炉渣应用　　　161

第十章　工程废弃泥浆资源化利用　　　185

第十一章 建筑装修垃圾资源化处置技术

参考文献

第一章

绪　论

1.1　城市固体废弃物简介

　　废弃物,也就是不能按预定用途继续使用或目标产品之外产生的材料,有制造工艺过程中产生的废弃物,如废钢渣;有使用过程中产生的废弃物,如生活垃圾;也有使用寿命结束时的废弃产品,如建筑垃圾。城市固体废弃物(以下简称"固废")产生于城市,因此摒弃农业废弃物或矿山废弃物等类型。生活垃圾、建筑垃圾(包括市政垃圾)是其主要的来源,如城市中的工业,则对应有工业废弃物,其类型和数量依照城市的具体工业布局而变化。还有绿化垃圾、电子垃圾、汽车垃圾等,其数量随着人们物质生活水平的提高与整体社会科技水平的发展,处于不断地增长之中。固废研究也离不开对空气、水及噪声等因素的研究。譬如,对泥浆的研究,就涉及水和泥的分离,而飞灰正是对生活垃圾焚烧后废气排放处理的产物,固废的处理工艺,也需要对空气、水及噪声的排放加以控制。

　　在以上的城市固废概念中,通常是按照垃圾产生的源头进行分类,这有利于垃圾的集中收集,但对资源化利用来说,有时并不方便。比如上海市把建筑垃圾划分为五类,即工程垃圾、工程渣土、装修垃圾、工程泥浆、拆房垃圾。但拆房垃圾与装修垃圾在资源化时,通常会混用,而工程垃圾的概念相当模糊。这种按用途而不是按成分的划分,对固废资源化利用技术的开发是不利的。国外有些划分一定程度上可以借鉴,如"活性垃圾"与"惰性垃圾"(有些国家规定,惰性垃圾不得填埋)、"有机垃圾"与"无机垃圾",甚至按照主要成分,将建筑垃圾分为"废旧混凝土垃圾""砖混垃圾"等。

　　城市固废产生于城市运行的各项活动,在时间上和空间上存在明显的不均匀性。譬如,上海早期的房子是石砌房子,后来发展为砖砌房子,现在大量的都是混凝土房子,这体现在拆房垃圾的成分上,有着明显的时代痕迹。又如,我们在对生活垃圾焚烧炉渣的研究过程中,发现昆山焚烧炉渣中的有色金属含量比上海更高,这与昆山电子器件生产厂家密集有很大关系。另外,2016年上海加大了"拆违"的力度,拆房垃圾数量爆发式增长,给政府废弃物管理部门造成了极大的处置压力。

　　随着城市人口和居住人口密集度的增加,城市固废的数量不断增加,而城市容纳固废的填埋场数量在不断萎缩，还有国家从政策上禁止垃圾的跨省界流动，这些都加大了城市固废对于城市管理者的压力。在此背景下，对于某些具有一定经济利益的固废，地下市场涌动，如废轮胎被拉到深山土法炼油，废旧混凝土用风镐打碎取钢筋，煤渣直接掺入道路材料，生活垃圾湿法提取贵重金属等。这些做法有的以环保为名破坏环境，有的使材料生产与应用失去质量控制。

对城市固废的处置，国际通用的策略分为五个层次：

第一个层次是减量（reduction），譬如通过纸张的双面打印，减少对纸张的消耗；通过永久性路面的开发，减少每年产生的道路废弃物数量。

第二个层次是再利用（reuse），仅仅通过位置的移动或降低等级，将废弃物用于相同的目标。比如废旧混凝土中的钢筋被完整取出后，直接作为钢筋的再利用；建筑垃圾中，将砖砌结构加热至500℃以上，使砖体与灰浆完全分离，得到的完整烧结砖再被用于新建筑的砌筑等。

第三个层次是再循环（recycle），将固废经过一定的处理，形成可在某方面使用的原材料或产品。比如，将生活垃圾焚烧炉渣经过破碎、筛分、金属分离、熟化等工艺，作为集料用于道路材料的生产。又如，废旧沥青经过破碎、筛分、加入再生剂，并与一定的新沥青和新集料组合，生产再生沥青混合料。

第四个层次是焚烧（incineration），是对热值较高的废弃物回收能量的一种策略，可用于生活垃圾、绿化垃圾、医疗垃圾、危险化学品等。不过，焚烧并没有根本性解决固废，还有焚烧余留的灰渣需要进一步处理。

第五个层次是填埋（landfill），是对一切用当前的手段无法解决或无法经济地解决的固废的终极解决方案，是优先级最低的解决方案。所谓固废资源化策略，就是希望废弃物的处置越过填埋，尽可能采取靠上面层次的措施。

城市固废资源化的必要性体现在以下三个方面：

一是固废本身就是资源，即俗话说的"垃圾是放错位置的资源"。当然，这种资源，有的是一眼就看得到的，譬如固废焚烧炉渣中的金属、废旧混凝土中的钢筋；有的则需要在一定的加工处理和材料设计后才能明确的。不过，资源本身的价值与处理的成本存在着制衡关系。由于天然资源的日益枯竭和处理技术的不断发展，这种制衡关系也会随着时代的发展而不断变化。

二是固废处置的压力。固废如果不资源化，势必要寻找容纳它的填埋场地，而这样的填埋场地短时间内很难获得有效利用，在日益紧张的城市用地面前，填埋场愈来愈成为一种奢望。

三是城市建设本身对自然资源的巨大消耗。一座金茂大厦，"搬走"了湖州半座青山。一条浦东南干线，"消灭"了湖州的金盖山。在"金山银山，不如绿水青山"的现代生态文明理念下，上海周边的浙江、江苏等地关闭了大量采石场。建设仍在继续，可用资源却大幅度减少，或可用资源的成本愈来愈高，这在一定程度上也寄希望于城市固废替代天然石矿。

1.2 城市固废资源化的国内外现状

1.2.1 欧洲

发达国家将污染物转移到发展中国家的发展方式，受到了全世界的批评。1987年，以挪威前首相布伦特兰夫人为主席的世界环境与发展委员会（WCED），向联合国提交了一份报告《我们共同的未来》（文件名为《布伦特兰报告》），其中提到了"可持续发展"：既满足当代人的需要，又不对后代人满足其自身需求的能力构成危害的发展；应把生态利益、社会利益和经济利益增长一起考虑。

《布伦特兰报告》中的有些概念，已经成为欧盟1991年3月正式采纳的有关垃圾的指令91/156/EEC的一部分。这一指令意在迫使欧盟成员国规定：通过清洁技术、可被再利用或再生的产品的开发，预防和减少废弃物；垃圾的再生与回收，以及它向次级材料的转化；垃圾的回收与处置，起到不危及人体健康或环境。

图1-1是欧洲各国城市垃圾再生率的分布情况，保加利亚几乎为零，而德国已经接近45%。表1-1是人均生活垃圾和建拆垃圾的再生情况。由于缺乏建拆垃圾的恰当定

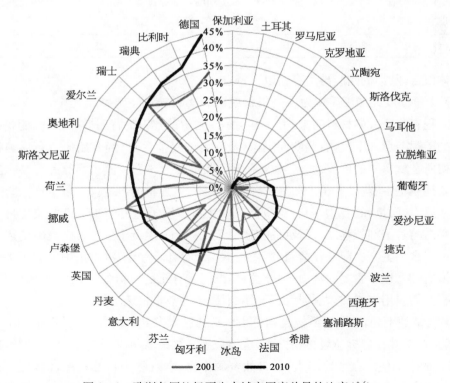

图1-1 欧洲各国垃圾再生占城市固废总量的比率（%）

义,也缺乏可靠的欧盟监测计划,这些数据并不完全准确。其结论是,人口较密集的国家,如比利时、丹麦、荷兰,建拆垃圾再生的进展相对较好;其次是芬兰、法国、德国、英国;另一些国家,建拆垃圾再生似乎局限于城市群中。

表 1-1　欧盟国家建拆垃圾量和再生率

欧盟国家	人口 (百万人)	建拆垃圾 (×10⁶ t)	建拆垃圾/ [kg/(人·年)]	再生率/%	生活垃圾/ [kg/(人·年)]
比利时	10	7.5～8	700～800	87	350
丹　麦	5.2	2.3～5	460～1 000	81	460
芬　兰	5	1.6	320	45	620
法　国	56	20～25	340～450	15	460
希　腊	10	2	500	<5	300
荷　兰	15	13～14	870～930	>90	500
爱尔兰	3.5	2.5	710	<5	310
意大利	58	35～40	600～690	9	350
卢森堡	0.4	2.7	6 670	—	450
葡萄牙	10	3	330	<5	300
西班牙	39	11～22	280～560	<5	320
英　国	57	50～70	880～1 220	45	350
瑞　典	8.5	1.2	140	21	370
德　国	79	52～120	840～1 900	17	360
奥地利	7.7	22	2 860	41	430
欧盟合计(估)	364	221～334	607～918	28	390

总体而言,欧洲的固废再生存在以下特点:

(1) 大量固废经加工后作为再生集料或次级集料被用于道路工程中,这一方面说明了道路工程有着巨大的材料需求,另一方面是因为道路建设的普遍性,所以总能找到运距相对短的工程项目。不过,有些欧洲国家(最有名的是荷兰)已经开始研究石质建材再生回其最初所在材料中的可能性(从"垃圾管理"转向"链管理")。其内涵就是混凝土应优先再生回新混凝土中,灰砂砖再生回新灰砂砖中。不过,建材的再生仅当再生产品与天然资源相比在成本、质量和数量方面有竞争优势时才有吸引力。由于制造良好质量再生集料混凝土必需的若干额外程序,以及可能略微复杂的加工,混凝土生产再生集料的成本将比道路建设中水平更高。即便在荷兰,填埋建拆垃圾存在着禁令,混凝土中的应用迄今也还未大规模启动。这里主要的理由也是道路建设仍具有充足的能力。不过,普遍的预期是,将来混凝土的应用将增加,尤其是由于拆除混凝土的数量快速增长。

(2) 国情的不同,造成了欧洲各国再生水平的巨大差异。例如,挪威不是一个典型的"再生国家",尤其在建拆垃圾再生方面,这类垃圾全国的再生水平在10%～20%,远低于欧盟25%的平均值。挪威地多人少,自然资源丰富,岩石作为自然资源,储量巨大,砾石和碎石的年产量大致为5 000万 t(或11.6 t/人)。优质岩石材料的易于获取,导致建设工程中集料相对严格的技术要求。挪威气候表征为丰富的降水。由于从河流和湖泊中取水容易，因此全国只有不到 15％的人口使用地下水作为饮用水（相比较，丹麦的饮用水主要由地下水供应）。这样挪威垃圾处置点的径流，没有受到太大的关注。由于可用空间、自然资源和地下水质量的优势，填埋仍是挪威建拆垃圾看似合理的解决方案。但这导致了挪威再生固废的动力不足。而人口密度高、国土面积小的荷兰，情况正好相反。荷兰石料矿产缺乏，优质石料依靠进口，这就使得再生集料具有很大的吸引力。为推动再生，荷兰政府颁布了可再生垃圾填埋的禁令，禁止如建拆垃圾等可再生垃圾进入填埋场，同时加大财政刺激，并引领技术开发，取得了极为有效的成果。

（3）欧洲标准化委员会起草统一的标准，指导各国的固废再生工作。比如按照 CEN 154"再生集料特别小组"的建议，将石质集料分成了三大类，反映了欧洲建筑物由混凝土、黏土砖和天然石料组成的事实，内墙和内墙饰也有使用石膏灰浆和石膏块的情况。具体分类见表 1-2。

表 1-2　再生集料的分类标准

要　　求	Ⅰ 型	Ⅱ 型	Ⅲ 型	试 验 方 法
最小颗粒干密度/(kg/m³)	1 500	2 000	2 400	prEN 1097-6
最大/(wt.%,SSD<2 200 kg/m³)	—	10	10	prEN 1744-1,13.2 节
最大/(wt.%,SSD<1 800 kg/m³)	10	1	1	按 ASTM C123 改动
最大/(wt.%,SSD<1 000 kg/m³)	1	0.5	0.5	
外来材料最大/(wt.%)（金属、玻璃、塑料、木材、纸张、焦油、破碎沥青等）	5	1	1	按 prEN 933-7 中的目视分离试验

注：按目前草拟的 prEN 1744-1 第 13.2 节，仅分离密度 2 000 kg/m³ 的材料；prEN 933-7 是一种分选方法，限于贝壳含量的测定。

Ⅰ 型集料主要源于砌筑毛石，Ⅱ 型集料源于混凝土毛石，Ⅲ 型集料由再生集料（最大 20％）和天然集料（规定最低值 80％）的混合体组成。再生集料混凝土的性质可能与仅用天然集料的混凝土不同。因此，混凝土中仅部分集料由再生材料组成为宜。RILEM 认为，当混凝土中的再生混凝土集料占总质量的 20％以内，或再生砌体集料占总质量的 10％以内，其性质的变异可以忽略，而在特定的应用情况下，更高的再生集料替换率可能导致轻微的性质偏离。例如，代尔夫特理工大学的研究指出，再生混凝土与再生混合集料，粗组分 4/22 高达 100％的替换率下，可被应用于设计强度 35 MPa、环境分类为 3 的混凝土。根据同一研究，由以上规范，再生细集料可被再生至混凝土中 50％的替换率。再生混合集料的混凝土，非常适合于 28 d 强度达到 25～35 MPa、环境分类达到 2 的混凝土（W/C 比 0.55）。

1.2.2　美国

2013 年，美国产生了大约 2.54 亿 t 城市固体垃圾，再生和成为堆肥使用的是其中的 8 700 万 t，相当于 34.3％的再生率。图 1-2 给出了美国 1960—2013 年城市固废的再生情况。

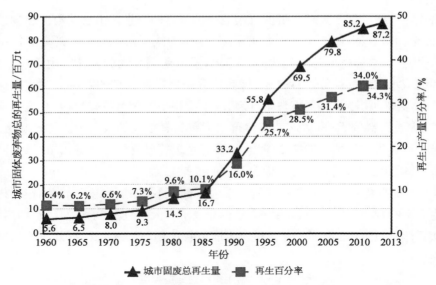

图 1-2　美国城市固废再生率(1960—2013 年)

除了生活垃圾外,建拆垃圾也是美国产量最大的垃圾之一(美国城市固废的统计中未将其包括在内)。2013 年,美国产生了 5.3 亿 t 的建拆垃圾。图 1-3 显示了 2013 年生产的建拆垃圾的材料组成。水泥混凝土占了最大比例(67%),其次是沥青混凝土(18%)。木制品占了 8%,其他产品合起来占了 7%。拆除垃圾占了建拆垃圾总产量的90% 以上,建设垃圾所占比例在 10% 以下。建拆垃圾产生于建筑物、道路、桥梁和其他

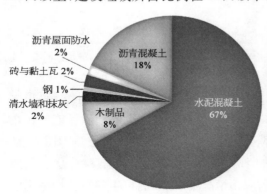

图 1-3　建拆垃圾的材料组成(2013 年)

结构。其他结构包括通信、电力、运输、下水道与垃圾处置、供水、保护与发展、制造等基础设施。2013 年,道路和桥梁对建拆垃圾的贡献(水泥混凝土 1.484 亿 t,沥青混凝土 9 510 万 t),显著高于建筑物(水泥混凝土 7 990 万 t,屋面沥青防水 1 260 万 t,其他 6 970 万 t)和其他结构(水泥混凝土1.245 亿 t)。这三个分类(建筑物、路桥、其他)中,水泥混凝土均占了建拆垃圾产量的最大份额。

至于建拆垃圾和其他一些工业废弃物在道路工程中的使用,1998 年 4 月,美国FHWA 发布了《路面建设中废弃物与副产品材料的用户指南》,表 1-3 给出了其中一些材料的描述。

表 1-3 是 1998 年的数据。其中,垃圾发电厂灰是炉渣和飞灰的混合物。有色金属矿渣包括磷渣、铜渣、镍渣、铅渣、铅锌渣、锌渣等。燃煤底灰来自干式排渣煤粉锅炉,燃煤炉渣来自湿式排渣锅炉——出渣炉和旋风炉。矿产废料包括矸石、尾矿、煤矸石、洗泥等。

表 1-3 美国道路中再生材料的使用　　　　　　　单位：×10⁶ t

材 料	产 量	用 量	应 用
高炉矿渣	14	12.6	混凝土中的集料
燃煤底灰	14.5	4.4	沥青集料、粒料基层等
燃煤炉渣	2.3	2.1	
燃煤飞灰	53.5	14.6	水泥生产、结构性填料等
铸造用砂	9～13.6	—	目前大部分被回收并使用
水泥窑粉尘	12.9	8.3	大部分现场使用；有些用作稳定剂；估计堆放了 9 000 万 t
石灰窑粉尘	1.8～13.6		
矿产废料	1 600	N/A	34 个州报道了在道路上的使用
垃圾发电厂灰	8.0	少量	有些在沥青中，大部分用于填埋场道路与填埋场覆盖
有色金属矿渣	8.1	无法获得	粒料基层、热拌沥青等
钢渣	无法获得	7.0～7.5	集料、粒料基层
RAP	41.0	33.0	热拌与冷拌沥青中集料、黏稠沥青结合料等
回收混凝土	无法获得	无法获得	水泥处治或贫混凝土集料、流填料集料等

美国的垃圾再生情况并不是非常好，其理由可能与挪威一样。资源的丰富、国土空间的巨大，使得垃圾填埋仍是美国固废很重要的处理手段之一。甚至生活垃圾焚烧炉渣与飞灰，在有些地方也还未被分开；或者有意将两者混合，称以此方式可将飞灰的毒性稀释。不过，个别固废在美国取得了相当大的技术进步，最为人所知的就是废轮胎作为胶粉对沥青的改性，美国的加利福尼亚州、得克萨斯州、佛罗里达州和亚利桑那州为胶粉改性沥青技术的进步都付出了大量的努力。目前该技术已被引进中国。另外，美国用变异系数来控制沥青再生旧料的质量，可以说是抓住了固废质量的本质，不过其实际效果仍有待时间的检验。

1.2.3　日本

日本与美国的情况正好相反。日本国土面积小，人口密度大，自然资源缺乏，这决定了日本垃圾填埋空间有限，大量地依赖于再生和焚烧。图 1-4 是日本环境部提供的 2011年所有行业产生的废弃物的产量情况（总共 3.8 亿 t/年）。

建筑垃圾再生情况如图 1-5 所示。可以看到，废旧混凝土和废旧沥青，在日本几乎全部得到了再生。污泥的再生率也达到了 69%，远远高于其他国家。从这些方面看，日本的固废再生在全世界都处于领先地位。

1.2.4　中国

中国的情况有些复杂。一方面，中国自然资源相对丰富，因此对固废资源化的动力不是很足。另一方面，中国大城市人口密集，无论是垃圾产量还是自然资源消耗量，都给城

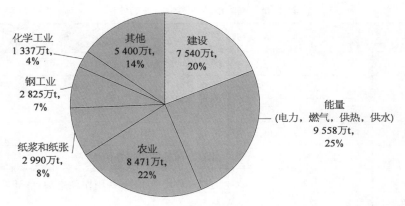

图 1 - 4 日本所有行业的垃圾产量（2011 年）

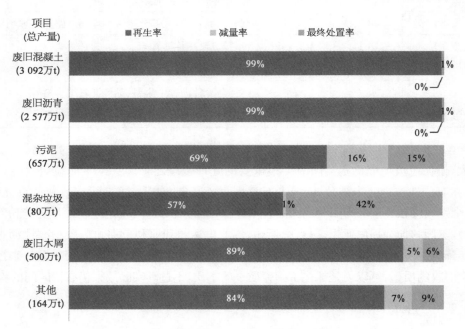

图 1 - 5 2012 年日本建筑垃圾再生情况

市管理部门带来巨大压力。因此固废的资源化在许多城市又都有相当的机遇。

在固废资源化方面，成功的案例为粉煤灰，部分成功的案例为废旧沥青混凝土，仍在探索的案例为建筑垃圾（包括拆房垃圾与装修垃圾在内），探索的案例为生活垃圾焚烧飞灰。粉煤灰实现了从废弃物到资源的华丽转身，废旧沥青混凝土技术方面研究较为深入，但管理方面仍有许多值得探讨的内容。建筑垃圾无论是技术还是管理，都处于一种无序的状态，短期心态与急功近利思想展露无遗。目前从国家层面来说，飞灰的资源化，作为飞灰的最终解决方案，需要尽早部署，尽早展开基础研究和产业化探索。而固废应用于道路工程，相较于美国和欧洲国家，技术上还缺乏体系性的研究，处于一种相对混乱的各自为政的状态。

1.3　城市固废资源化面临的挑战

城市固废资源化利用,面临八大挑战。

1.3.1　城市固废在空间和时间上的变异性

无论是生活垃圾焚烧炉渣、建筑垃圾,还是钢渣,其物理性质和化学组成,不同工厂、不同工艺、不同地区都存在着相当大的变动。瑞士的一份研究指出,世界上不存在完全一样的两座炉渣处理厂,这从一定程度上间接反映了炉渣的变异性。面对这样的变异性,对其来源的分析、对其处理工艺的研究和对其后续利用的开发,都是一种挑战。

1.3.2　城市固废处理的成本

瑞士曾研究了生活垃圾焚烧飞灰的资源化利用技术,利用酸气洗涤产生的酸将飞灰中的重金属浸出,接着将汞用离子交换剂萃取出来,在剩下的溶液中投入锌粉,将活性弱于钾、钠、钙、锌的金属置换出来,然后对富集锌的溶液进行电解。这样使飞灰彻底无害化,从而为资源化奠定了基础。但由于其成本较大,一直未获推广。从一定意义上讲,将建筑垃圾中的烧结砖、混凝土、瓷砖、玻璃等逐个分离,目前的技术是存在的,但由于分离的产品价值很低,这样的分离工艺就显得非常不经济。

1.3.3　城市固废处理的环境要求

一是对固废本身环境危险源的识别与处理。比如,建筑垃圾中可能含有目前已归入危险废弃物的石棉纤维、油漆等材料;生活垃圾焚烧炉渣本身的高碱性也可对应用对象周边的生物造成损伤;粉煤灰回填河浜,有重金属浸出超标的风险。二是固废资源化的加工过程本身可能存在环境隐患。比如,生活垃圾焚烧炉渣湿法选矿时,未做防渗处理的沉淀池,可能造成周边土壤的污染,沉淀污泥属于危废,可能被不当使用。又如建筑垃圾的处理,可能造成周边区域的粉尘与噪声污染。三是所制造产品对环境影响的评价。目前,国内对固废的填埋已经制定了环境评价的标准,但针对用固废制造出的产品,无论是测试方法还是控制指标,都存在相当的空白,这也导致了对固废加工产品不必要的环境担忧,或是不加约束的滥用。

1.3.4　城市固废资源化的质量要求

一般而言,让经过一定处理的固废直接替代天然材料,总会存在这样那样的问题。譬如,用废旧混凝土集料替代天然集料,废旧混凝土集料上附着的砂浆将使得集料吸水率增大,相对密度减小;将废旧沥青路面加入沥青混合料中,不能简单地将旧沥青混合料视为沥青与集料的组合,因为两者分别存在老化与降级的问题。这就需要对其质量作出一些特殊的规定,以及对其用量作出一定的限制(对用量的限制,一部分也受限于固废材料的变异性)。同时,固废在一些产品中的应用也受到了当前质量标准的制约。如沥青混合料的填料,目前规定"宜采用石灰石矿粉",这就使得建筑垃圾的粉料(如水泥浆粉体、砌砖磨细粉、瓷砖磨细粉、玻璃磨细粉等)、工业垃圾的粉料(粉煤灰等)和类似炉渣水洗污泥粉等,从一开始就被摒弃于填料选择之列。但这样的规定并不见得是合理的,这就需要为这些废弃物的利用而去研究沥青混合料填料更合理的质量控制指标。废旧 PE 也一样,当年就因为 PE 改性沥青的低温延度不足,直接判定 PE 改性沥青的低温性能较差,而使得在中国,PE 改性沥青几乎受到封杀,却很少有人去检讨,低温延度不足与路面低温性能不是一回事。利用废轮胎粉改性的橡胶沥青也差点由于延度达不到指标而遭到抵制,幸亏后来推出一个测力延度指标,挽救了橡胶沥青的"名誉"。

1.3.5 城市固废资源化的技术挑战

城市固废资源化的技术,大致分为固废产生技术、固废处理技术与固废应用技术。固废产生技术中,由于前期生产的目标是产品,因此对废弃物质量的提高或者价值扩大的关注是相当不够的。不过,这种情况有所改观。比如钢渣中含有一定程度的铁粉或钢渣,后期有人就将钢渣破得很碎,用磁选方法选出钢铁颗粒,而很细的钢渣应用有限,就遭到了随意丢弃,极大地污染了环境。后来,技术人员对钢渣产生工艺进行改进,使得钢渣中钢铁含量显著减少,后期的破碎超过了所获钢铁的收益,从而为钢渣的合理利用奠定了基础。又如瑞士,为使生活垃圾焚烧炉渣中的金属获得最大限度的回收,采用了"干排炉渣"的方法,避免了灼热炉渣遇水时金属的蚀变和后期湿炉渣干选小颗粒金属的困难。固废处理技术围绕着价值最大化与应用针对性两项目标。价值最大化主要围绕着选矿技术的开发进行,如围绕生活垃圾焚烧炉渣中小颗粒有色金属的回收,荷兰先后提出了撞击分离技术、Magnus 涡电流技术、湿法涡电流技术;德国提出了高压电脉冲的选择性破碎技术、基于传感器和微型吹气的选矿技术等。应用针对性,如改善建筑垃圾破碎技术,使得附着砂浆尽可能减少,以提高再生集料的使用质量;生活垃圾焚烧炉渣的熟化工艺,在降低炉渣的 pH 值的同时,也使炉渣颗粒的力学性质得以改善。这方面的技术仍在不断研发当中,而某一项技术的突破常常会对已有的技术或工艺造成强烈的冲击。如荷兰 Inashco 公司生活垃圾焚烧炉渣的撞击分离技术,诞生时间并不长,却对欧美的炉渣工艺产生了极大的影响。固废应用技术在我国未得到应有的重视。实际上,像生活垃圾焚烧炉渣,尽管从中可获得金属的高收益,但政府真正感受到压力的,却是如何将其用出去。而其应用势必涉及固废领域以外的其他领域技术,如水泥技术、混凝土技术、道路结构与道路材料技术、陶瓷技术等。这种两个或多个学科的融合,是对现在越分越细的专业的挑战。

1.3.6 固废资源化后工程应用的挑战

固废资源化后,目前最大的消耗实体,不外乎是建筑工程与道路工程,尤其道路工程,是消耗材料数量最大的单体工程。但固废在工程中的应用,受到了极大的挑战,主要表现在三方面:第一是目前道路工程的设计方法,基本上属于力学—经验法,经验占了相当大的比重。我国的标准中有相当一部分的指标控制也是大量实践的结果,有些指标与性能的关系是受到一定质疑的。在这样的前提下,固废资源化的使用,很难得到标准和实践的支持,而没有大量的实践,固废的应用技术就被局限于一条试验段、几篇论文。第二是道路施工过程的质量控制不如工业产品精细,受到各种因素的制约。在这样的情况下,业主认为固废的利用引入了新的变数,对质量控制是不利的,从而并不欢迎固废的应用。第三是道路质量责任的认定问题。加入固废的道路工程一旦出现质量问题,究竟该追究哪方责任,尤其是在固废存在更大变异性的情况下。譬如按照生活垃圾焚烧的要求,炉渣的烧失量应控制在小于 5%,但实际上,许多炉渣加工厂从焚烧厂获取的炉渣的烧失量超过了5%(焚烧厂受到了生活垃圾源的波动、单位焚烧量的波动等因素的影响),而有机物含量对用炉渣加工的水泥稳定碎石的力学稳定性是有影响的。那么当出现质量问题时,该如何界定责任?业主在许多问题不明确的情况下,同意做试验段已是开明之举。而没有工程的大量消耗为依托,固废的处理就很难有良性的发展。

1.3.7 固废资源化利用的文化心理因素

这种心理表现在对固废与生俱来的逃避上。如固废应用于房屋建筑时,其销售价值受到极大影响。有的道路工程业主认为,"与天然集料同样的价格,为什么要选择再生集料"。这种心理在欧洲国家,如瑞典,也是存在的,该国就有专家认为:"道路不应成为固废的填埋场"。当然,还有一种心理,就是对国家资源丰富的自信,认为没必要使用质量不如天然集料的再生集料,这从国家标准不断加大对原材料的质量要求可见证,导致许多道路原材料的选择,已经偏离了"就地取材"的道路建设原则,也使得材料价格不断上升。实际上,像美国路易斯安那州,由于当地没有高抗滑集料,进口费用又很高,促使它们使用本地产的低抗滑集料与进口的少量很高抗滑集料的组合,实现了"差异磨耗"的意外收获。这样的做法值得再生集料借鉴。又如多孔弹性铺装的开发,使用高度耐磨的钢渣与声阻尼很大的废旧轮胎橡胶粒的组合,利用聚氨酯树脂为结合料,制造开级配的混合料,实现10 dB 以上的降噪量,尽管其耐久性仍有待提高,但这种发挥再生集料、天然集料各自优势的做法,也是值得借鉴的。

1.3.8 固废资源化利用的政策驱动与政策保护

固废存在两种类型。一种是有利可图,从而已经形成了市场,譬如中国国内的废旧混凝土市场。这类固废主要需要规范化的政策指引,同时需要在保护环境、安全等方面遵章守纪,技术上又敢于突破的企业来支撑市场良性运作。另一种是无利可图,需要政府补贴的废弃物,如装修垃圾。这类废弃物就需要政府加大协调与支持力度,一定意义上与企业共担风险与责任。政府应该从宏观上统筹固废资源化的技术开发与运营管理,明确利益相关方的责任和义务。如政府负责拟定相关激励政策与强制手段;行业协会负责标准的制定与相关知识的传播；科研机构应在统一目标下进行相关研发活动；生产型企业应落实产业化成果，探索标准化的质量管理；建筑或道路的业主应积极支持绿色产品的引入，倡导"绿色建筑"或"绿色道路"的营建。只有整个产业形成良好的互相促进的闭合链，固废资源化才能获得健康有序的发展。

政府政策的制定应避免两种极端情形，一是在技术未完全明确的情况下强制推行。其突出的例子是鉴于废轮胎的处置压力，美国于 1991 年推行了水陆联合运输功效法令（ISTEA）和资源保护回收法令，强制要求联邦参与的公路投资必须放松废轮胎使用的监管，必须研究沥青混凝土中使用废轮胎的再生和环境问题，每个州都必须满足最低程度的废轮胎利用要求。但橡胶沥青路面出现了大量的质量问题，迫使 1995 年参议院撤销了其内容。包括加利福尼亚州、得克萨斯州、佛罗里达州和亚利桑那州在内的四个州经过技术开发，推动了 21 世纪美国橡胶沥青技术的重新兴起。这说明，政策的制定要与技术的发展现状相适应。又如生活垃圾焚烧炉渣的处理，国际上绝大多数为干法处理，仅荷兰的 AEB 公司与 Boskalis 公司等有湿法处理的技术。在我国，除了上海，几乎千篇一律为湿法处理，目的无非是追求金属价值的最大化，但对场地的污染、污泥的排放和后端的应用关注甚少，导致规范运作的企业因成本高难以为继，环保型企业自己二次引发环境问题却无人监管。这又说明，政策的制定必须跟上产业运作的现实，否则一旦利益圈牢固建立，重新梳理是相当困难的。

1.4 固废资源化产业的政策扶持

1.4.1 经济政策上的支持

1.4.1.1 经济补贴

除了长江口细沙等资源外，上海总体上自身不出产石料等初级材料，这些材料多依赖于水运或陆运入沪。同时，近几年其周边省份浙江、江苏等对矿山加大了保护力度，提高了初级集料的价格。这从自由市场的角度，有利于上海再生集料市场的繁荣。实际上，效果已经显现，主要的再生集料来源——废旧混凝土的价格日益攀升，有力地促进了废旧混凝土甚至砖混废弃物的资源化市场。同时，也出现了一种尴尬局面，无论是混凝土支撑的拆除还是混凝土路面的破碎，业主都需要支付垃圾清运费。但事实上，承包商在拿到垃圾清运费的同时，这些垃圾也被作为商品销售，这意味着承包商从业主和销售中都能获利。究其根源，没有从产业链的整体进行考量是原因之一，另一个原因则是没有对类似的建筑垃圾进行针对性的分类管理。如资源化程度很低的渣土，的确需要业主为处置埋单，而资源化程度较高的废旧混凝土则内含价值，尤其是钢筋混凝土，价值更高。

相对于建筑垃圾，道路自身的废弃物相对稳定一些。比如上海曾在 2006 年 3 月，发布了《上海市旧沥青混合料热再生利用管理规定（试行）》，要求旧沥青产生单位将旧沥青送往指定回收点。对于运送单位没有经济补助(但有垃圾清运费),但回收单位当"根据对在生产原料中掺有不少于 30% 的废旧沥青混凝土生产的再生沥青混凝土实行增值税'即征即退'"的规定,向上海市国家税务局申请办理退税手续。由于享受利益的企业为沥青厂,而不是施工单位,因此后期出现了旧沥青料在施工现场被民营老板现金买走的情况。北京意识到了这一问题,在 2015 年推出了《关于发布路面沥青混合料旧料指导价格的通知》,规定"2015 年路面沥青混合料旧料现场收购指导价格为 56 元/t,使用 8 年以上的路面沥青混合料旧料价格为 52 元/t",将旧沥青混合料视为产品出售。其效果有待实践检验。

生活垃圾焚烧炉渣也经过了从垃圾到"资源"的过程。如 2010 年御桥生活垃圾焚烧炉渣的政府补贴还有 25 元/t,到 2013 年仅剩 15 元/t;而老港的炉渣处理据称已经达到了反贴政府,也就是不但不要补贴,还可以作为产品出售。这其中的变化,除了技术的进步(有色金属价值的实现)外,还有就是政府失去了环境监管和产业链监管的职责,任由市场逐利的结果。本报告中已提到,目前国内炉渣的湿法处理有污染加工场地土壤、降级炉渣集料(隐含结构风险)等环境、质量成本隐患,这些成本没有为炉渣处理企业所消化,而全部转嫁给了政府或社会。

另外,对于建筑装修垃圾,浦东曾有两家单位从事装修垃圾的资源化工作,政府的补贴一度谈到 50 元/t 左右,实际支付时按照了 30 元/t,其结果是一家停止了这方面的业务,另一家向政府"投降"。究其原因,技术不成熟情况下,过低的补贴使得企业做亏本买卖,当然无从持续。但是究竟应支付多少,就需要有企业通过一段试运行,来给出合理的估计。不过,现在有些企业正在混淆政府的视听,拿着做废旧混凝土或砖混的设备与工艺,嚷着解决了装修垃圾的资源化。在这样的氛围下,政府的有些人,甚至有些地方的政府,未考虑装修垃圾的问题,更不会实行补贴,影响了装修垃圾技术的提高与装修垃圾产业的规范化部署。

事实上,对于固废资源化从经济补贴走向自由市场的道路,粉煤灰是很具说服力的。粉煤灰从 20 世纪 50 年代就开始研究,当时都是发电厂出钱,请人资源化。经过这么多年的运作,这十几年来,粉煤灰实际上已经作为资源在销售了,中间跨度有三四十年,技术历经检验与优化,伴随着大量的科研成果。而如今,许多固废所谓的资源化,既没有可靠的、体系化的科研成果,也没有工程数据的积累,仅凭一些企业的游说,就确定经济补贴的数量,甚至取消经济补贴,缺乏科学决策的精神。

因此,补贴需要有实在性,急产业之所急;需要有时效性,乘科技发展之东风;需要有科学性,依据充分,流程合理。

1.4.1.2　税收

《中华人民共和国环境保护税法》2016 年 12 月 25 日在十二届全国人大常委会第二十五次会议上获表决通过,自 2018 年 1 月 1 日起施行。这部税法主要涉及大气污染、水污染、噪声和固废排放四种环境问题。针对固废,有以下两条规定。

(1) 企业事业单位和其他生产经营者向依法设立的污水集中处理、生活垃圾集中处理场所排放应税污染物的,不缴纳相应污染物的环境保护税。

（2）企业事业单位和其他生产经营者储存或者处置固废不符合国家和地方环境保护标准的,应当缴纳环境保护税。

可以看出,这个税法实际上是对破坏环境的一种惩罚,而不是像其他国家一样是对固废填埋的一种否定（即便合法）。例如,澳大利亚昆士兰州,其环境税法规定,填埋 1 t 工商垃圾、建拆垃圾或其他无危险性的受监管垃圾,交付税收 35 澳元;而低危险性的受监管垃圾,则交付税收 50 澳元/t;高危险性的 150 澳元/t。其目的是减少填埋对土地的长时期占用,并将固废向焚烧与再生转移。我国目前的税法对固废的资源化没有明显促进作用,上海的地方规定可向前迈出一步。

碳税也是促进固废资源化的税收手段,它以企业排放二氧化碳的数量为基数征税。2010 年,国家发展和改革委员会和财政部联合抛出的碳税专题报告指出,中国推出碳税比较合适的时间是 2012 年前后,且应先针对企业征收,暂不针对个人。在这份中国碳税税制的框架设计中,提出了中国碳税与相关税种的功能定位、中国开征碳税的实施路线图和相关的配套措施建议。不过,单独的碳税很难推出来,可能与环境税相捆绑有关。据称,碳税的税率将超过 10 元/t。

碳税的征收,对固废的资源化是非常好的促进。一方面,次级集料与次级矿产的获取,大幅度减少了二氧化碳的排放。同时,使用再生材料,避免了初级材料长距离的运输产生的燃料消耗,从而减少二氧化碳的排放。因此,为了加大对固废资源化的推进,当然更为了节能减排,碳税的推出是值得期待的。

税收的第三个手段是资源税。我国自 1984 年以来,开始征收资源税,最初资源税税目只有煤炭、石油和天然气三种,后来又扩大到铁矿石。2011 年 10 月 10 日,国务院公布了《国务院关于修改〈中华人民共和国资源税暂行条例〉的决定》,2011 年 10 月 28 日,财政部公布了修改后的《中华人民共和国资源税暂行条例实施细则》,两个文件都于 2011 年 11 月 1 日起施行。修订后的"条例"扩大了资源税的征收范围,由过去的煤炭、石油、天然气、铁矿石少数几种资源扩大到原油、天然气、煤炭、其他非金属矿原矿、黑色金属矿原矿、有色金属矿原矿和盐七种。总的来看,资源税仍只囿于矿藏品,对大部分非矿藏品资源都没有征税。

2016 年 5 月 10 日,财政部、国家税务总局联合对外发布《关于全面推进资源税改革的通知》（以下简称《通知》）。《通知》宣布,自 2016 年 7 月 1 日起,我国全面推进资源税改革。根据《通知》要求,我国将开展水资源税改革试点工作,并率先在河北试点,条件成熟后在全国推开。考虑到森林、草场、滩涂等资源在各地区的市场开发利用情况不尽相同,对其全面开征资源税条件尚不成熟,此次改革不在全国范围统一规定对森林、草场、滩涂等资源征税,但对具备征收条件的,授权省级政府可结合本地实际,根据森林、草场、滩涂等资源开发利用情况提出征收资源税具体方案建议,报国务院批准后实施。

以上规定并未涉及采石场的矿石,而许多国家对石矿征收了资源税,抬高了初级集料的价格,为次级集料和再生集料增强了价格的市场竞争力。上海可在这方面进行试点,以此切实推动固废资源化的实施。

环境税(填埋税)、碳税、资源税这三个税种实施得好,将会对固废产业起到极为有利的良性作用。

1.4.2 法规政策的支持

1.4.2.1 政府优先采购

价格与性能接近的情况下,政府财力项目优先采购包含固废的产品,这应成为政府支持固废再生的有力举措。这首先可体现在招标的评分标准中,固废的包含应成为标书评分的重要组成部分。不过必须同时坚持以下原则:

(1)固废的使用不应使产品的标准降低,或如果使标准降低,应有更有利的寿命周期成本。

(2)应优先鼓励工程中使用该工程自身产生废弃物加工制成的产品。

(3)应结合政府其他资源的优先提供,如工程款的优先支付、废弃物加工场地的优先提供等。

(4)可结合政府的绿色建筑、绿色道路等工程认证计划一道实施。

1.4.2.2 工程零排放规定

要求工程产生的固废必须100%资源化,从而实现工程零排放的规定。鉴于目前的技术水平,实现现场废弃物零排放可能有困难。若出现这种情况,可以外来废弃物的资源化等额替换。如某道路工程,沥青层与半刚性基层应实现100%再生(工厂或现场),而渣土目前实现资源化有困难,则应在统计渣土外运量的同时,考虑其他固废在该工程中与外运渣土量同等数量的使用。如果该工程挖方大于填方,可考虑使用"赤字",也就是企业需在今后工程中填补这一"赤字"。招标时,对"赤字"指标予以考量。

1.4.3 固废资源化产业的后续技术研究支持

固废资源化产业发展所依赖的技术远未完善,需要国家及相关部门大力扶持相关的研究,举例如下:

(1)面向道路工程应用的固废选矿(分离)工艺的数值模拟、选矿参数的自动调节与控制技术。

(2)道路工程的全力学设计与基于不确定参数的设计技术。

(3)道路内部水运动模型与内源污染物迁移、扩散及衰减机制。

(4)固废粉料的分离技术,以及作为填料或外加剂在沥青与水泥混凝土材料中的应用技术。

(5)道路回填(沟槽回填、河浜回填、上路床、桥头回填等)材料面向性能的指标表征,以及不同固废组合或分离应用的设计方法。

(6)道路绿化用土指标和固废的可用性研究。

(7)以玻璃、砖、陶瓷等为代表的烧结废弃物在道路工程中应用的研究。

（8）以生活垃圾焚烧飞灰与生活污水污泥为代表的危险废弃物，作为金属矿体与活性粉体的资源化研究。

（9）再生集料的品质升级与基于使用性能的评价指标。

（10）橡塑等有机固废在道路工程中的应用研究。

第二章

固废资源化综合利用的矿物学研究

　　固废选矿是固废资源化利用的基础。通过选矿,可以将固废中的金属、非金属、有机组分等进行分类。这既可提高各类组分的循环利用价值,又可减少资源化利用中由于材料混杂金属元素所导致的环境污染。本章先从原矿和目标矿的角度分别对固废类型进行划分,分析固废的成矿过程及其内蕴矿产,并分析矿山选矿与城市选矿的异同。随后详细讲解固废选矿技术和设备,包括重力选矿、磁力选矿、化学选矿、自动选矿等。

　　固废的选矿,可以说是整个固废处理的基石。这主要基于以下四个方面的认识:

　　(1) 从材料角度看,铝金属与酸、碱甚至是水,存在产氢反应,使得结构承受膨胀应力,铁金属与氧、水等存在锈胀效应产生的结构稳定性问题,以及变色产生的外观稳定性问题。因此,为确保含有这些金属的固废能作为材料使用,必须通过选矿的手段将它们尽可能充分地分离出来。

　　(2) 从环境角度看,含有铜、锌、铅等重金属的固废,被用在诸如道路铺装与氧气、水、微生物等条件相接触的环境中时,可发生氧化反应,形成可浸出的重金属离子,从而对周围环境造成污染。

　　(3) 从矿物角度看,在传统的"城市矿山"概念下,从即将被填埋或材料应用的固废中选出有价值的金属,是金属回收的最后一关。既解决了金属资源的循环再利用,又有可能为固废的处理带来额外的收益。

　　(4) 从更广义的角度看,如果将无机矿物也作为矿产看待,选矿技术是有望实现固废资源化利用的突破口。如混杂的建筑装修垃圾,如果能通过选矿技术,实现性质相近材料的归类,就有可能为其更高增值的应用寻找到可行的途径。

2.1　从矿物学角度对固废的认识

2.1.1　固废的成矿过程与内蕴矿产

　　从原矿的角度,固废存在两种类型的划分,一种是初级固废,即仅需筛分或破碎,而无须选矿或分离工艺的固废,如废旧(素)混凝土、废旧沥青路面、废旧半刚性基层及许多冶金矿渣,其特点是组成相对稳定,应考虑其100%利用;另一种是二级固废,除筛分或破碎工艺外,尚需要经过一定的选矿或分离工艺才能获得可利用的产品,如钢筋混凝土、建筑垃圾、生活垃圾焚烧炉渣等。

从目标矿的角度,固废存在三种类型的划分。第一种是金属。一般来说,机械释放后,借助电磁性质或密度性质分离,其本身就具有销售价值。第二种是具有相当热值的有机组分,如橡胶、塑料、纸张、纤维等,可借助风选或水力浮选等工艺分离。根据分离效果,它们可以单独开发用途,如纯的橡胶或纯的塑料,可考虑用于改性沥青,但当混杂度高时,一般作为能源矿物使用,可制作垃圾衍生燃料(RDF)。第三种是非金属,多是金属与有机物被分离后的残留物,目前多作为再生集料被研究与应用。非金属的分离技术,目前不成熟,主要因为非金属本身价值较低,需要相对成本低的分离工艺,如本书中介绍的气跳汰技术、荷兰INASHCO公司的撞击分离技术等。

固废的成矿过程,可分为两个类型来考虑。一是产品寿命末期形成的固废,其特点是固废的性质受限于产品的生产技术与服务目标。如拆房垃圾、废旧沥青混合料等。此类废弃物作为矿物的关注点,主要是产品随时间推移产生的变化。如果将废旧半刚性基层再生为新的水泥稳定碎石时,发现了废旧料的残余活性,主要是原产品中未水化的残余水泥被重新暴露。又如废旧沥青混合料,必须认识沥青的老化机制,并予以正确评价,以获得合理的利用。二是产品生产过程中的副产品(不考虑产品生产过程中的劣质品),这里主要探讨冶金过程与焚烧过程。冶金过程除了生产出目标金属外,还生产出大量的矿渣。从矿物的角度审视矿渣,为获得矿渣的最大利用价值,可对矿渣的形成过程作出适当改造。根据目标用途,钢渣就有气冷钢渣、水淬钢渣、粒化钢渣、膨胀钢渣等可供选择。生活垃圾焚烧过程中与焚烧后,炉渣的成矿可以分为三个阶段:第一个阶段是焚烧过程中,化学反应极其复杂,包括物质的分解与重新组合,但复杂之中也有规律,某些矿物的形成,碱性本质的营造都具有共性。第二个阶段是炉渣水淬过程,铁、铝等金属与水强烈作用而导致腐蚀,尤其是铝,由于致密氧化铝层与铝热膨胀系数的差异而导致保护瓦解,显著数量的铝与水发生产氢作用而被消耗。第三个阶段是炉渣熟化的过程,体现在碳酸钙与石膏含量的波动上。对这些成矿过程的研究,有助于寻求技术改善炉渣作为矿的价值。

从内蕴矿产,要区分金属元素总含量、可浸出金属含量与可回收金属含量三个概念。金属元素总含量包括各种形式的金属离子与金属单质。可浸出金属含量是在一定液体氛围下,可溶解于液体的金属离子与金属单质含量。可回收金属是通过一定回收工艺可被回收的金属总量,固废情况下一般指金属单质。如何测量金属的可回收总量,是一个需要解决的问题。只有这一数值明确,选矿过程才能用回收率与品位两个指标进行控制。

2.1.2 矿山选矿与城市选矿的异同

日本最早提出了"城市矿山"的概念,其本义是指电子垃圾、汽车垃圾等废弃物中的金属元素,本书将其扩展到城市固废中的"石质矿物"。这是因为,第一,从传统认识来看,我们不止把铜、铁、金的产地称为铜矿、铁矿、金矿,也将具有利用价值的石料产地称为石矿,因此城市矿山天然包含石矿。第二,尽管与金属相比,同样体积的石矿单价很低,但其需求量远远高于金属矿,这也使得石矿经济的规模相当大,很可能远远超过金属矿。第三,满足特定需求的石矿,也存在日益窘迫的形势。比如上海周边,沥青混合料使用的玄武岩矿、辉绿岩矿等,由于资源保护和长期采挖的缘故,已经越来越贫乏。

矿山选矿已经有相当漫长的历史,积累了丰富的经验,但城市选矿,从概念提出至今,时间还很短,技术完善还需要一定时间,尤其是"石质矿物"的分离。

矿山选矿与城市选矿都是从矿体中,运用目标体与非目标体在物理性质、电磁性质、表面化学性质、光学性质等方面的差异,将目标体从中选出的工艺。但两者之间也存在相当的不同:

1) 选矿环境不同

由于矿山一般地处偏僻,对工厂噪声、粉尘乃至水排放的要求,矿山选矿远低于城市选矿。

2) 矿体不同

一般来说,矿山选矿的目标矿物较为均匀,在工艺和设备固定的情况下,回收率和品位大致稳定。城市固废的矿体则不同,其目标矿物波动性大。

3) 目标矿物不同

矿山矿物除金等极其惰性的金属外,一般都以氧化物、硫化物等形式存在,因此目标矿物是这些化合物。而城市矿山除非选择稀土金属和贵金属,一般不选择这些化合物,而是直接选择金属单质。

4) 脉石处理方式不同

其实,许多城市矿山中,基于减量化的要求,脉石才是真正关注的对象,至少其重要性不亚于金属。而矿山矿物的脉石,通常形成了尾矿堆积。这些尾矿远离城市,利用率低。

此外,有些城市矿山,不存在明显的目标矿物,或者说目标矿物是根据工艺效果而决定的。如建筑垃圾,通常废旧混凝土与石块等密度较大的坚硬矿物混合体作为目标矿物之一,砌筑砖体、瓷砖、玻璃等密度较小、吸水率较大的矿物混合体也作为目标矿物之一。这时与其说是"选矿",不如说是"分离"。

2.2　固废的选矿技术

2.2.1　固废选矿的附属作业

2.2.1.1　破碎

在常规的重力选矿中,破碎是很重要的一个环节,通过破碎使目标矿物与脉石颗粒分离,从而增大分选的效率。但在固废选矿中,由于后续应用的考虑,不可能将矿物破碎得很细,这就带来了对矿物选择性分离技术的研究,尤其针对废旧混凝土这样的材料,水泥浆与集料的复合(图 2-1)给再生集料的利用施加了很大的限制,也使水泥浆与集料的预分离技术成为研究的一项热点。

(a) 类型Ⅰ,一层砂浆完全或　　　(b) 类型Ⅱ,一层砂浆完全或部分包裹　　　(c) 胶结砂浆的团聚物
　部分包裹了一颗天然集料　　　　了两颗或多颗更小粒径的天然集料

图 2-1　再生混凝土集料三种不同的类型

使水泥浆与集料、石灰浆与集料分离,主要有五种方法。

1) 选择特定的破碎类型和破碎次数

破碎机基本上分为两种类型,一种是强制破碎面,也就是破碎面由破碎机的几何参数与颗粒的几何形状相关,而与破碎颗粒的结构关系不大,如颚式破碎机、圆锥破碎机、辊式破碎机;另一种是选择性破碎面,破碎面与颗粒固有的软弱面有关,如反击式破碎机、冲击式破碎机。普通混凝土中,附着砂浆与天然集料的界面是颗粒的软弱面,因此选择后两种破碎机,其附着砂浆与天然集料的分离程度明显高于前三种破碎机。但废旧混凝土如果来自高强混凝土,这样的差别并不显著。

增加破碎次数,有利于附着砂浆的分离。加入额外的破碎步骤之后,再生集料中砂浆含量可减少 10%~40%,具体依赖于再生集料颗粒的粒径、砂浆的强度和所用破碎机的类型。不过,尽管可取得砂浆含量的显著降低,但加入额外破碎步骤一个较大的缺点是再生粗集料总体产量的显著下降。这是因为,除了附着砂浆以外,有相当一部分较软弱的原始集料,也被破碎成了较细的集料颗粒。额外的破碎步骤的引入,也显著增加了再生的成本,因而应在成本与集料质量之间寻找一个平衡点。

除此之外,还可以引入其他机械分离方法,利用摩擦力和冲击力来分离附着砂浆。在被称为偏心轴转子的一种方法中,再生集料通过高速下偏心旋转的内筒和外筒组成的摩擦设备。再生集料与筒壁摩擦以及相互摩擦,将附着砂浆破碎成细小粉末,在内筒表面提供的 2~4 mm 筛网上予以收集。另一种机械分离方法被称为研磨法,用装有铁球的滚筒来提供将砂浆与再生集料分离所需要的冲击力和摩擦力。这一方法中,再生集料相互摩擦,以及与置于转动部分的铁球摩擦。机械分离方法易于使用,相比于热方法,清除砂浆也更为高效。不过,它需要相对高的能耗,并产生高的噪声污染。相比于其他方法,这一方法也具有相对低的粗集料产量,因为机械摩擦和冲击趋向于将显著比例的粗颗粒破碎成更细的颗粒。

2) 热分离

它利用了砂浆与天然集料热膨胀率的差异,使再生集料内产生热应力。热分离中,再生集料颗粒被加热到 300～600℃的温度范围，具体依赖于砂浆的强度和天然集料的类型，加热大约 2 h，使砂浆破碎并分离。再生混凝土集料中的砂浆，一般具有比天然集料更高的热膨胀率，从而加热时膨胀更快。于是，加热再生集料的过程中，砂浆中产生了比天然集料显著更高的热应力。而且，天然集料与砂浆膨胀率的差异，预计在其界面处产生相当差异的热应力。这些机制和典型砂浆固有的更薄弱本质，被用于将附着砂浆破碎成细小粉末，从而分离再生集料上的砂浆。有大量的研究建议，将再生集料预浸水中，使附着砂浆饱水，可获得更高的分离效率。这是当天然集料暴露于 100℃以上的温度时，内部孔隙水快速蒸发，在砂浆中产生了较高的孔隙水压力的缘故。除此之外，加热后马上浸入冷水中（冷是相对于再生集料温度而言的），再生集料快速冷却，这被认为增大了所产生的差异热应力，是提高热分离效率的另一种有效方法。

砂浆的热分离是降低再生集料砂浆含量最古老和最常见的后再生分离策略之一。不过，它在效率、环境和经济影响方面有着重大缺陷。由于长时间的高温加热，砂浆的热分离需要相对高的能耗，从而产生不希望的环境排放。这种负面的环境影响，降低了混凝土再生的环境效益。除此之外，由于热分离方法中再生集料的均匀加热，预计再生集料中原始的天然集料将产生相对高的热应力，这可损伤碎石集料自身。例如，再生集料中天然集料为花岗岩时，400℃和 600℃下再生集料的加热，可使花岗岩集料耐压性分别降低大约 14％和 44％。因此，通过热分离从再生集料中去除砂浆，仅在再生集料中的天然集料显著强于附着砂浆时才被推荐。

此外，也可以将热法和机械法组合使用，联合高温下传统加热产生的热应力和机械分离法产生的机械应力，使附着砂浆从再生集料上脱离。在典型的组合式热—机械分离法中，也被称为加热摩擦法，通过垂直炉中的加热，使附着砂浆脱水，从而变脆。然后将加热后的再生集料转移到摩擦设备中，后者由具有内筒和外筒的管式磨组成，装有大量的铁球来去除附着砂浆。研究证明，在传统烘箱中 500℃下加热再生集料 2 h，之后用装有 10 个铁球的洛杉矶试验机机械摩擦 100 转，可使再生集料的砂浆含量减少 55％。

不过，尽管报道了如此有前景的分离率，但工艺能耗高，成本也高。能量及相关碳排放的负面影响，抵消了混凝土再生的环境效益。组合方法的分离效益也可通过延长历时与提高加热温度，增加铁球数量，扩大滚筒转数提升，但付出的代价是额外的成本与能耗。因此，采纳之前需要实施详细的经济分析和环境分析。

3）化学分离法

由于水泥的碱性，砂浆容易为强酸所腐蚀。化学分离法利用了砂浆内在的弱腐蚀抵抗，将附着砂浆与再生集料中的天然集料分离。这一方法中，将再生集料浸没在稀酸中大约 24 h，然后冲洗，去除被腐蚀的砂浆。选择合适的酸非常重要，可显著影响化学分离方法的有效性。硫酸（H_2SO_4）和盐酸（HCl）被认为是从再生集料中去除砂浆最高效的酸。

不过，除了砂浆的去除效率外，化学分离选择合适酸时的另一重要参数，是酸与再生集料中天然集料的相容性。所用的酸不应对再生集料中的天然石料有质量影响。例如，天然石料为花岗岩时，HCl 和 H_2SO_4 都被视为最合适，因为暴露于这些酸中时，花岗岩集料的组成矿物溶解度相当低。但不得使用氢氟酸,因为花岗岩中所有主要成分包括石英、长石、云母,都易溶于其中。总体上,化学分离法被认为尤其适用于其中的天然石料具有高化学抵抗的再生集料,如含有花岗岩。

化学分离法的效率,依赖于附着砂浆与内嵌天然石料的孔隙率、酸的类型和浓度、酸与待处理再生集料的体积比、温度、工艺历时、容器类型(静态或动态)。使用硫酸时,在相似的工艺历时下,去除率随酸浓度或酸与再生集料体积比的增大而显著增大,两者都使再生集料发生腐蚀需要的 H^+ 增加。不过,也观察到,每一个试验(不同的浓度和不同的酸/再生集料体积比)都存在一个特定的 H^+ 浓度。这之后酸浓度进一步增加,选矿效果显著下降。这可能是因为一旦有足够数量的 H^+ 存在,再生集料的酸蚀主要受砂浆渗透率的控制。随着相继各步的酸暴露,附着砂浆的渗透性逐渐下降,因为由 C-S-H 释放的氧化硅和铝硅酸盐凝胶覆盖了再生集料颗粒的暴露面。通过使用合适的回转搅拌系统或加入冲洗步骤,从再生集料表面上去除前面已被腐蚀的砂浆,也可显著提高化学分离法的效率。这是因为这些方法可显著提高酸到达其他未暴露砂浆上的能力,使新的表面被暴露,供再生集料进一步腐蚀。

使用高浓度强酸进行的化学分离,一般被视为分离附着砂浆与再生集料的高效技术。不过,妨碍实践中这一技术广泛使用的主要问题之一,是再生集料上残留的酸对混凝土的耐久性有潜在的不利影响。如果残剩有痕量的硫酸与盐酸,可显著加大再生集料硫酸盐和氯盐的含量,从而降低再生集料混凝土的耐久性。这样的耐久性问题可用低浓度酸(0.1 mol 左右)解决,但这是以效率为代价的。除此之外,与其他分析方法相比,所需的相对长的处理时间(>24 h)是化学分离法另一个较大的缺陷。由于这些问题的存在,高的酸浓度下的化学分离方法,实现从再生集料颗粒上砂浆的完全去除,主要作为试验室样品准确测定再生集料砂浆含量的方法,本身不作为工业使用的分离技术。

4) 微波辅助分离法

再生集料颗粒由天然石料与附着砂浆组成。它们均为介电材料,接触微波功率时,因介电损失而受热。介电材料被微波加热的程度和加热的模式,依赖于微波频率、微波功率,最重要的是材料的电磁学性质。常被用于估计微波场中介电材料加热速率的一项重要性质,是衰减因子 β。一般来讲,在典型的微波加热情况下,加热速率随衰减因子增大而指数增加。如图 2-2 所示,一般砂浆具有较高的衰减因子,放置在微波场中时,比天然石料受热更快。

另外,砂浆衰减因子随含水量增加而显著上升。因此,增大砂浆含水量,可显著提高砂浆与天然石料的衰减因子之间的差异,从而加大其加热速率之间的差异。另一方面,砂浆具有更为多孔的本质,从而比天然石料具有更高的吸水率。于是,将再生集料颗粒浸泡在水中几分钟,使附着砂浆饱水,可被用于增大附着砂浆与天然石料之间含水量的差别,从而加大两者微波加热速率之间的差异。在微波辅助的分离方法中,砂浆与天然石料介电性质与吸水率之间的这些内在差异,被用于在相对短的历时(几秒到几分钟,具体依赖于微波功率和所处理再生集料的体积)内,在砂浆中产生差异热应力的局部场,尤其是在

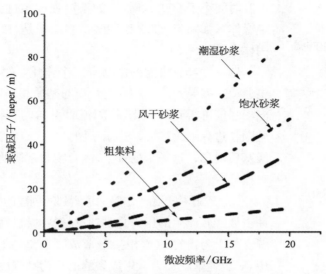

图 2-2　砂浆和天然集料的衰减因子

再生集料砂浆与天然石料之间的界面上,天然石料本身温度无显著上升。

已经观察到,饱水再生集料样品在 10 kW 下微波加热 1 min,砂浆含量减少了几乎 48%。相对应的,再生集料吸水率降低几乎 33%,堆积密度提高 3.8%。而风干再生集料颗粒微波加热,砂浆含量降低大约 32%,再生集料堆积密度提高 2.5%。额外轮次的微波处理,或微波功率的增大和微波加热时间的延长,可使附着砂浆从再生集料上更彻底地去除。不过,这可对经济和环境效益构成影响。因此,在大规模实施前,应评价最佳的微波加热水平。

砂浆断裂或脱离时的最高温度一般低于 150℃,影响不到微波分离工艺后天然石料的性质。这可被视为微波辅助分离法相对于热分离法的主要优点之一。微波辅助分离法的另一优点,是其短的加工时间。这使得它与热分离法、机械分离法、热—机械分离方法相比,其能耗及相关的排放显著更低。除此之外,与化学分离法不同,微波辅助分离法没有额外的混凝土耐久性风险。这些优点使得微波辅助分离法成为生产高质量再生集料一项引人注目的技术。

5) 高压电脉冲选择性破碎方法

用高压电脉冲破碎岩石,已经有 40 余年的历史。俄罗斯科学家最早做了这方面的系统研究。1995 年,德国卡尔斯鲁厄研究中心着手开始一项影响深远的计划,探索选择性破碎的工业应用。自那时起,卡尔斯鲁厄研究中心修建了若干专门设计的试点工厂,研究了矿物学领域、原材料和复合材料大量不同材料的破碎。所有应用中,固体都必须浸没在介电液体(如水、油或其他有机液体)中。由于实用的原因,水是大多数应用的选择液体。

以脉冲上升时间,也就是高电压达到其峰值所花的时间为函数,暴露于电压之中的材料表现出了不同的击穿强度。高压放电首先发生在击穿强度最低的材料中。例如,脉冲

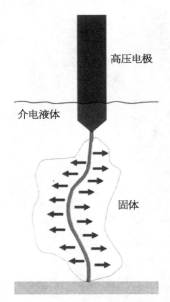

上升时间小于500 ns时，水的击穿强度超过了大多数的"典型绝缘体"，如陶瓷、玻璃和许多矿物。于是，放电首先发生在了固体中（图2-3）。

选择性释放可能的机制有三个作用。第一个作用是由放电通道直接导致的。在介电性质与基质相当不同的内容物上，电场强度可得到最大化，将闪流吸引向内容物，在那里它可沿着颗粒边界继续扩展。这示于图2-4(a)中，导电球体位于绝缘基质内部。这一个场景下，内容物与基质的分离由击穿通道直接导致。

第二个作用开始于击穿通道紧邻所创建的裂缝[图2-4(b)]。冲击波膨胀产生的压力总是超过材料的抗拉强度，导致生成裂缝。如果与击穿通道相接触形成了裂缝，通道产物可贯入其中，对裂缝壁施加力。生成裂缝的行为和强度由通道中的能量沉积率和材料性质决定。脆性材料围绕放电早期创造的击穿通道，径向显现了大量的裂缝，尺寸数个毫米。后期围绕通道

图2-3 高压放电破碎

有大量径向扩展的裂缝，它们与能量释放率相关。不过，抵达材料表面的裂缝数量，强烈依赖于放电释放的总能量。其原因是内容物边界处增大的机械应力的存在。异质体或内容物反射的应力波，在抵达内容物之前，可与生长的裂缝相互作用。如果裂缝撞击到了内容物，它们可以分叉，具体依赖于入射角，如图2-4(b)所示，将内容物与基质分离。

使得内容物与周围介质在界面上分离的第三个作用，与放电通道发射的入射压缩波的作用相关。这示于图2-4(c)中。一开始，由于击穿通道的膨胀，产生的冲击波后面发展成了压缩波。已经证明，在内容物的内部折射与反射后，压缩应力波转换成了拉伸波。足够高的冲击波压力下，观察到了内容物与基质之间整个界面上的完全分离。

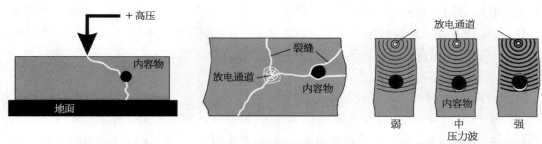

(a) 具有高介电常数的金属内容物可吸引放电轨迹

(b) 由放电通道向固体的裂缝产波，如果内容物的力学性质不同于基质，可在内容物周围分叉

(c) 压缩波可通过内容物上的反射和折射，转换为拉伸波和剪切波，将内容物与基质分离

图2-4 可由复合材料释放出组分的机制

除了完全击穿通道导致的直接破碎外，部分击穿通道也引入了一类选择性释放。围绕矿物或金属内容物，等离子丝状体扩展到了基质中。这些丝状体是"树"发展过程中固体部分击穿的结果。放电通道中膨胀等离子体的压力超过放电通道邻近辐射线沿

线材料的单轴拉伸强度时,复合电介质发生爆炸碎裂。未桥架接地电极并在固体上灭弧的部分放电网的发展,伴随着桥架高电压和接地电极的等离子体闪流的发展。电学参数不同的内容物,其界面上的这些部分击穿诱导了边界上的细小裂缝体系。它们是高效释放的主要原因。石块爆炸碎裂过程中,沿着这些细小裂缝发生劈裂。等离子体膨胀产生的冲击波的传播速度,超过了高能化学药剂爆炸产生的冲击波。压缩冲击波由声阻不同的内容物界面上和由液体介质界面上的反射,产生了张拉,生产出特定数量的分解颗粒。

高压电脉冲选择性破碎,释放彻底,环境影响小,作为包括混凝土再生集料上附着砂浆的分离,以及生活垃圾焚烧炉渣中不同物质的释放分离等在内的城市矿山的组成技术有非常好的发展前景。但目前成本尚高,并且后续对分离释放物需要有相适合的筛选手段,因此该技术仍需进一步的研究与发展。

2.2.1.2 筛分

筛分是固体颗粒按照粒径归类的常用手段,但由于固废不均匀性强、杂质多的特点,对筛分提出了一些额外的要求。比如建筑垃圾、生活垃圾焚烧炉渣等废弃物中常常含有细长的纤维与金属丝,可堵塞筛孔,影响工作效率。又如湿排生活垃圾焚烧炉渣中小于2 mm的颗粒含水量高,常常导致颗粒黏稠,堵塞筛眼,影响筛分效果。下面对这方面问题的解决进行阐述。

1)针对细长物堵塞的筛分技术选择

对于像纤维、金属丝这样的细长材料,其一个维度的尺寸可以使其方便地进入筛孔,但另一个维度的尺寸却使它无法从筛孔通过,从而卡在筛孔中。解决这类堵塞问题有若干筛分技术可使用,如滚筒筛、棒条筛(指筛)、星条筛、回转筛等。下面对其工作机理和防堵塞机理进行简要阐述。

滚筒筛是一项已得到证明的技术,可被用于初级和最终的尺寸筛选。图2-5显示了一个常见的滚筒筛及其工作示意图。滚筒筛的输入效率和分离效率受筛孔尺寸、滚筒筛直径、转动速度、挡板类型和数量、圆筒倾斜度等的控制。由于有效的筛网面积较小,安装了导向板和其他壁体组合(多边筛),尽可能使更多的废弃物沿着滚筒筛壁行走。

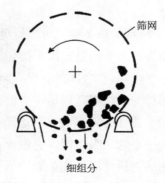

图2-5 滚筒筛

滚筒筛的工作机制是,废弃物在筛网中翻滚,直至在筛网中寻找到一个开孔,从中落下。翻滚运动可以是梯流、瀑落或离心。梯流指筛网圆形运动提升废弃物,然后在前方料层顶部向下翻滚的运动。这一方式下,充分使用的仅小部分筛网。瀑落是较高筛网速度下,实际将材料抛入了空中,沿着抛物线轨迹回落到筛网底部,最终夺孔而出的运动。这会产生最大的湍动和最高的回收。离心指转动速度很高,使得材料附贴在筛网上不再下落,其回收率很低。

筒筛倾角加大 5°以上,导致筛网回收率快速下降。为增大筛网的回收率,滚筒壁上可安装螺旋状的导向板,使得材料不遵循倾角传送。为帮助滚筒筛的规划和设计,建立了若干经验法则。为实现 90% 的筛网效率,停留时间和筛网表面积都必须与装载的材料建立相关性。滚筒筛的装载率不得超过 1 t/(m² · h)。装载率 0.4 t/(m² · h)的装载城市固废的滚筒筛试点研究表明,可实现 80% 的筛网回收率。未破碎的废弃物,需要至少 25~30 s 的停留时间。直径 2.7 m 的滚筒筛,在 45% 的临界转动速度下,转动速度达到最佳,这对应 8 r/min。

当细长物堵塞滚筒筛筛孔时,随着筛孔空间位置的变化,堵塞物可被抛出或落下。不过,当堵塞物受到其他废弃物的冲击或碰撞时,可发生变形,无法自行消堵,此时就需要人工干预,也可以附加滚筒筛壁以振动。

粗筛分也可以使用棒条筛选机或指筛,必要时可施加振动,这可有效避免堵塞问题的发生(图 2-6)。

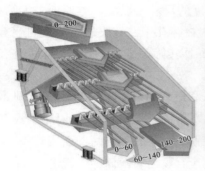

图 2-6 棒条筛选机(指筛)

如图 2-7 所示的星条筛也可以避免筛网堵塞。"星"是柔性的聚氨酯元素,挂到转动的锭子上。相邻锭子上的星锯齿形排列定位,使其能相互清洁。尽管堵塞被避免了,但必须偶尔检查一下筛网,看金属丝有没有窝到锭子上。

筛眼被细长的颗粒堵塞也是传统振动筛的一大问题。一个备选的方案可以是使用回转筛(图 2-8)。由于筛网多为水平运动,材料不"跳跃",而是在筛面上滑行。这防止了长颗粒垂直跃入过小的筛眼而使得它们无法通过。在振动筛下游安装大致相同的筛网时,发现回转筛在从生活垃圾焚烧炉渣中回收小片铜丝方面很有效。振动筛上,金属丝沿着筛网滑移,但随后它们在同尺寸网眼的回转筛上被回收。

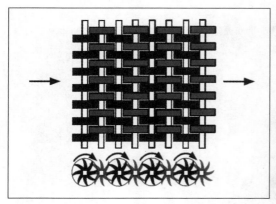

图 2-7　避免网眼堵塞的星条筛,10~100 mm 粒径颗粒常在其上进行处理

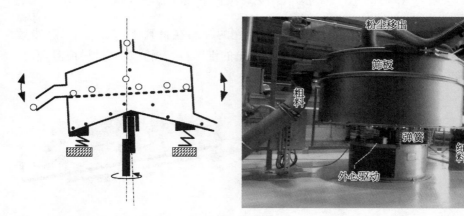

图 2-8　如果喂料含有纤维状和细长状颗粒,则应采用回转筛

2) 针对潮湿黏稠颗粒堵塞筛分技术选择

类似生活垃圾焚烧炉渣(湿排炉渣)这种先天性含有相当水分的固废,需要分离出细的组分时,常常由于水分的吸力作用,导致颗粒成团或黏住网眼,从而使得筛分变得困难。因此,需要有合适的技术手段解决这一难题。目前来看,流行的主要有两种做法。

第一是荷兰 INASHCO 公司与代尔夫特理工大学开发的一项专利分离技术,使用弹道分离原理将细、软和轻的矿物与硬和重的金属/岩石分离。该分离设备被称为高级干式回收(ADR)。

INASHCO 公司使用的 ADR,可处理 0~2 mm 粒径的组分。ADR 的原理说明见图 2-9 中。该设备让生活垃圾焚烧炉渣流落到滚筒附带的转动刀片上。由于炉渣受到滚筒刀片的冲击,其不同组分(矿物组分、岩石和金属)将采取不同的弹道路径。同时,往下吹的气流有助于不同弹道路径的实现。轻的组分(矿物组分)落到第一条传送带上。重的组分(岩石和金属)经历更为平坦的弹道曲线,落在第二条传送带上。反复进行气流分离,增大分离物的纯度。于是,细、软和轻的组分将与硬、重的组分分离。其根本点是利用撞击作用破坏了水的吸力影响。

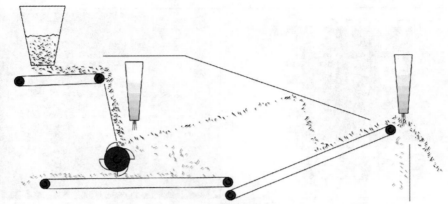

炉渣落到旋转刀片的滚筒上，将硬、重物体与多孔矿物组分分离，气流辅助分离

图 2 - 9　INASHCO 使用的分离技术的工作原理

第二是所谓的"弛张筛"，如图 2 - 10 所示，柔性的筛面在材料上施加一个"蹦床效应"，产生足够强的剪切力，释放粘贴在粗颗粒表面上的细颗粒。摇晃确保材料被混合，并使细组分通过穿孔。

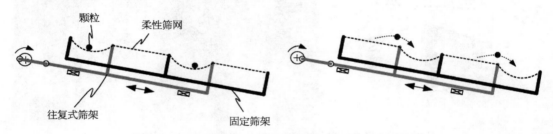

图 2 - 10　"弛张"筛示意图，用于潮湿黏稠炉渣的分类

2.2.1.3　破碎和筛分组合产生的选矿效应

破碎生活垃圾焚烧炉渣、建筑装修垃圾或其他含有一定量金属单质的固废时，可发生脆性材料与延性材料的"选择性破碎"，因为所有脆性材料即矿物材料，尺寸都缩小了，但金属的尺寸没有缩小，而只是形状发生了扁平化或扭曲化。如果采取极端做法，人们可以让废弃物通过一系列破碎机和研磨机，从而将矿物基质粉碎。接下来在筛网上处理材料，则粉碎的矿物基质将通过筛网，体积未缩小的金属积聚在粗组分中。于是金属得到富集，尤其是最粗的组分，在反复的破碎下，最终保留在筛网上的绝大多数是已成球状的发烫金属颗粒。不过，破碎和研磨的缺陷是，废弃物的力学特性被改变。如果矿物组分被用于道路建设，则破碎和研磨的组合很少见，或仅很小程度实施。不过，这一方法可在试验室内被用于可选金属评价。

岩石、矿物之间也可发生"选择性破碎"。在传统的岩石、矿物破碎方法中，无论岩石强度大小，一律破碎到一定的粒度以下。但人们已经注意到，完全破碎法本身就存在着破碎的选择性，硬度较小的岩石、矿物较多地分布在细粒级部分，而硬度较大的岩石、矿物较多地分布在粗粒级部分。选择性破碎分选就是对混合物料施加适当的作用力，使硬度较大的岩石、矿物不破碎或较少破碎,而硬度较小的岩石、矿物完全破碎或基本破碎,利用岩石、矿物强度的差异来强化破碎的选择性,使混合物料中硬度大的岩石、矿物基本保持原始粒度,而硬度小的岩石、矿物破碎成细粒,以使硬度不同的岩石、矿物分离开来。

　　许多固废如建筑垃圾、生活垃圾焚烧炉渣等,是各种组分的混杂堆积物,它们之间的强度差异较大(如砖块和石块),用普通破碎设备破碎时,存在着破碎选择性。如果设计合适的选择性破碎分选设备,人为地强化破碎过程中的选择性破碎现象,就能使软硬组分按照强度不同分离开来。这样,硬度高的石料可作为水泥混凝土或沥青混凝土的粗集料增值利用,而硬度低的组分可作为细集料或填料使用。

2.2.2　面向固废的重力选矿

　　考虑到城市固废的特殊性,一方面,由于其处于城市当中,考虑到湿法选矿可能带来的水处理压力与环境污染可能性,因此干法选矿成为首选,如气跳汰、气摇床,但同时也带来了粉尘污染的可能性。另一方面,以跳汰为例,无论是水跳汰,还是气跳汰,分离目标之间希望有大的密度差,但当分离的是"石质矿物"时,其密度差别并不大,导致了分离的困难。当然,按照法国的说法,分离目标不仅相对密度差起作用,表观密度差与堆积密度差也有同等效果。这有待验证。同时,由于固废的目标矿物可能有好几种,如建筑垃圾中的混凝土、红砖、瓷砖、石膏等,因此同一过程中的多目标分离也是重力选矿追求的目标。

　　下面用案例来说明固废重力分离的技术与特点。

2.2.2.1　混凝土与砖的跳汰机分离

　　跳汰分离一般被用于富集最细到 3 mm 的相对粗糙的材料。在跳汰机中,具有不同密度的材料,通过脉冲水流使之流化,在床层中实现分离。当水通过柱塞压力进入时,颗粒以不同的速度向底部沉降,具体依赖于其密度。重颗粒首先下沉,在装置的底部放出(图 2-11)。

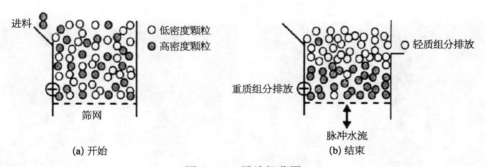

图 2-11　跳汰机草图

　　跳汰对材料划分的明晰度依赖于密度比:$q=(\rho_重-\rho_水)/(\rho_轻-\rho_水)$。其中,$\rho_重$ 是重颗粒的密度;$\rho_轻$ 是轻颗粒的密度;$\rho_水$ 是水的密度,为 1 g/cm³。当密度比 q 增大时,分离的明晰度也增大。颗粒之间密度差越大,分离效果越好。

　　跳汰分离混凝土($\rho_{混凝土}=2.4$ g/cm³)和砖($\rho_砖=1.7$ g/cm³)时,$q=(2.4-1)/(1.7-$

1)＝2。如果使用空气代替水，$q'＝(2.4-0)/(1.7-0)＝1.4$。因此，混凝土和砖在水中的分离，应比在空气中更有效。

为获得良好的分离效果，分离的关键工作参数为：① 进料粒径。如果颗粒的尺寸和形状在严格的范围内，可获得良好的分离。② 洗矿槽水流速率。较高的水流速率，得到了较好的分离，因为轻质颗粒比重质颗粒受到摩擦更大的影响，摩擦是由水的上升流提供的。③ 振荡频率。较慢的频率，使得较大颗粒得到了良好的分离。相反，较快的频率应被用于分离较细的进料。④ 位移的幅度。为获得密实进料良好的分离，需要具有更大幅度的更大空间。

为了使得分离有效，颗粒尺寸应相对类似。通过湿筛分，获得了再生建筑垃圾的四个组分——2～5 mm，5～10 mm，10～19 mm，＞19 mm，分别通过跳汰分离。

对于每一组分，获得了两个富集物：一个是容器顶上轻密度的物料，另一个容器底部上重密度的物料。上部富集物为砖组分，下部为混凝土组分。图 2 - 12 显示了粗组

砖：89.0% 混凝土：99.4%

(a) 粗料(>19 mm)

砖 混凝土

(b) 细料(2~5 mm)

图 2 - 12　建筑垃圾的跳汰分离结果

分(＞19 mm)分离结果,砖组分(89.0%)和混凝土组分(99.4%)的纯度都很高。对于细组分(2～5 mm),需要认真控制作业参数,以获得良好的分离效果。

结果表明,跳汰是将轻石质颗粒与重石质颗粒相互分离的一种有效的湿法,尤其是对于粗的组分。分离后,混凝土组分足够干净,可被直接再生为混凝土集料,但砖组分应干燥、磨细,用在烧结黏土砖中。

2.2.2.2　混凝土与砖的螺旋选矿机分离

跳汰仅适用于粗料(＞3 mm),而螺旋选矿机适用于分离细料(＜3 mm)。螺旋选矿机由螺旋形状的弯曲槽道组成,按照密度差异分离材料。水流输送的颗粒与螺旋选矿机底部接触时,产生摩擦。颗粒密度越高,作用于颗粒上的摩擦力越大。在摩擦力的作用下,密度较高的颗粒被压迫至螺旋选矿机的内部,密度较低的颗粒来到外部。于是,密度不同的颗粒得以相互分离。

分离效果受颗粒密度、粒径、颗粒形状和孔隙率的影响。螺旋选矿机的作业成本很低,适用于大吨位细建筑垃圾的处理。

用螺旋选矿机测试了经筛分的建筑垃圾细组分(＜2.5 mm)。当不同密度的材料为水流所搬运时,密度较高的颗粒聚集在了水流的底部,密度较低的颗粒聚集在了水流的顶部。测试表明,混凝土毛石可与中等重的颗粒和轻颗粒分离。三个不同的组分,示于图 2-13 中。所获得的较重的组分,主要由混凝土毛石组成。重组分可能含有一些重金属,轻组分可能含有有机物,需要另作处理。

图 2-13　建筑垃圾的螺旋选矿机分离效果

进料流速是分离的一项重要因素。为了获取令人满意的分离效果,原料应在螺旋选矿机顶部定期缓慢添加,确保材料流动规则有序。加工后的材料颗粒置于筛网上,使得泵入的水被筛出,用于继续进行的分离。

2.2.2.3　混凝土、砖、石膏颗粒的气力跳汰机分离

除了水以外,跳汰机也可以使用空气作为介质,以促进通过颗粒密度进行的分层。它们被称为气力跳汰机或干跳汰机。与用水相反,断断续续的向上气流,通过不同粒径的颗

粒层时,产生显著的湍流,湍流对颗粒分层有着巨大的影响。已经观察到,使用空气的设备,其分离效率低于使用水的设备。例如,待加工材料的粒径略高于水跳汰机中使用的粒径。不过,气力跳汰机可高效地选矿超过 4 mm 粒径的颗粒。

由于其更低的效率,空气选矿机仅在加工站点附近缺水时,或当矿物无法被湿润时被使用。今天,随着越来越严格的用水环境限制,气力跳汰机等这样的设备正越来越多地被安装。新一代的气力跳汰机已经被广泛使用在选煤的粗选机与/或扫选机阶段中。

将三类材料——混凝土(C25/30)、固体黏土砖和来自固体石膏块的石膏,在最大粒径 20 mm 下破碎。使用的颗粒的粒径分布(20 mm 下破碎),粒径范围 4/20 mm 的混凝土颗粒占了进料的 72.40%(混凝土颗粒的 27.60% 在 4 mm 下方),砖颗粒占 70.27%(29.73% 在 4 mm 以下),石膏颗粒占 66.27%(33.73% 在 4 mm 下方)。所有材料细于 4 mm 的组分,都通过筛分废弃。

在气力跳汰机中,由于材料堆积密度和颗粒密度的差异,在粒径范围 4~20 mm 内,将石膏与混凝土和砖颗粒分离是可能的(图 2-14)。测试中,使用释放的颗粒,堆积密度差驱使混凝土与砖和石膏离析,而颗粒密度差驱使石膏与砖和混凝土离析。

(a) 分离前　　　　　　　　　　　　　　　(b) 分离后

图 2-14　气力跳汰机对石膏、砖、混凝土颗粒的分离

有可能得到混凝土含量高于 90%,石膏含量低于 1% 的精矿(沉降产品——跳汰机次室)。可以将这些石膏和混凝土含量的产品,插入到集料中,进入混凝土市场。对于集料中典型的石膏污染物,期望有很低石膏含量的精矿产品。

混凝土精矿中,石膏的减量大约为 25 倍。这一水平的减量,在分选实际的建筑和拆除废弃物集料时,可以令人满意。

具有较低密度(跳汰机优室)的精矿,显示了超过 70% 的石膏颗粒。这一水平的精矿,提高了石膏的再利用和再生能力。

通过室内设备获得的最佳跳汰参数为跳汰时间 120 s,频率约 2.67 Hz,膨胀比 70%。在目前的流动机制下,流化—沉降循环次数,可通过同时替换跳汰时间和频率来减少跳汰参数的个数。

使用工业跳汰机,显示更小的壁效应,有着更佳的结果。该技术已在本项目依托的曹路基地建筑装修垃圾资源化成套加工设备中实现。

重力选矿设备还有很多类型,如水力摇床、气力摇床、水力旋流器、气力旋流器、重介质分离等。它们对于不同的固废有着不同的适用性,这方面已经有了大量的试验和理论分析。并且,有些研究已经采用离散元、空气动力学、流体力学等手段,对分离过程实施数值模拟。尤其是重力选矿与其他选矿技术结合,有着非常良好的发展前景。

2.2.3 面向固废的磁力选矿

2.2.3.1 磁分选机

磁分选机的工作原理基于所处理材料和磁场的磁性质。决定某一材料对某一磁场响应性质的是磁化率。磁力与材料的磁化率直接相关。基于材料的磁化率,可将其分成两组:① 顺磁性材料,为磁场所吸引;② 逆磁性材料,为磁场所排斥。

磁选设备有两种类型:低强磁选机和高强磁选机。低强磁选机主要被用于铁磁性矿物,如再生工厂对含铁废料的回收。高强磁选机被用于磁化率较低的矿物。低强磁选机和高强磁选机都可干法实施或湿法实施。磁铁也存在两种类型:永磁铁与电磁铁。永磁铁的好处是产生磁场无需能量。电磁铁一般在需要极高场强时才需要。

以生活垃圾焚烧炉渣为例,基于磁化率,材料中可区分三种组分:强磁性颗粒(含铁金属)、弱磁性颗粒(不锈钢、铁氧化物)和非磁性颗粒(玻璃、有色金属等)。描述磁铁的"强度"采用"磁通量密度",以特斯拉(1 T=10 000 高斯)度量。在生活垃圾焚烧炉渣加工的情况下,低强磁铁被定义为通量密度小于 0.1 T 的磁选机,高强磁铁被定义为通量密度超过 0.5 T 的磁选机。不被高强磁铁回收的颗粒,被视为"非磁性"。

生活垃圾焚烧炉渣加工中使用的磁选机都是"并置极"的类型,磁极相互挨着排列,如图 2-15 所示。与材料通过磁极相对的"对置极"(如通过"马蹄形"磁铁的间隙)相反,材料无法被约束在分离间隙内。现代磁选机安装永磁铁相当常见,因为它尽管初期投资高,但磁铁本身的作业成本几乎为零。对于低强磁铁,更多选择铁氧体磁铁(相对便宜);而对于高强磁铁,使用基于稀土金属(如钕、锶)的磁铁。

重要的是,磁铁对磁性体的吸力,随着与磁极表面距离的增大而指数减小。给定的一块磁铁,对于某一材料,即含铁的金属,具有明确的一个"吸引区",而不管物体尺寸如何。只有当含铁金属的重心位于这个吸引区时,才能克服重力被吸引。

图 2-15 中,具有吸引区 D 的磁铁从上方逼近台子上靠得很近的两个钢球。D 依赖于被吸引的材料(如钢)和磁铁的组成(如钕、铁、硼)。在磁铁与球体之间,放了一块玻璃板。磁铁从上逼近,直至大球重心位于 D 内。此时,球体被吸引,顶在玻璃板上。仅当磁铁继续下降,小球重心位于 D 内时,小球才被吸引。将磁铁撤离时[图 2-15(b)],大球首先落下,进一步撤离时,小球才掉下。逼近时,大的钢颗粒比小颗粒"更强烈地被吸引";拉开时,情况正好相反。真实情况是,吸引区 D 独立于粒径。

回收粒径小于 80 mm 的磁性材料,磁鼓是供选择的设备。其中,非磁性材料制

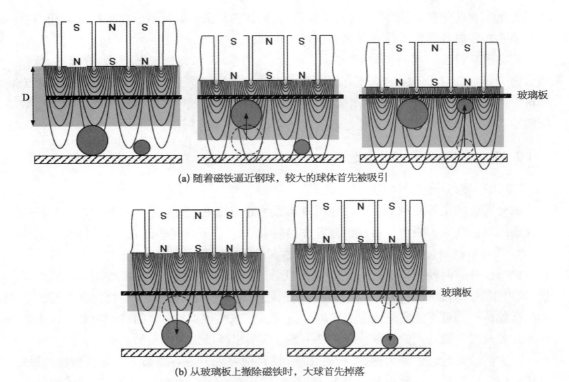

(a) 随着磁铁逼近钢球，较大的球体首先被吸引

(b) 从玻璃板上撤除磁铁时，大球首先掉落

图 2-15 磁分离机"并置极"设计示意图

D 是某一具体材料(例如钢)吸引区的外边界。

成的鼓围绕着固定的磁铁转动。磁性颗粒被粘到鼓上，随着鼓转离磁场，偏转磁铁〔图 2-16(a)〕优先吸引小颗粒，抓取磁铁〔图 2-16(b)〕有利于大颗粒的拾取。对生活垃圾焚烧炉渣的处理来说，优先使用偏转磁铁。因为偏转磁铁将粘有厚层矿物材料的扁平含铁金属块回收到了精矿中，因此回收率大，但品位并不好。相反，抓取磁铁产生良好的废金属精矿质量，但付出了回收率的代价，大量的含铁金属损失在了非磁性产

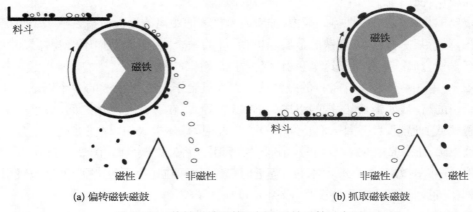

图 2-16 偏转磁铁磁鼓和抓取磁铁磁鼓示意图

品端中。

2.2.3.2 涡电流分选机

涡电流分选是含铁金属被移出后,从非金属材料中回收非铁金属的有效方法。涡电流分选机被广泛使用在再生行业中,后来也被用于生活垃圾焚烧炉渣中有色金属的选矿和不同有色金属的相互分离。

涡电流分选机的工作原理如图 2-17 所示。金属颗粒进入快速转动的磁铁转子产生的交变磁场时,颗粒内部产生与外加磁场相反的涡电流。金属颗粒为磁场所加速和偏转,所产生的力依赖于磁铁的强度和颗粒的导电率。只要金属位于这个场中,内部就将产生涡电流。

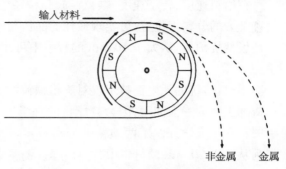

图 2-17 涡电流分选机的工作原理

合力的大小依赖于若干材料参数,包括颗粒的质量、颗粒的导电率、颗粒的密度和颗粒的形状。工作参数,如磁铁强度和颗粒相对于磁铁的速度,也对分离效率有着巨大的影响。不同材料之间导电率/密度关系的差别,使分离成为可能。这个关系,铝最高$[14 \ m^2/(\Omega \cdot kg)]$,非金属为零。影响颗粒运动的其他因素为颗粒与皮带接触的摩擦和弹性,颗粒相对于其不规则形状的初始朝向、颗粒和颗粒之间的相互作用。

图 2-18(a)显示了以粒径为函数的金属颗粒偏转,图 2-18(b)显示了颗粒的偏转如何依赖于颗粒的形状。如图 2-18(a),当颗粒大于 10 mm 时,不同金属可实现偏转的显著差异。该图也表明,铝的导电率/密度关系最高,因为它的偏转最长,铅很低,所有金属中偏转最短,不过不锈钢更低。图 2-18(b)表明,球形颗粒具有最短的偏转,片状颗粒适合在颗粒内产生磁场,形成最长的偏转。

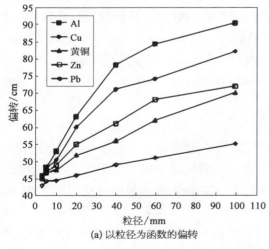

(a) 以粒径为函数的偏转

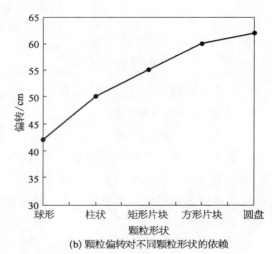

(b) 颗粒偏转对不同颗粒形状的依赖

图 2-18 金属颗粒偏转与颗粒大小、形状的关系

涡电流分离过程中,材料在传送带上是单层喂送的,以避免非铁颗粒位于其他颗粒之上。如果颗粒在传送带上多层放置,料顶层的磁场活跃区可能无法为磁铁所及。料层中的颗粒相互作用,因为相对于和传送带相同速度移动的其余颗粒,转子加速了非铁金属颗粒。

在给料速度、转子速度、颗粒释放和粒径分布的有利组合下,以及选择恰好在非金属轨迹上方的分料板位置,可实现最佳的品位与回收率。在荷兰,测试表明,对于 116 t 的生活垃圾焚烧炉渣,从大于 10 mm 的粒组中可回收 1.25 t 的非铁金属,品位 91%,回收率几乎 100%。

不过,传统的涡电流技术仅对于粗颗粒(>5 mm)能经济地工作。这是生活垃圾焚烧炉渣加工时的一大问题,因为其质量的一半以上是小于 10 mm 的细料。为此,荷兰的代尔夫特理工大学开发了两项新的分离技术——Magnus 分选机和湿式涡电流分选机,专门为从小于 10 mm 的材料中分离出非铁金属而设计。

1)Magnus 分选机

Magnus 分选机是代尔夫特理工大学应用地球科学系发现的一种新的涡电流分选机类型。它可移出 500 μm~10 mm 的非铁金属细颗粒。

Magnus 分选机的工作原理如图 2-19 所示。同涡电流分选机一样,Magnus 分选机中有一个转动的磁铁。转子通过在金属中诱导的涡电流与转动磁场之间的磁耦合,创建了进料金属颗粒的选择性转动。移经流体的旋转颗粒,受到了一个垂直于其运动方向和旋转轴的力。这一现象被称为 Magnus 效应。金属颗粒因 Magnus 效应而偏转。

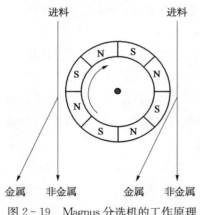

图 2-19　Magnus 分选机的工作原理

代尔夫特理工大学进行了室内试验,处理 1~10 mm 的炉渣组分。上面提到的 116 t 炉渣的试点工厂实验,也包括从小于 10 mm 的组分中移出非铁金属的 Magnus 分离。Magnus 分选机的试点工厂试验中,回收了 0.18 t 的非铁金属,不过品位和回收率都不好。室内测试结果是,由于 Magnus 分离,若干环境危险的元素(如 Cu、Ni、Pb、Mo)的浸出值降低了。

由非金属颗粒中分离铝的细颗粒时,Magnus 分选机针对 4~6 mm 颗粒比 2~4 mm 颗粒,品位和回收率都更高。

2)湿式涡电流分选机

湿式涡电流分选机背后的想法是,将颗粒粘到传送带表面上。一般来说,对于小于 5 mm 的颗粒,这一黏附力大致与重力一样强。转动的磁场使导电颗粒旋转,使皮带与这些导电颗粒之间的水黏结被破坏。结果是金属与非金属分离,非金属沿着皮带被拖曳,直至机械移出。

湿式涡电流分离需要至少 15% 的含水量,以使有效水层得以形成。湿式涡电流分离的品位,2~4 mm 颗粒好于 4~6 mm,因为随着粒径变大,重力增大。将 Magnus 分选机和湿式涡电流分选机用于细铝颗粒与非金属颗粒的分离,两相比较,湿式涡电流分选机可实现更佳的品位和回收率。

2.2.3.3 磁选机在分离非金属方面的应用

磁分离技术可被用于建筑垃圾中非金属矿物的分离,将建筑垃圾原料沿着磁选机极片之间浅的振动槽通过。溜槽的前坡和侧坡可调。图 2-20 显示了单位体积材料产生的颗粒磁矩分离。表观磁化率为 $\chi = \sin\alpha/(kI^2)$。其中 α 为与传送方向成直角的振动给料器角度,I 为电流(A),常数因子 k 为 4.1×10^6。因此,机器的电流和倾角是材料分离关键的工作参数。

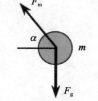

图 2-20　磁性颗粒上作用的力

两个力,即磁力和重力作用于磁性颗粒上。选用磁选机,使有可能通过调整机器的电流和倾角来改变磁场强度。在合适的磁场下,磁性颗粒的力将实现平衡,非磁性颗粒仅作用其重力。因此,磁性颗粒可与非磁性或弱磁性颗粒分离。

进行的测试包含了一水泥砂浆,其中含有 25% 的普硅水泥,水泥含有 1%～5% 的 Fe_2O_3,这意味着普硅砂浆含有的 Fe_2O_3 小于 1.25%(与混凝土相同)。黏土砖含有 3%～4% 的 Fe_2O_3。理想的分离结果是,所有砖颗粒都集中到磁性组分中,所有砂浆颗粒都集中在非磁性组分中。分离可在低达 1×10^{-8} m³/kg 的比磁化率下进行。为获取最佳的工作参数,测试了纯的砖样和砂浆样品。每一样品,中间磁化率都在 50% 磁性组分这一点上得到的。为了实现磁力与重力之间的这一平衡点,机器的角度应选择在 10°～20°,此时磁化率足够高。

为了分离混合物,机器角度从 10° 变动到 20°,电流在 1.0 A 与 1.5 A 之间进行选择。电流小于 1 A 时,磁场太弱(磁化率过低),无法分离两种材料,达不到良好的分离效果。这里"良好的分离"意味着分离对于砖和砂浆都良好,不仅纯度高,回收率也高。电流大于 1.5 A 时,磁场太强,将弱磁性的砂浆颗粒也吸引到了磁性组分中。这将降低砖产品的纯度和回收率。

图 2-21 显示了磁分离的结果。分离后组分的颜色处于其原始的颜色。这表明产品具有高的纯度。

由这一实验说明,磁分离是将砖与砂浆相互分离的有效方法。由于砂浆中的 Fe_2O_3 含量与混凝土中相同,因此使用大型设备,用磁分离技术分离现实建筑垃圾中的粗砖和混凝土毛石也应是有效的。于是,磁分离适用于改善建筑垃圾粗组分和细组分的技术质量。

2.2.4　面向固废的化学选矿

由于城市特有的环境和化学选矿固有的污染性,固废资源化利用时,可能情况下,化学选矿不是最佳的选择。最典型的例子莫过于电子垃圾的选矿。广东贵屿利用露天焚烧与酸消解,从电子垃圾中获取贵金属,但这造成了贵屿大面积的深度污染,尽管已停止电子垃圾处理多年,其污染至今仍未充分消除。但由于受到技术发展的限制,在特定的固废中,利用好化学手段,也可能发挥出其他手段无法替代的效果。

(a) 红砖与水泥砂浆   (b) 红砖与石灰砂浆

(c) 黄砖与水泥砂浆   (d) 硬质烧结深色砖与水泥砂浆

图 2 - 21　不同混合物的磁分离效果

美国曾利用矿物的电化学表面性质进行泡沫浮选,从生活垃圾中选出细小的玻璃,使用的浮选剂为牛脂二胺,据称得到的玻璃可以获得很高价值的利用。不过,由于成本的缘故,这项技术并未获得推广。但这也为今后选矿研究提供了一个很好的启示,当建筑垃圾细粉化的时候,是可以考虑利用像泡沫浮选这样的技术,将细粉进一步分离的。

下面以疏浚污泥的资源化处理和生活垃圾焚烧飞灰的资源化为例,说明化学选矿技术的应用。

2.2.4.1　疏浚污泥资源化处理中泡沫浮选技术的应用

水道污泥的疏浚是维系和发展河道交通的重要因素。比利时将疏浚污泥分为两类管理,分类依赖于被发现并被视为危险(针对环境和人类)的元素或化学族的数量:类型 A 针对的是无污染的沉积物,类型 B 针对的是受污染的沉积物。实际运作中,处理很轻度,仅包括一个脱水步骤,最终去往合适场地(填埋场)处置。比利时发起了一个 SOLINDUS 项目,目的是在半工业化的规模上验证 B 类沉积物的处理。矿物加工技术的原始组合如图 2 - 22 所示。

粉土组分(SOLINDUS 工艺中的 F4)的提纯是由浮选实现的。这项技术通常用于矿石选矿,被转移到了疏浚污泥的处理上。浮选是基于颗粒之间润湿能力差异实施的固—固分离技术。其原理是,将空气气泡引到一个槽中,槽内有悬浮液,与诸如发泡剂和螯合剂等不同的药剂混合。疏水的颗粒优先被固定在气泡表面上,形成表面上稳定的泡沫层,予以收集。当颗粒的疏水特征不足以确保选择性分离时,必须有浆体的调节步骤,加入像非离子、阳离子或阴离子捕集剂那样的药剂。

针对疏浚污泥,这是一个反向浮选,因为尾矿(未浮起颗粒)是提纯的组分,而泡沫(精

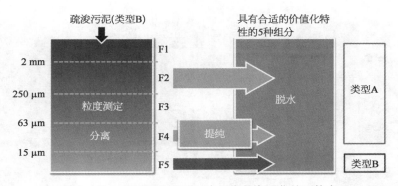

图 2-22　SOLINDUS 项目中开发的资源化处理技术

矿)是含有污染物的物质。

为了识别污染物(通常为金属的氧化物或硫化物)的化学形式,对原状疏浚污泥进行表征是关键的一个步骤。这里的粉土组分中,识别出的重金属主要是氧化物(由于较早阶段实施了各项湿处理措施),但也可找到硫化物形式。

在实验平台的规模上,浮选系统[图 2-23(a)]配备有两个调节罐和两个浮选槽(每个750 L),串联放置。实践中,疏浚污泥在调节罐中与浮选药剂混合。然后将混合料送往两个浮选槽,向其中引入空气。然后,撇除形成的泡沫。最后,两个沉降罐使尾矿(提纯后的组分)和泡沫(含有污染物的精矿)得以收集。

(a) 浮选设备　　　　　　　　　　　　　　　　(b) 两个沉降罐

图 2-23　疏浚污泥资源化处理浮选系统

2.2.4.2　生活垃圾焚烧飞灰资源化处理中化学选矿技术的使用

当然,从重金属富集的危险废弃物中,运用酸洗出重金属离子,然后通过离子交换或金属置换从中回收金属,结合了化学选矿与湿法冶金的做法,以瑞士生活垃圾焚烧飞灰的 FLUWA工艺与 FLUREC 工艺最为典型(图 2-24)。其可行性取决于金属的价值与危废的处理费用。但从危废的长期影响和此项技术向其他危废的拓展来看,本技术值得认真关注与研究。

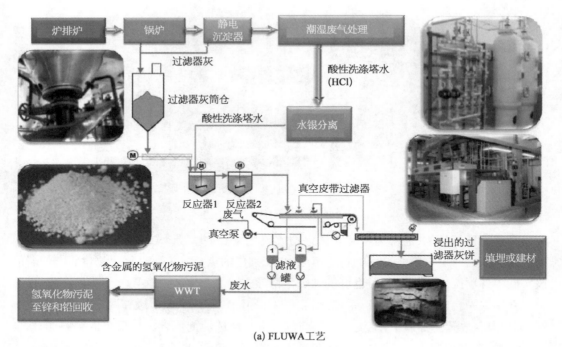

(a) FLUWA工艺

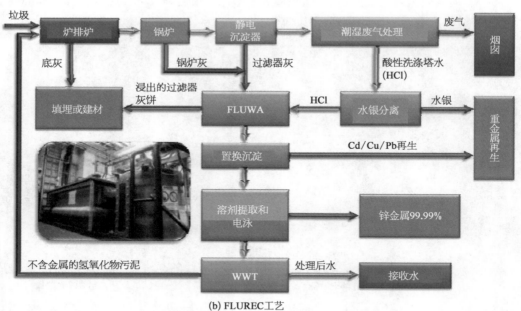

(b) FLUREC工艺

图 2-24　生活垃圾焚烧飞灰资源化处理的工艺

2.2.5　基于传感器的面向固废的自动选矿

具有不同检测系统的自动分选，可以替代手工分选。例如，照相机连同计算机一道，作为检测器(图 2-25)，扫描传送带上的材料，之后由计算机处理每一帧图片。处理与识

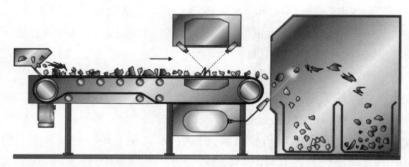

图2-25　玻璃、聚合物、石料等的混合物中,通过基于传感器的自动分选,吹出金属颗粒

别后,如基于颜色,计算机可激活气阀,将识别出的颗粒射入收集仓内。

可资识别的有许多信息,除了颜色以外,还可包括 X 射线反射光谱等。其好处是可产生极纯的一个组分,以及剩下的一个混杂组分;缺陷是一次只能处理一种识别特征的材料,效率比较低。目前已经被用于从有色金属中自动识别电磁性能不佳的不锈钢,以及基于颜色识别烧结砖(红色、黄色、青色等)与混凝土块(灰色)。除了特征识别外,用于喷出材料的微气嘴技术也非常重要。

2.3　针对固废分离的城市选矿技术研究展望

城市选矿技术,尤其是包含了"石质矿物"在内的城市选矿技术,是一个新兴的学科,目前无论是理论,还是技术,都存在着很大的发展与完善空间。

(1)随着城市矿山概念的深入与城市选矿技术的发展,从固废中分离出更多的高价值矿物,将是未来的努力方向。譬如,新加坡专门成立项目研究生活垃圾焚烧炉渣中稀有金属的分布情况与选矿技术。此外,生活垃圾焚烧炉渣中还含有相当的钯、钌、铑等贵金属,是潜在的目标矿点。

(2)针对城市矿山的选矿技术,还有很大的发展空间。譬如德国 Selfrag 公司开发的高压电脉冲的选择性破碎技术,也由于成分之间电性质的差异,使得初级矿物(如花岗岩),以及云母、长石、石英等更为基础的矿物得以分离。目前该技术已被应用于钻石选矿。同时该公司积极研究该技术如何降低运营成本,以便早日应用于固废矿选。又如荷兰商业化的磁流体选矿技术,能达到 20 t/m³ 的表观密度,可用于分离金和铂族金属。但由于磁流体价格很高,而每次选矿磁流体都会产生一定的损耗,使得目前选矿成本还比较高,需要进一步研究降低成本的途径。

(3)生活垃圾焚烧炉渣中分离出的金属,由于氧化物的存在以及其他杂质的污染,分离出的铁、铜和铝,需要经过针对性的处理,才能获得比较高的价格或成为冶炼工艺的原料。目前已就分离铝的品质升级进行了专门的产业化研究。

(4)目前,在泡沫浮选工艺中,已经建立了在线的动态药剂用量调整技术,根据对矿物组成的实时监测,相应调整浮选剂的加入比例。荷兰在涡电流分离工艺中,考虑到了生活垃圾焚烧炉渣中有色金属含量大的波动,使得有色金属与非金属分隔装置的位置须根据具体含量调整,以尽可能多地将其回收,因此也引入了传感器探测技术,实现了分隔位置的实时变动。而在对建筑装修垃圾采用气跳汰进行分离时,也碰到了类似的问题。由于有些建筑装修垃圾几乎不含混凝土块,而有些则含量较大,这使得间歇式的跳汰机在各分离产品的厚度上,连续式的跳汰机在各分离产品的宽度上,都出现了较大的波动,而使得产品质量不稳定。如果能利用传感器实施探测技术,动态调整分料位置,可以预计,将实现产品品质的大幅提升。因此,结合传感器技术与大数据的概念,实现矿选的动态控制,是今后的一个发展方向。

(5)随着稀土永磁铁技术的进步,通过材料不同的磁性质将材料分类是固废选矿相当有前景的一个研究方向。一方面,稀土永磁铁尽管初期投入较高,但自身的作业成本很低;另一方面,不同材料的磁化率等性质,对材料有较大的区分力。尤其是建筑垃圾粉料的分离,磁分离技术是相当有吸引力的一个工艺选择。

第三章
固废资源化综合利用的材料性能研究

固废资源化最重要的目标是作为材料的资源化利用,可用于土木工程、水泥制造、植物生长基质、烧结材料等。当固废材料用于道路产品中时,由于有时无法满足传统道路试验指标对集料压碎值、磨耗值、沥青延度、填料来源等的要求,使其在该领域的使用受到了一定的障碍。但实际上,固废材料用于道路基层可表现出与石灰石基层相当甚至更佳的性能。这也激发了该领域对传统试验指标与路面性能的相关性再认识,以及针对固废材料的试验指标、试验方法的开发。本章将通过理论与试验结果,全面阐述应如何更合理地认识固废资源化材料用于道路等领域的常规或额外的物理、化学特性和指标。

3.1 固废资源化材料主要用途

固废资源化,主要是回收能量与作为固体材料的再生。即便是回收能量,也最终会有部分固体残留物需要处理,因此固废作为材料的资源化利用,是固废资源化最重要或最终的目标。

固废作为材料的使用,主要有以下用途:

(1)在不改变基本物理特性的情况下,被应用于土木工程。主要的方向为集料、填料、结合料的一部分或改性剂。由于这方面的需求量相当大,因此是固废资源化利用的主要关注点。不过,由于固废自身的特点,固废加工形成的这些材料,通常具有一些有别于其相对应天然集料的特性。

(2)将固废用于水泥的制造。这总体上有三条途径,一是水泥窑协同焚烧可燃废弃物,有机物提供热源,无机物提供水泥组成;二是固废作为水泥原料的一部分加入,如铝工业产生的红土,钻石开采产生的废弃物金伯利岩等;三是固废作为水泥熟料的掺合成分,制作二元复合水泥、三元复合水泥等,如粉煤灰、高炉矿渣、钢渣、铅锌渣等。此外,还有一些,如磷石膏、黄钾铁矾(锌工业产生的废弃物)等,可以作为水泥生产中的缓凝剂(这里指的是添加到水泥熟料中并一同研磨的缓凝剂,而水泥使用过程中添加的缓凝剂可归入第一类)。

(3)用作植物的生长基质或作为土壤的改良剂。早先广泛使用的生长基质是草炭,是不可再生资源,随着其可用度的降低,价格不断攀升。为此,人们研究使用城市固废、下水道污泥、绿化修剪物等堆肥后作为草炭的替代物,获得了非常好的效果。由城市固废生产的有机复合肥,作为土壤添加剂也进行了田间试验,显示出增大持水力,并提供相当数量的基本养分的功能。同时,随着屋顶绿化技术的推广,采用轻质高强度又能透水透气保湿的生长基质,成为一项迫切需求。目前除珍珠岩外,还使用了人造陶粒等来满足这项需求。实际上,类似建筑垃圾中的砖块,经适当处理后,也可完全实现这方面的功能。

(4)用作玻璃、陶瓷、砖块等烧结材料的原材料。烧结处理技术是以粉体为原料,在低于主要成分熔点温度条件下,对粉体进行的热处理。热处理反应过程中,原料颗粒重新排列堆积,形成较为致密且高强度的烧结产物。应用烧结处理技术,转换灰渣和无机污泥类废弃物,或使用具有一定稳定组成的废弃物替换陶瓷原材料,也是固废资源化一条经济上、环境上、技术上均有可行性的途径。其他还有一些用途,如建筑垃圾中分选出的有机物加工为垃圾衍生燃料,废旧报纸制作为道路中使用的木质素纤维等,其使用点相对更为集中,也更具针对性。

考虑到上海的实际情况(基本没有水泥厂和陶瓷厂,植物生长基质的技术和应用尚未普及),以及国际上固废资源化的最大去向,本章主要介绍固废在道路工程中的资源化利用。

美国公路管理局将固废在道路工程中的应用分为五个主要的类别,包括沥青混凝土中的应用、水泥混凝土中的应用、流动性填方中的应用、稳定基层中的应用,以及无结合集料与填方中的应用。具体情况如表 3-1 所示。

表 3-1 固废在道路铺装材料中的应用情况

应用类别	被替代的材料	物理性质	目 的	用 量[1]
沥青混凝土	矿物填料	粉土大小,小于 75 μm	填充铺装结构中的空隙	重量比 5% 以下(SMA 中时更高)
	集料	砾石或砂的大小,一般小于 19 mm	提供路面的结构能力和承载能力	占混凝土的 90%~95%
	沥青改性剂	粉土大小或液化的材料	加到沥青中,改善结合料性质	一般少于沥青的 25%,重量占混凝土的大约 1%
水泥混凝土	外加剂	粉土大小,小于 75 μm	作为外加剂加入,或替换部分水泥;起火山灰或水泥的作用	一般替换 15%~50% 重量的水泥,占混凝土重量 1.5%~5%
	集料	砾石或砂的大小,一般小于 19 mm	提供路面的结构能力和承载能力	一般占水泥混凝土重量的 90%

（续表）

一般应用	被替代的材料	物理性质	目　的	用　量[1]
流动性填方	集料	细粒粉砂,粒径一般小于 4.4 mm	提供填方的结构能力和承载能力	一般占填方重量的 90％～95％
	火山灰与激发剂	粉土大小,小于 75 μm	作为外加剂或替代水泥加入;起火山灰或水泥的作用	一般替换 15％～50％重量的水泥,占填方重量的 1.5％～5％
稳定基层	火山灰与激发剂	粉土大小,小于 75 μm	作为外加剂或替代水泥加入;起火山灰或水泥的作用	一般替换 15％～50％重量的水泥,占基层重量的 1.5％～5％
	集料	砾石或砂的大小,一般小于 19 mm	提供上覆层的结构能力或承载能力	一般占基层质量的 80％～90％
无结合集料与填方	粒料	砾石或砂的大小,一般小于 19 mm	提供上覆层的结构能力或承载能力	可占粒料基层、底基层或填方结构重量的 100％
	路堤与填方材料	土壤、粉砂大小,粒径一般小于 4.4 mm	提供上覆层的结构能力或承载能力	可占路堤或填方结构重量的 100％

[1]所示数量代表特定应用中天然材料所用的数量。固废用量依赖于混合料设计。

由表 3-1 可知,五个应用类别中均包括集料,而且其用量都在 80％以上。这表明,无论从质量要求的变化范围,还是应用固废的潜在市场空间,集料都是不二的选择。固废用作外加剂或结合料时,其增值效应显著。

3.2　固废资源化利用对产品性能表征的挑战

将固废材料加到道路产品中时,遇到了不少传统方法和传统视角的挑战。比如生活垃圾焚烧炉渣集料和废旧混凝土集料高的压碎值和高的洛杉矶磨耗值,橡胶沥青低的延度,沥青混合料填料对石灰石源的要求,都使得固废在这一领域中的使用遭遇了规范的壁垒。但现场的试验表明,生活垃圾焚烧炉渣集料和废旧混凝土集料实施的基层,表现出了与石灰石基层相当甚至更佳的性能(部分来自自黏结的贡献),橡胶沥青并没有显现出低延度引起的脆性,而一定量的替代基性岩石源的回收矿粉,也没有显现出对沥青混合料铺装的长期性能有何显著的影响。可以看到,固废的使用"逼"出了对这些传统试验指标与路面性能相关性的再认识,也"牵"出了为更有针对性地描述某一特定固废,某些特殊试验指标与试验方法的开发。以下三个例子分别说明使用固废时,合适测试程序的选择(磨耗测试程序)、合适测试对象的选择(结合料还是玛蹄脂)和合适测试标准的选择(对填料标准的再认识)。

3.2.1 固废材料磨耗性能的试验

材料设计的基础是级配。它决定了材料的骨架结构,以及水或结合料的最佳用量。如果拌和或碾压过程中,集料由于撞击、摩擦或剪切等作用发生断裂,则级配发生了变动。这种变动可能带来的影响包括:① 随着大颗粒数量的减少,骨架结构发生变化,可能导致强度的降低;② 随着颗粒整体的粒径减小,暴露的表面积增大,对水或结合料的需求增大,导致最佳用水量、最佳用油量或最佳水泥用量等增大,现场混合料偏离最佳工作条件,无法满足密实度和强度的要求;③ 造成材料的先期裂纹,可影响材料的疲劳寿命或加大水分入侵的可能性。为此,各国规范中,一般都规定集料的磨耗性能指标。但令人诧异的是,许多固废的现场性能远优于试验室标准试验预测的性能,因此,这类针对传统集料开发的试验,应用于固废集料时,其有效性受到了质疑。

磨耗性能的常见试验包括压碎值(或冲击值)、洛杉矶磨耗值(或微型 Deval 磨耗值)等。欧洲的 ALT - MAT(Alternative Material)计划,重点考察了洛杉矶磨耗试验、微型 Deval 试验、振动台试验、旋转压实试验。前两个试验主要针对集料在拌和过程中的磨耗,后两个试验则针对碾压过程中的磨耗。ALT - MAT 研究中,这四个试验的试验装置分别如图 3-1~图 3-4 所示。

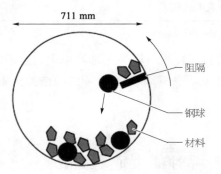

图 3-1　洛杉矶磨耗试验的试验装置

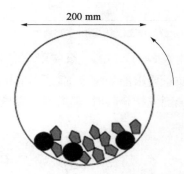

图 3-2　微型 Deval 试验的试验装置

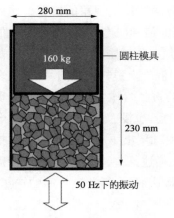

图 3-3　振动台试验的试验装置

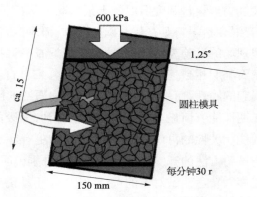

图 3-4　旋转压实试验的试验装置

洛杉矶磨耗试验中,受测试的材料受到了下落钢球摩擦与冲击的组合作用。要求的集料粒度,样品的重量(5 000 g)、钢球数量(6～11 个)与总重量,以及磨耗后细料的筛分孔径(1.6 mm 或 1.7 mm),不同的规范略有不同。与洛杉矶磨耗机相比,微型 Deval 设备更小,并且没有阻隔。于是,不存在来自下落钢球的冲击,仅有钢球和料样产生的摩擦。

振动台试验是垂直振动下常压力(重量)的压实,试验的目的是确定无内聚材料饱水条件下压实后的最大干密度。旋转压实试验不存在集料的滚动,而是 1.25° 角度下圆筒转动产生的常压力与揉搓运动,被认为最佳地描述了现场压路机的压实过程。

所有试验都针对干燥集料进行,比较压实前后的粒径分布。通过 1.7 mm(或 1.6 mm)筛网的细料数量,除以原始样品的质量,被定义为洛杉矶系数或磨耗系数。洛杉矶系数越高表明集料抵抗摩擦、撞击的能力越强。

洛杉矶磨耗试验表明,天然集料转数与磨耗值的关系是完美的一条直线;生活垃圾焚烧炉渣集料,则表现出了较软材料拥有的非线性(一开始磨耗值随转数增大显著增大,之后趋势变缓);废旧混凝土集料处于两者之间。转数(y)与 LA 磨耗值(x)之间的关系,普遍具有 $y = a \cdot x^b$ 的函数。天然集料的指数 b 接近于 1,而指数 b 降低时,起始斜率增大,表现为一条曲线,废旧混凝土的 b 值大于垃圾焚烧炉渣。可见,b 可被视为一个材料特性常数,描述了低的力学作用下材料的磨耗敏感性。这就带来了一个问题,应该选择什么样的转数下的 LA 磨耗值。转数低的时候,固废集料磨耗值一般比天然集料高,但其磨耗的敏感性比较低。因此,高转数的时候,其磨耗值发展缓慢。

微型 Deval 试验对不同材料的分组比洛杉矶磨耗试验更清晰,如天然材料磨耗系数<6,生活垃圾焚烧炉渣集料>25,废旧玻璃集料位于其间。与洛杉矶磨耗试验相似的是,试验开始时的磨耗比结束时大得多。像生活垃圾焚烧炉渣这样偏软的材料,3 000 r 时的磨耗值已经超过 12 000 r 时磨耗值的 50% 以上。而且在微型 Deval 试验中,天然集料没有表现出直线的关系。于是,微型 Deval 试验用于固废集料时同样应考虑转数选取问题。

振动台原本是用来确定集料压实时的最佳含水量和最大干密度的。试验中发现,振动台压实过程中的磨耗很低,良好的天然集料无法区分压实前后集料粒径分布曲线的差异,而像生活垃圾焚烧炉渣这种偏软材料的磨耗,与确定集料粒径分布时筛分过程产生的磨耗,处于相同的范围。因此,这一试验不适合测量压实过程中的磨耗。

旋转压实能得到不同转数下压实高度的变化曲线。与较硬的天然集料相比,较软的生活垃圾焚烧炉渣集料,压实高度表现出了更为缓慢的下降。不过,讨论压实曲线时,还必须考虑不同材料相异的集料粒径分布。但遗憾的是,压实曲线给出了某一材料可压实性的信息,其磨耗敏感性却没有直接的指标。ALT - MAT 研究中,通过测量压实后两条分布曲线之间的面积 A 和曲线上方的面积 B,获得了独立于集料粒径的系数 c(图 3-5),对测试样排序,与使用洛杉矶磨耗值进行的排序相同,因此使用该系数在一定程度上可用于评价材料的磨耗敏感性。该结论仅限于本研究所涉及的试样。

$$旋转面积系数\ c = \frac{A}{A + B} \times 100\%$$

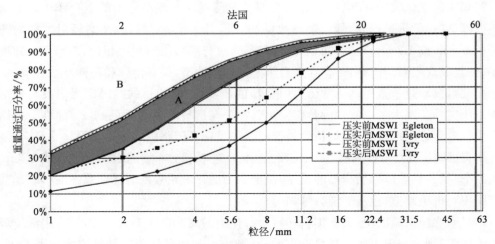

图 3-5 ALT-MAT 研究中，旋转压实前后生活垃圾焚烧炉渣的
集料粒径分布（Egleton 与 Ivry 是两家生活垃圾焚烧厂）

旋转压实模拟了现场重型钢轮压路机对铺装层的压实。无结合混合集料旋转压实过程中，集料粒径分布的改变给出了无结合料铺装层行为有价值的信息。不过，通过室内试验和现场测试结果的比较，对压实参数（压力、转数）进行优化，还必须实施进一步的工作。

此外，还应该考虑循环加载三轴试验，并进一步考察旋转压实试验，因为这些试验与路面性能更为相关，能比较真实地评价固废集料的行为表现。

3.2.2 橡胶沥青的表征与玛蹄脂黏度的概念

将废轮胎磨成粉，加入沥青中，制作成橡胶沥青，是废轮胎资源化利用非常高效的途径之一。废轮胎的加入量甚至可以达到沥青结合料用量的 25%。但所制橡胶沥青的性质表征方面，传统的延度指标发生了问题，一般的分析认为，这是因为橡胶沥青中，橡胶粉固体颗粒导致了材料的不连续。相关研究又提出了测力延度的指标，建立的概念基础是，普通沥青尽管拉得长，但试验过程中消耗的功还不如橡胶沥青的小幅拉伸，即要拉开橡胶沥青需花很大的力，尽管延度很小，即便拉开这样小的距离，也要作很大的功。

测力延度指标提出者的初衷，是希望建立在这一指标的基础上，能体现橡胶沥青与普通沥青或其他改性沥青的优势。本书认为，对橡胶沥青的客观评价，深刻地揭示出了一个基本问题。若将橡胶粉换为粒径相当的砂石填料，就像岩沥青，问题可能更为清楚。即我们评价的对象究竟是结合料还是玛蹄脂？

这里有三个层次，第一个层次是沥青结合料，现实情况中，存在于沥青罐车的输送、沥青油罐的存放，以及拌和时沥青管线的传输中，对于橡胶沥青而言，主要的性质控制指标是 177℃黏度。

第二个层次是玛蹄脂，它是沥青结合料与粒径小于最终沥青膜厚度的外加填料、粗集料与细集料的内在粉料组成的胶浆，当拌缸中喷射入沥青与矿粉后，玛蹄脂就自然形成了。玛蹄脂对集料裹覆起主导作用,玛蹄脂的黏度决定了混合料拌和的难易程度。我们常用沥青结合料的135℃黏度来表征沥青混合料的和易性,但这是不充分的,真正需要的是玛蹄脂的黏度。沥青结合料的135℃黏度可能对玛蹄脂黏度有影响,但由于沥青结合料与填料还存在相互影响,因此沥青结合料黏度与玛蹄脂黏度不是简单的对应关系。一定意义上讲,橡胶沥青是介于第一层次与第二层次的产品,也就是它属于玛蹄脂,但不是最终起作用的玛蹄脂(未加入矿粉)。因此,将沥青结合料的性质要求搬到玛蹄脂(橡胶沥青)上,显然是不恰当的。

第三个层次是混合料,这里指的是整体均匀流动的混合料。拌和过程中,混合料流动还不均匀(组分处于均匀化的过程中),但摊铺与碾压过程中,已经可以将沥青混合料从整体上视为一个均匀流动的流体,可以用混合料黏度来表征混合料流动的特征。但这方面尚未有可见的报道。

将视线聚焦到测量玛蹄脂黏度上,这是一项重要且充满挑战的任务。譬如,对玛蹄脂测试温度的要求:温度较高时,玛蹄脂中的颗粒将出现沉淀,无法获得均匀的样品;温度较低时,存在牛顿行为与非牛顿行为的变化。颗粒尺寸也影响沥青玛蹄脂的黏度,如果填料发生团聚,团聚颗粒成为更大的人为颗粒,则表现出粗颗粒的行为。另外,填料在加入玛蹄脂内的混合过程中,也可能将气泡带入。气囊或者封闭气泡对玛蹄脂的剪切应力有显著影响,可改变实测黏度结果。

由于一般考察较高温度下沥青玛蹄脂的黏度,此时沥青玛蹄脂表现为液态,可选择圆筒黏度计。不过圆筒表面与外圆筒表面不应发生滑移,零剪切区或封堵层是不可忽视的现象,它们可出现在一些较硬的玛蹄脂或非常低剪切速率的试验中,因此应设计圆筒的几何形状,避免所有填料浓度下这一零剪切区的出现。可以采取图3-6所示的风向标转子。

(a) 普通圆柱转子　**(b)** 风向标转子

图3-6　玛蹄脂黏度测试用的转子

沥青是牛顿材料,这意味着不同剪切速率下沥青的黏度是不变的,但很有可能沥青玛蹄脂在特定的填料浓度下,不遵循牛顿行为。施加相当低的剪切速率时,玛蹄脂的黏性行为可显示出剪切应力与剪切速率之间的线性关系。处理"剪切变稀"的玛蹄脂时,较低速率下剪切应力与剪切速率之间的关系,最初也可显示出线性关系,之后是非线性行为。于是,设计具有合适边界条件的适宜的测试程序,是获得沥青玛蹄脂黏性行为准确且充分信息的关键。

可以看到,有些时候并不是固废的加入达不到材料的要求,而是许多材料的测试指标是基于经验的,具有很强的局限性,无法适用加入固废的产品,需要引入更符合实际情形的指标。

3.2.3 沥青混合料面向固废的矿物填料标准再认识

固废的处理加工产生了大量的粉料,如建筑垃圾粉料(包括砖粉、玻璃粉、陶瓷粉、水泥石粉等)、生活垃圾焚烧炉渣湿法产生的沉淀污泥、钢渣粉、粉煤灰、花岗岩和大理石加工产生的粉尘、制铝工业产生的赤泥等。这些材料尽管产生量很大,但其高价值的使用却十分缺乏。另外,随着 SMA 铺装材料在中国的普及,使用这种高矿粉用量的沥青混合料,显著增大了道路建设中矿物填料的用量。将固废粉料用作沥青混合料中的矿物填料,对固废处理与沥青材料的行业两端来说,都是非常有益的举措。不过,目前矿物填料的规范成了这一应用最大的障碍。

如《公路沥青路面施工技术规范》(JTG F40—2004),4.10.1 规定了可以用作填料的三类材料。由石灰岩或岩浆岩中的强基性岩石等憎水性石料经磨细得到的矿粉;拌和机中的回收粉尘,但用量不得超过填料总量的 25%;粉煤灰,用量不得超过 50%。规范从种类上,而不是性质上,"强硬地"将除拌和机回收粉尘、粉煤灰以外的其他固废粉料拦在了门外。矿粉的各项质量要求,并针对固废应用进行讨论(以一般道路等级为例):

(1) 规范要求,矿粉的表观密度不小于 2.45 t/m³。但据经验,粉煤灰的表观密度在 2.2 t/m³ 左右,也就是规范中允许的粉煤灰,其自身的表观密度不符合规范的要求。

(2) 规范中规定,矿粉的粒度要求为小于 0.6 mm 占 100%,小于 0.15 mm 占 90%～100%,小于 0.075 mm 占 75%～100%。但这一规定,没有对粒度的下限提出要求,而根据相关说法,颗粒较细时,矿粉的比表面积增大,相同用油量下,沥青玛蹄脂变得干枯、发硬,因此仅用粒度范围来表征矿粉的粒度或级配是不够的。欧美许多国家都采用了 Rigden 孔隙率(《公路沥青路面施工技术规范》中称压实干矿粉的孔隙率)来表征填料,它与结构沥青和自由沥青有很大的相关性,并与矿粉的颗粒形状、表面纹理等多个性质相关,有助于更深刻地认识不同固废填料在沥青混合料中的作用。

(3) 规范中规定,亲水系数应小于 1。沥青与填料之间的黏附,依赖于填料对沥青的亲和性。与水接触时,有些材料显示了比沥青更高的水亲和性,这样的材料被称为亲水材料。亲水材料在其干燥状态下,表面上吸收沥青的数量比疏水材料低得多,这使得矿粉与沥青之间相互作用弱,导致玛蹄脂质量差。这就是需要选择疏水材料作为填料的原因。亲水系数是等体积填料在水和煤油中 72 h 沉置后的体积之比。亲水填料在水中比在煤油中具有更高的体积,这导致了更高的亲水系数值。疏水填料应具有低于 1 的亲水系数值,这意味着其对沥青比对水更高的亲和性。任何良好的填料都应具有 0.7 与 0.85 范围内的亲水系数值。印度测试了废玻璃粉、赤泥、芥菜(一种农作物)残留物焚烧灰、砖粉、石粉的亲水系数和 pH 值,结果如表 3-2 所示。可见按我国的标准,其亲水系数都符合要求,按上面介绍的最佳范围,只有芥菜渣灰 0.88 稍偏大。同时,将废弃物与去离子水在重量比 1∶9 的比率下混合,静置 2 h 测试 pH 值。由于沥青的酸性本质,碱性材料与其形成了更强的键合,从而提供了卓越的剥落抵抗。发现所有材料的 pH 值都大于 7,这显现了其碱性本质(经过焚烧或烧结过程中的固废,由于酸性气体易挥发逃逸的特点,残留物多表现为碱性)。于是,混合料中预计有强的集料——沥青键。发现石粉当中具有最高的pH值,这可能是因为其组成中存在钙基矿物。砖粉最低的pH值,可归因于其组成中石英形式的氧化硅数量相对高。观察到,芥菜渣灰的pH值显示出了其高度碱性的本质,但其亲水系数数值是所有材料中最糟糕的。这也表明,仍需对亲水系数和pH值与沥青混合料水损坏可能性的关系进一步研究。

表 3 - 2　填料材料的亲水系数和 pH 值

材　　料	亲水系数	pH 值	材　　料	亲水系数	pH 值
废玻璃粉	0.81	10.52	砖　　粉	0.83	8.67
赤　　泥	0.85	9.98	石　　粉	0.77	12.57
芥菜渣灰	0.88	12.24			

　　(4)规范中规定,矿粉塑性指数应小于 4。但据印度的研究,赤泥的塑性指数达到了9.1,显然超过了这一限值。塑性指数是材料中黏土含量的指标,黏土有水存在情况下可膨胀,形成填料与沥青之间黏附的障碍,从而削弱混合料。不过,尽管有如此之高的塑性指数,根据赤泥实施的自由膨胀指数试验,确定它没有表现出任何的膨胀性质。赤泥的XRD(X 射线衍射)也揭示了其组成中不存在蒙脱土等有害黏土矿物。还发现,赤泥本质上高度碱性与疏水具有高的铁浓度。除了塑性指数外,所有其他指标都预测了赤泥如果在沥青混合料中使用,其抵抗水敏感性的卓越性能。事实上,在与同济大学针对垃圾焚烧炉渣沉淀污泥的研究中,也发现这一污泥烘干后,除了塑性指数较大外,其他指标均很出色。由于焚烧中土的烧结作用,因此由土引发塑性指数增大的概率较低。于是,利用塑性指数来控制活性黏土的有害作用并不充分,可结合亚甲基蓝试验等多层次控制。

　　以上充分说明,目前对于矿粉的认识还处于较低的水平,为使固废能作为矿物填料在沥青混合料中被使用,迫切需要对于矿粉的深入研究与标准的进一步合理化。

3.3　固废额外的材料特性

　　固废常被用于替代天然材料。除非固废有自身的规范标准及相应的应用研究,否则固废应满足被替代天然材料的所有标准要求。除此之外,固废尚存在异于相对应天然材料的特性,这些特性不同的固废不尽相同,这里总结了较有普遍性的一些特性。其中,有益的特性在本节叙述,可能不利的特性将在下节叙述。

3.3.1　自黏结特性

　　自黏结特性就是材料在不加任何结合料的情况下,于环境条件下自行发生黏结的性质。其典型情况是破碎混凝土与生活垃圾焚烧炉渣。

在丹麦的试验段中,某道路破碎混凝土的弹性模量,从施工时的大约 300 MPa,7 年后发展到了 500 MPa。而参考的花岗岩基层基本稳定在 300 MPa 左右。瑞典 109 号道路中无结合料底基层的劲度也存在类似的现象。道路完工后 3 个月内,破碎混凝土层的模量从 200 MPa 提高到了 600 MPa,提高了 200%,而同一时期控制段破碎花岗岩的模量仅提高了 25%(图 3-7)。

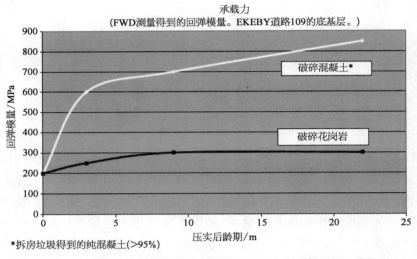

图 3-7 瑞典 109 号道路无结合料底基层中破碎混凝土的层模量

当水泥与水接触时,水合产物沉积在水泥颗粒的外围,内部未水合水泥的核体积逐渐缩小,水泥水合向内和向外同时推进。在由于表面皮层破裂而加速之前,反应缓慢推进 2~5 h(被称为诱导期或潜伏期)。在水合的任何一个阶段,水泥灰浆都由凝胶(水合的细粒产物,具有巨大的表面积,共同被称为凝胶)、剩余的未反应水泥、$Ca(OH)_2$ 和水组成,还有其他的一些次要化合物。各种合成化合物的晶体,形成了互锁的随机三维网络,逐步填充最初被水占据的空间,导致硬化和随后强度的发展。随着水合的推进,原始水泥颗粒上水合产物的沉积,使得水向未水合核的扩散越来越困难,从而随着时间的推移,减慢了水合速率。

当废旧混凝土被破碎时,自黏结的产生主要来源于三个因素:① 由于硅酸三钙水合反应很快,而硅酸二钙相当缓慢,因此已水合的水泥中仍存在一定的硅酸二钙。即便破碎后,这部分剩余的硅酸二钙仍将继续水合而使强度缓慢增长。② 水合产物中,存在部分的 $Ca(OH)_2$ 水合产物,起消石灰结合料的作用。③ 还未反应的剩余水泥颗粒核,由于破碎而重新可为水所接触。

在研究道路半刚性基层材料的工厂再生时,研究者也发现了破碎水泥稳定碎石集料类似的自黏结性质。

生活垃圾焚烧炉渣的自黏结性质也相当明显。干法处理的炉渣,场地堆放进行老化处理时,常常会黏结成块,时间较长时,甚至需用风镐才能挖掘。而湿法处理后的炉渣,堆放再长的时间,炉渣料堆仍保持松散。据估计,这是因为炉渣中含有 $Ca(OH)_2$ 和 SiO_2 等矿物。一方面,Ca(OH)$_2$吸收 CO$_2$,pH 值降低的同时,形成微小的 CaCO$_3$晶体,生长在熔渣及各种炉渣组分的间隙中,使得孔隙率减小,界面黏结增大;另一方面,Ca(OH)$_2$和 SiO$_2$等发生硅酸盐凝胶反应,也就是下面所述的火山灰反应,也使得界面黏结强度提高。不过由于 Ca(OH)$_2$与 CaCO$_3$均微溶于水,在湿法大量水的冲洗下,这些物质被洗出,导致湿法处理炉渣时自黏结性质的损失。

将破碎混凝土或生活垃圾焚烧炉渣中活性物质含量较高的细料分离,可能的话磨细(增大比表面积,使活性表现最大化),常常可以替换部分结合料而取得额外的价值。

3.3.2　火山灰特性

美国混凝土学会定义火山灰材料为"硅质与铝质材料,其本身拥有极小的或没有胶结性质,但很细,并且在有水分的情况下,可与 Ca(OH)$_2$在普通温度下发生化学反应,形成拥有胶凝性质的化合物"。可见,与自黏结性质相比,自黏结材料无须其他物质(除水)帮助即可产生黏结性能,而火山灰材料则需有 Ca(OH)$_2$的来源。

有些通常来自燃烧过程的工业废弃物,如粉煤灰和煤渣,拥有火山灰性质。这些材料的火山灰性质主要依赖于所存在的 Ca、Si 和 Al 氧化物的数量、它们之间的比值及各自的反应性。向普硅水泥中加入火山灰,或将其与石灰一道使用,可替换部分的普硅水泥,有些应用中甚至全部替换,这给予了固废较高的性价比。

当有显著数量反应性的 CaO、Al$_2$O$_3$、SiO$_2$在有水存在的情况下混合时,发生火山灰反应。通常 CaO 以石灰或水泥的形式加入,同时 Al$_2$O$_3$和 SiO$_2$可存在于固废材料中,反应产生凝胶。这一过程中,CaO 的水合释放了 OH$^-$离子,使得 pH 值升高到大约 12.4。在这样的条件下,发生了火山灰反应:Si 和 Al 与可利用的 Ca 组合,产生胶凝化合物——硅酸钙水合物(CSH)和铝酸钙水合物(CAH)。这些反应简化的定性描述归纳如下:

$$Ca(OH)_2 \longrightarrow Ca^{2+} + 2OH^-$$

$$Ca^{2+} + 2OH^- + SiO_2 \longrightarrow CSH$$

$$Ca^{2+} + 2OH^- + Al_2O_3 \longrightarrow CAH$$

由于火山灰反应随时间不断发展,这些胶凝化合物促使混合料的力学性能提高。这样的作用可能发生许多年。

有 Si、Al 氧化物的存在情况,可大致判断固废的火山灰性质。有些待胶结的对象本身含有大量的 Si、Al 氧化物,如黏土质的土壤,也可起到火山灰的作用。这样的土壤天然富含 Si 和 Al 氧化物,在高 pH 值条件下变得可溶,然后为火山灰反应的发展所利用。不同情形下都有力学性能的改善,具体依赖于氧化物的数量、反应性和浓度,颗粒的粒径和形状也依赖于养生条件。

典型的具有火山灰性质的固废,包括燃烧煤产生的粉煤灰与煤渣、燃烧生活垃圾产生的飞灰与炉渣(既有自黏结性质,又存在火山灰性质)、燃烧谷壳产生的谷壳灰、磨细粒化高炉矿渣、磨细钢渣、砖粉、玻璃粉、陶瓷粉、硅粉等。

3.4　固废使用过程中的安定性

固废使用过程中,由于其含有的不同成分,可能给成品材料带来潜在的体积变化,导致产品的破坏或使用性能的下降。下面以生活垃圾焚烧炉渣为主,结合其他的典型固废,对此予以阐述。

3.4.1　自由石灰引发的膨胀

这一膨胀比较典型的发生在钢渣集料上。钢渣是炼钢的副产品。炼钢过程中加入熔剂如石灰,以从钢中移出不想要的组分。就是这些熔剂和非金属组分,组合起来形成了钢渣。冷却时,钢渣可被加工成集料,这一集料多被用于道路建设中的基础层。

钢渣可包含未水合(自由)的石灰,在有水存在的情况下反应膨胀:

$$CaO + H_2O \longrightarrow Ca(OH)_2$$

$Ca(OH)_2$ 的生成,被认为促成了膨胀,因为钢渣颗粒与这些颗粒侧面之间的空间中形成了晶体,其间存在结晶压力。就结晶压力如何产生,已经提出了不同的理论。有一个理论称,当晶面与孔壁之间存在排斥力(静电力和溶剂化力)时,就产生了结晶压力。结晶压力的存在,使得一薄层水占据了两个表面之间的空间,从而供给晶面以新的原材料。这一材料供应,使得晶体能生长到产生足够压力,以致断裂侧限材料。另一理论是,由于孔隙溶液中溶解物浓度增大,创造了压力,而这又是由侧限空间中 $Ca(OH)_2$ 晶体的生长引发的压力导致其溶解度增大产生的。

图 3-8 显示了水泥胶浆基质中含有处于拉伸状态的钢渣集料时,混凝土的膨胀力是如何发展的。

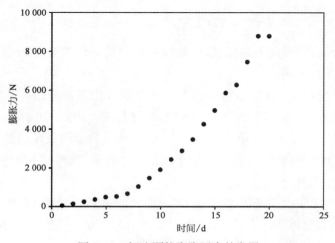

图 3-8　钢渣颗粒膨胀压力的发展

钢渣膨胀也可由氧化镁水合（水合时间较长，通常表现为后期膨胀）。

氧化镁水合通过与石灰水合类似的机制发生反应：

$$MgO + H_2O \longrightarrow Mg(OH)_2$$

不过，在生活垃圾焚烧炉渣中，由于炉渣生产过程中的水淬作用，以及加工后的老化作用，自由石灰在集料使用前基本上已经被反应完；而氧化镁即使存在，含量也相当低，构不成对膨胀的贡献。

3.4.2 铁锈蚀引发的膨胀

许多研究表明，铁颗粒的附近也存在着膨胀。这涉及铁的氧化与锈蚀。铁的氧化涉及一系列的反应，开始于其表面的离子化：

$$Fe \longrightarrow Fe^{2+} + 2e^-$$

此时金属铁溶解。在有水的情况下，铁可经历进一步的氧化：

$$4Fe^{2+} + O_2 \longrightarrow 4Fe^{3+} + 2O^{2-}$$

其他金属表面上，在中性的 pH 值条件下，发生还原反应：

$$O_2 + 2H_2O + 4e^- \longrightarrow 4OH^-$$

于是，形成了氢氧化铁：

$$2Fe^{2+} + 4OH^- \longleftrightarrow 2Fe(OH)_2$$

$$2Fe^{3+} + 6OH^- \longrightarrow 2FeO(OH) \cdot H_2O$$

氢氧化物随后可经历反应，产生氢氧化物与 FeO、$FeO(OH)$、Fe_2O_3 的混合料，共同组成了被称为锈的物质（图 3-9）。

锈比铁金属显著欠密实，意味着锈的生成使得其体积膨胀，可高达原体积的 4 倍。

当生活垃圾焚烧炉渣的磁选不充分时，并且炉渣制作的产品接触氧和水分时（如制作道路砖），可明显看到红色的锈斑，这可导致产品的裂纹或剥落。因此，从生活垃圾焚烧炉渣中分选出磁性含铁金属，不仅是炉渣企业增值的需求，也是后期制造的炉渣产品质量的要求。

图 3-9 铁氧化后的 Fe_2O_3 产物

3.4.3 硅酸二钙转换引发的膨胀

钢渣中常见的矿物相包括镁硅钙石（$3CaO \cdot MgO \cdot 2SiO_2$）、橄榄石（$2MgO \cdot 2FeO \cdot$

SiO_2)、$\beta - C_2S(2CaO \cdot SiO_2)$、$\alpha - C_2S$、铁铝酸四钙 $C_4AF(4CaO \cdot Al_2O_3 \cdot Fe_2O_3)$、铁酸二钙($2CaO \cdot Fe_2O_3$)、$CaO$(自由石灰)、$MgO$、$FeO$、硅酸三钙($3CaO \cdot SiO_2$),以及 RO 相($CaO - FeO - MnO - MgO$)的固溶液。由于氧气顶吹转炉钢渣和电弧炉钢渣具有高的铁氧化物含量,因此 FeO 方铁矿的固溶液一般是作为主矿物相之一被观察到的。钢包渣具有较低的 FeO 含量,因此 C_2S 的多晶型物常常作为主相被观察到。

钢包渣这一高的多晶相 C_2S 也是导致体积膨胀的原因之一。如前所述,C_2S 相在所有类型的钢渣集料中都常常存在,尤作为钢包渣的主相更为富含。C_2S 以四种明确的多晶型物存在:$\alpha, \alpha', \beta, \gamma$。$\alpha - C_2S$ 高温下(>630℃)稳定。低于 500℃ 的温度下,$\beta - C_2S$ 开始转换为 $\gamma - C_2S$。这一转换产生了高达 10% 的体积膨胀。如果钢渣冷却过程很缓慢,则晶体断裂,产生显著数量的粉尘。这一相转换及由此而产生的起尘,钢包渣很典型。

作为炼铁副产物的气冷高炉矿渣,也有膨胀的趋势,其机制之一就是上述的硅酸二钙转换。

3.4.4　金属铝氧化的凝胶膨胀与产氢爆裂

在 pH 值高(>10)时,发生金属铝的氧化,生成氢氧化铝凝胶,即金属溶解,释放氢气:

$$4Al + 16OH^- \longrightarrow 4Al_2O^- + 8OH^- + 12e^-$$

$$\frac{12H_2O + 12e^- \longrightarrow 6H_2 + 12OH^-}{4Al + 4OH^- + 4H_2O \longrightarrow 6H_2 + 4AlO_2^-}$$

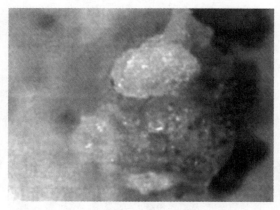

图 3-10　金属铝氧化得到的 $Al(OH)_3$ 产物

Alkemade 等人创建理论认为,铝将在用水泥结合的生活垃圾焚烧炉渣中氧化,生成可溶的铝酸盐离子。如果含水量很低,铝酸盐将仅少许扩散,铝酸盐的浓度在铝颗粒附近可很高。之后,如果发生碳化,水泥基灰的 pH 值降低,铝转化为氢氧化铝[$Al(OH)_3$],随后体积增长(图 3-10)。Alkemade 等人还发现,外部堆放的生活垃圾焚烧炉渣,承受了更高水平的膨胀,因为堆放过程中,碳化已经开始。

碱性环境中,氢氧化铝的生成和氢气从铝颗粒上的释放是同时发生的:

$$2Al + 6H_2O \longrightarrow 2Al(OH)_3 + 3H_2$$

已经发现了生活垃圾炉渣制成的混凝土中氢气气泡的生成,导致新制混凝土强度下降。已经固结的材料中,压力可发展到足以破坏压实材料。各国都有报道,生活垃圾焚烧炉渣制成的铺装砖中,常发生金属铝导致氢爆而使砖体开裂的事件。为此,有研究人员曾提出了应对涡电流尚无法选出的微小颗粒铝的两种典型对策:① 将炉渣细颗粒干磨磨细后作为加气剂替代铝粉用于混凝土中。其缺陷是细炉渣中铝的含量并不均匀，质量控制有难度。② 将炉渣细颗粒湿磨成粉，作为火山灰材料用于混凝土中。其好处是铝在研磨过程中暴露了新的表面，与水反应，从而消耗了铝颗粒；缺陷是有些条状的铝颗粒，研磨过程中只被碾薄碾长，而无法被充分氧化消耗。

3.4.5　硫酸盐产生的膨胀

含有铝和钙的材料同硫酸盐离子反应，可发生膨胀。这可在混凝土中被观察到，称为硫酸盐侵蚀。溶解离子侵入混凝土，与硬化水泥反应，发生硫酸盐侵蚀。该反应的第一个作用是提高混凝土的强度和密度，因为反应产物填充了孔隙空间。但当填满时，进一步生成的钙矾石诱发了混凝土内起破坏作用的内应力，导致受影响区域膨胀。

土壤和废弃物中可能存在大量的硫。如化石燃料转运和加工的场所，可使土壤遭受硫酸盐和硫化物的污染。另外，诸如肥料制造和金属表面处理等活动，也可将硫酸盐引入场地土壤中。某些情况，工业活动产生含硫酸盐的副产品或废弃物，使再生集料，如高炉矿渣、煤矿弃土、燃煤底灰、生活垃圾焚烧炉渣、建筑装修垃圾等中包含了一定量的硫酸盐。

硫酸盐膨胀，最常遇到的是由于钙矾石 $[3CaO \cdot Al_2O_3(CaSO_4)_3 \cdot 32H_2O]$ 的生成。反应如下：

$$2Al^{3+} + 4Ca^{2+} + 3SO_4^{2-} + 8OH^- + 28H_2O \longrightarrow 3CaO \cdot Al_2O_3(CaSO_4)_3 \cdot 32H_2O$$

与石灰水合一样，膨胀产生于结晶压力。由于硫酸盐膨胀而使砂浆膨胀，如图 3-11 所示。图中还示出了材料强度的损失，说明了膨胀过程的破坏作用。可以看到，钙矾石的形成，可使固相体积增大达 120%。

地面、土壤、岩石或填方的固体部分，以及地下水中，常常存在有硫酸盐。使用生活垃

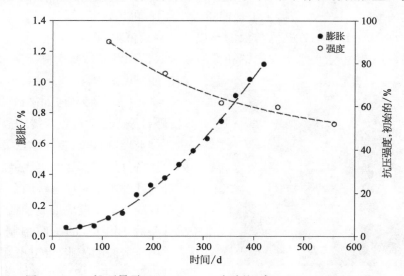

图 3-11　23℃下暴露于 25 000 ppm 硫酸盐（或 37 000 ppm Na_2SO_4）
溶液中的 PC 砂浆，试样尺寸与抗压强度变化和时间的关系

垃焚烧炉渣集料时,由于溶解离子向炉渣中的侵入,可受到硫酸盐侵蚀的影响。侵蚀也可来自对炉渣的使用。例如,用于替换水泥的炉渣,其中的硫酸盐可与硬化水泥反应。用作道路基础填方材料的炉渣,也可与地下水或富含硫酸盐的土壤接触。

目前尚无硫酸盐对生活垃圾焚烧炉渣集料影响的研究,不过,反应产物应与混凝土中的反应产物相似。溶解的硫酸盐离子向炉渣中侵入,与炉渣中的组分反应,生成钙矾石。钙矾石先填充混凝土的孔隙空间,之后诱发进一步的内应力,导致受影响区域膨胀/开裂。如果炉渣内出现过量的钙矾石构造,则将具有不利的影响。水可使材料中离子更快扩散,从而加速硫酸盐作用。

3.4.6 碱氧化硅反应(ASR)引发的膨胀

当集料的特定组分与混凝土中的碱金属氢氧化物反应时,发生了碱集料反应。存在三种形式的碱集料反应,其中之一是碱氧化硅反应,另两个是碱碳酸盐反应和碱硅酸盐反应。为正确解释碱氧化硅反应,就必须知道碱集料反应的基础知识,还有碱碳酸盐反应、碱氧化硅反应和碱硅酸盐反应的过程。下面简要讨论这三种反应的形式:

(1) 碱碳酸盐反应(ACR)。特定白云质岩石观察到的反应,与碱碳酸盐反应相关。反应性的岩石包含有被钙和黏土基质包围的白云石。ACR 很罕见,因为易于 ACR 的岩石由于缺乏强度,通常不适合作为集料。

(2) 碱硅酸盐反应。碱硅酸盐反应与 ASR 相同,例外是这一情况下,反应性组分不是自由的氧化硅,而是硅酸盐组合形式中存在的氧化硅(如绿泥石、蛭石、云母),页硅酸盐仅在细粒时有反应性。页硅酸盐为片状硅酸盐,由 Si_2O_5 的硅酸盐四面体平行片层形成。

(3) 碱氧化硅反应。ASR 是混凝土孔隙水中的羟基离子与集料中存在的特定形式的氧化硅之间的反应。这一反应产生了一种膨胀性凝胶,可导致混凝土开裂。

水泥的水合,导致了碱性孔隙溶液的形成。这一溶液含有 Na^+、K^+、Ca^{2+}、OH^- 等。这些物质的数量,依赖于无水水泥中钠和钾的数量。钠和钾的数量对高于氢氧化钙饱和溶液的碱度负责。

氧化硅来自集料,如破碎岩石、砂、玻璃、砾石等。生活垃圾焚烧炉渣中,氧化硅主要是玻璃;而建筑装修垃圾集料中,则可能上述各种形式都有一定比例的存在。氧化硅与孔隙水中对应这些碱金属的氢氧根离子反应。这一反应形成了吸湿性的碱氧化硅凝胶,孔隙水的凝胶抑制,导致其膨胀。由于凝胶的膨胀,混凝土开裂,最终导致其破坏(图 3-12)。

为让 ASR 发生,必须存在三个条件:

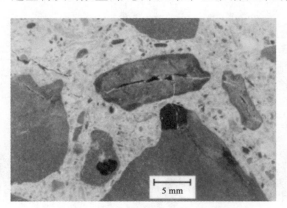

图 3-12 安山岩为主集料的混凝土,受到
ASR 影响而开裂的典型模式

氧化硅的反应性形式、高的碱度(pH 值高)、足够的水分。

氧化硅的反应性形式来自集料,如玻璃这样的再生集料,是由氧化硅组成的,相对于 ASR 有强的反应性。砂浆和混凝土中的孔隙溶液,几乎完全地包含了钠、钾和羟基离子,pH 值在 13~14 的范围内。

碱氧化硅反应基本上为钠或钾的羟基溶液对氧化硅的侵蚀,产生碱硅酸盐凝胶。水分存在于混凝土混合料中,可通过降雨、毛细作用和其他许多途径被混凝土所吸收。混凝土中存在的水分,使得凝胶形成,但凝胶膨胀,还须存在过量的水。可将该反应想象为两步过程:

$$碱＋氧化硅＋水分＝碱氧化硅凝胶$$

$$碱＋氧化硅＋额外水分＝碱氧化硅凝胶的膨胀$$

凝胶的存在不总是与病害相对应,因此不总是表明破坏性的 ASR。不过,凝胶的确有膨胀。

ASR 是缓慢的过程,可肉眼观察到,因此,全面破坏的风险很低。ASR 主要导致服役能力问题,可加剧其他的破坏机制,如冻融和硫酸盐暴露。没有活性剂,即氧化硅、碱和水分,有害的 ASR 膨胀就不发生。ASR 被表征为一个裂缝网络。ASR 典型的指示为网裂(这是混凝土中出现的随机图案),其高级阶段时,为闭合的接缝、剥落的混凝土表面、与/或结构不同部分的相对位移。

ASR 开裂使更多的反应剂(如碱)进入混凝土中,增大了 ASR 的损伤效应。随着 ASR 凝胶吸收水分,它在所有方向施加 10 MPa 或更高均匀的压力。这一压力超过了大多数混凝土的拉伸强度能力。混凝土的拉伸强度,大致为其抗压强度的 10%。裂缝只有充分膨胀,才能释放所引发的压力,容纳产生的体积增大。裂缝通常发生在纵向,因为侧向膨胀欠约束。当反应剂被耗尽,或羟基离子浓度很低、反应性氧化硅不再受侵袭时,反应停止。

生活垃圾焚烧炉渣集料被用在道路中时,由于它包含氧化硅、钠、氧、钙等可潜在引发 ASR 生成的组分,以及固有的碱性环境,可形成 ASR 凝胶,填充材料中剩余的空隙随后引发膨胀。

3.4.7 冻融与冻胀

冻融是一种物理风化形式,由水分冻结时的膨胀导致。裂缝或空隙中的水可发生冻结,当水变为冰时,体积增大 9%。结冰时产生的体积增大,在空隙中施加了巨大的压力,导致材料膨胀。寒冷地区中使用生活垃圾焚烧炉渣集料时,应关注其冰冻敏感性和冻胀值。

吸水率水平与冻融破坏等现象紧密相关。高的吸水率指示了集料可能的敏感度。生活垃圾焚烧炉渣、废旧混凝土集料等与天然集料之间主要的物理差别之一,是前者更高的吸水率,降低了冻融抵抗。与天然集料吸水率一般小于 1%~5% 相比,再生集料吸水率多在 3%～10%。

冻胀指某一道路真正"隆起"的现象，即由于冰冻作用，结构层上升到了正常水平以上。当冰冻温度穿透铺装和板块下方的地面和集料结构时，水分被冻结。水冻结并膨胀时，饱水的孔隙结构更易于遭受损坏。当由于毛细作用，额外的水可被吸入土壤和集料颗粒之间的孔隙时，发生冻胀。最敏感的是粉土粒径的材料，它们形成土壤或集料层中的连续路径；并且它们足够细，能在张力作用下保持水分，并将足量的额外水分吸入堆积体孔隙内。

除了长期冰冻期间，隆起导致向上的位移外，公路主要的损坏还发生在春季。此时融化从上到下启动。融化首先削弱了铺装紧下方的层，因为冰透镜融化，上部结构坍塌。随着融化持续（下部冻结材料层），过量的水无处可去，进一步降低了铺装的支承。这时，重型卡车交通对铺装可产生最大损伤。

生活垃圾焚烧炉渣、废旧混凝土集料等，均可具有相当含量的粉土粒径材料，因此在寒冷地区，应谨慎评估使用。

生活垃圾焚烧炉渣集料中，引发膨胀最主要的因素是铝金属形成氢氧化铝凝胶及产氢。不过，由于铝金属分布的零星性，局部积聚的膨胀压力可被剩余体积所消散，因此当应用在较大体积的道路基层中时，膨胀应不构成对结构的破坏威胁。但当炉渣集料被应用在铺路砖这样小的体积中时，膨胀不可被忽视。不幸的是，上面提到的许多膨胀机制，目前尚无好的评价方法，需要进一步研究。

第四章
固废资源化综合利用的环境问题研究

　　固废材料本身是一种未经设计或偏离设计的废弃材料，一般含有重金属等有害物质，因此在固废资源化利用走向产业化发展的过程中，其潜在的环境问题通常被重点关注。

　　矿物、材料、环境本身也是相互依赖、相互影响的。譬如，重金属从矿物的角度，如能提纯，每一种均有相当价值；而如果在周围环境作用下浸出到土体或水体中，则成了重大的环境影响源。水泥或者沥青对固废的稳定，不单单是对其力学强度的提升，同时也改善了其环境性质。但是对固废环境影响的认识，却存在不少误区。如在《公路路基设计规范》(JTG D30—2015)中，提出"严禁采用含有有害物质的工业废渣作为路堤填料"，这样的表述就阻碍了工业废渣作为路堤填料的应用。事实上，任何材料都可能存在有害物质，是否会对应用环境产生影响，既取决于材料中有害物质总量，也取决于环境参数下它的浸出，还有就是目标环境的容忍度。

　　固废可能含有比正常材料的有害物质浓度更大，是因为人们在选矿或冶炼的过程中，对天然材料实施了分割，比较纯的、组成容易控制的被富集，而副产品或剩余废料中有害物质的浓度则相应浓缩了。除此之外，固废的污染源也可能来自外部的污染。如废旧沥青材料，由于汽车的泄漏、制动、尾气排放，道路上施洒的融冰盐，道路两侧喷洒除草剂、杀虫剂等，带来了潜在的环境污染风险。另外，在加工或者使用过程中合成了新的有害物质。这方面最典型的是生活垃圾焚烧过程中，通过"de novo"过程合成的二噁英。沥青在高温下，除原有的多环芳烃外，也有可能合成新的多环芳烃，尤其是苯并芘。

　　本章将对固废在资源化综合利用中堆放、运输、加工和使用寿命期间所可能产生的环境问题进行详细剖析，阐述相关的评价指标，并提出相应的污染预防和控制措施。

4.1　固废堆放的环境问题

　　由于固废产生的连续性与资源化使用的间歇性，必须提供堆放场地以缓冲。但堆放本身也可能带来环境问题。这样的堆放也可能基于固废加工的需求，如生活垃圾焚烧炉渣含水量的降低。

　　首要的环境问题，就是雨水径流。不同的固废会有不同的雨水径流表现。如生活垃圾焚烧炉渣与废旧混凝土，堆放初期的雨水径流可能表现为强碱性；高炉矿渣、有色金属矿渣、煤矸石等，可能含有硫，在氧化还原作用下，可表现为酸性。这种碱性或酸性的径流，即便没有重金属或危险有机物的浸出，也会对所接触的动植物产生影响。因此必须在评估的基础上，制定相应的对策。而对于重金属或危险有机物的浸出，应在识别固体潜在可用含量的基础上，分析其浸出的趋势。这种浸出趋势与雨水在料堆中的渗透性密切相关。比如高炉矿渣、生活垃圾焚烧炉渣、废旧混凝土等，具有自胶凝性质，也就是堆放过程中，料堆的渗透系数将发生变化。应提前认识到固废这样的特性，针对性地做出部署。同时，应关注"钙华"现象，当类似废旧混凝土这样有可能产生含有氢氧化钙成分的径流时，在大气中 CO_2 的作用下，径流流动过程中可能产生碳酸钙沉淀，日积月累就有可能堵塞排水通道。当雨水径流存在环境影响的风险时，或者通过遮盖避免固废接触雨水，或者将其收集起来集中进行处理，都是可行的办法。

　　固废堆放的另一重要环境问题就是扬尘。在本书涉及项目调研中，发现绝大部分的建筑垃圾资源化处理企业，都深受扬尘之苦。即便南通某企业将建筑垃圾堆放场地放在了地下，但由于装卸、破碎等操作，扬尘现象仍突出。扬尘现象并非固废所独有，凡含有细料，并且含水量不高的材料，在风力或人力作用下，都可存在扬尘。不过，固废也存在很多有利于抑制扬尘的优势。如某些固废存在一定水分，对细料有一定黏结作用；有些固废细料较少，堆放一段时间后，尽管表层细料被扬走，但剩余的细料被包围在表层粗料下方，有效抑制了扬尘；有些固废存在黏结成分，如废旧沥青、废旧混凝土，也保护了粉料的损失。不过这有利有弊，当黏结作用使得堆放的废弃物大面积板结时，加工前可能需要通过挖掘才能取料，这一挖掘作用反而造成了更大的扬尘。当固废含有大量粉料，并且含水量较低时，或者处理过程中，粉料被富集时，固废的堆放就需要采用封闭的空间，隔绝风力作用或约束飞扬空间。当然，相对于后期的加工处理与厂内运输，固废在堆放时产生的扬尘程度相对低一些。

　　此外，还需要注意堆放的固废可能产生的气味。当固废含有氮元素或硫元素时，均可能发出难闻气味。如湿排的生活垃圾焚烧炉渣，可闻到氨气味。据推测，这是垃圾焚烧过程中产生的金属铝或镁各自形成的氮化铝或氮化镁水解释放出氨的缘故。而硫化物矿石产生的有色金属矿渣或含有可被浸出的硫黄。如果放置在排水不畅的场地中，并与停滞的或移动缓慢的水长期接触，就可能有硫黄的味道散发，水也会变颜色。

4.2　固废运输的环境问题

　　固废运输的环境影响主要涉及扬尘与滴漏问题。含有较多粉料的固废，如果没有遮盖，由于车辆运输过程中自身的振动及车辆与空气相对移动产生的自然对流风作用下，极易产生小颗粒的散落与飞扬，在大风天气下的运输影响更大。因此，装有这类固废的车辆应加盖篷布或采用封闭车厢。如果装载的是较细的粉料,应采用类似水泥罐车的全封闭车辆。而当车辆装载含水量较高,且松堆后渗透系数较大的固废时,水分容易流淌到车厢底部,从车厢薄弱口滴下。如果水分有腐蚀性或有其他环境问题,则造成车厢底板的加速破坏,或对外部环境产生影响。因此,这类材料的运输应在分析水质与材料渗透性的基础上,选择不透水的车辆,并做好车厢相应防腐蚀工作。

除了场外运输以外,固废的场内输送也可能有潜在环境问题。类似于污泥这样流动性极好的材料,应采用泵送的方法;当含水量使得材料具有相当的塑性时,可使用螺旋送料;含水量适中,材料具有自立能力时,可使用皮带输送机;当材料极为干燥、容易扬尘时,可使用带遮盖的输送装置(图 4-1)或者是全封闭(图 4-2)的输送装置,甚至采用气力输送。

图 4-1　带遮盖的生活垃圾焚烧炉渣输送装置　　　　图 4-2　全封闭的干排炉渣输送装置

气力输送是目前研究较多的一种相对环境友好的材料输送方式。高速气力稀相系统适用于飞灰或较细底灰,可将细颗粒和粗颗粒传送相对较长的距离。低速气力密相系统可用于传输流动性较差的颗粒状粗灰,不过运输距离相对较短。材料性质在确定系统设计参数方面起到了至关重要的作用。设计人员必须掌握有关固废粒径分布、最大粒径与堆积密度的知识。

4.3　固废加工的环境问题

与矿山加工相比,固废加工最大的特点就是其地点位于城市境内,环境影响尤其受到市民的关注。许多加工废旧混凝土、建筑装修垃圾等的单位,最被诟病的就是生产时尘土飞扬、噪声扰民等问题。废旧沥青混凝土的利用、橡胶沥青生产等企业,生产时释放的气味也频频被居民投诉。而湿法加工生活垃圾焚烧炉渣的企业,其生产时的污水横流、道路泥泞,既污染了周围环境,又影响了企业形象。因此,要使城市采矿业良性发展,必须正视这些问题,解决这些问题。

4.3.1 扬尘问题

前面已经讨论了固废在堆放、运输过程中的扬尘,但这两个过程都是静置的过程,没有人为的扰动,因此相对容易控制。但在以下情况下,由于人力与设备的参与,扬尘问题更为突出:① 装载车或铲车装料或卸料时。② 振动筛筛分颗粒时。③ 反击破碎机或冲击破碎机破碎材料时。④ 使用空气动力的分选设备,如旋风分离器、风力筛、气力跳汰等进行分离时。⑤ 传送带放料时。

上面的各道工序,扬尘的机理、尘土的组成和影响的范围都不相同。但遗憾的是,目前很少有这方面的研究,导致各项降尘措施的效率无法准确量化。

尘源对空气污染的影响,依赖于尘土的组成和数量,以及飘扬到大气中的粉尘颗粒的搬运特性。大颗粒就近沉降,小颗粒则远距离分散。颗粒可能的搬运距离,受到最初扬起高度、颗粒沉降速度、风速、大气湍动程度的控制。以粒径和平均风速为变量进行的理论计算,对于 4.4 m/s 的典型风速,大于 100 μm 的颗粒,距扬尘点 10 m 内就沉降了。而直径 30~100 μm 的颗粒,则可飘远数百米。更小的颗粒,可行走更长的距离,因为其沉降速度缓慢,还易受大气湍流的迟延。

但目前的测量,多聚焦于 $PM_{2.5}$ 和 PM_{10},因为两项指标对健康影响已被广泛认识。但美国有一项研究,采集并分析了未铺装道路上的尘样,其粒径范围从 0.05~159 μm,其中大于 40% 的质量为大于 10 μm 的颗粒。这表明,目前扬尘指标的评价,未覆盖对能见度和工作环境均有影响的全体尘粒。

从总体上看,目前抑制扬尘现象的方法主要有三大类。第一类是封闭扬尘的局部区域,用静电沉淀器或布袋除尘器将含有尘土的大气过滤后排出。这方面典型的例子就是沥青混合料生产过程中携带粉料的空气的排放(图4-3)。可见,这种方法的好处是,除尘

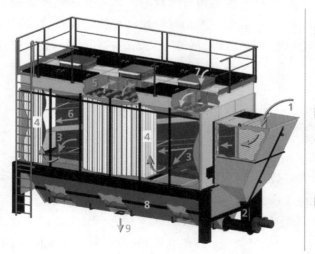

进气与初步分离器阶段
1—串联的初步分离器,从原始气体中分离出粗填料(>80 μm)
2—地坑中的粗填料出口,或单独导出
3—原始气体侧的中间通道,使原始气体均匀分布

过滤阶段
4—气体透过过滤袋,填料被收集在外表面上
5—清洁气体流过相关清洗段
6—清洁气体借助中间通道排出。风扇将清洁后的气体从烟囱吹到大气中

清洗循环
7—过滤袋用可逆空气原理清洗
8—清洗后的填料落到地坑中
9—集尘器螺旋将填料输送到出口

图 4-3 沥青拌和楼布袋除尘室的工作机理

回收的粉料可作为一种固废进行资源化利用,如回笼粉,目前已经部分替代新填料被用于沥青混合料的生产。

第二类是喷雾。不过,传统喷雾除尘技术,产生的水滴直径为 $200\sim300~\mu m$,不仅效率低、能耗高,而且往往会导致物料过分湿润,影响成品产量。以美国 Dust Solutions 有限公司为代表,发明了干雾抑尘技术,被誉为"21 世纪的粉尘控制解决方案"。干雾系统控制了粒径 $1\sim800~\mu m$ 的几乎所有类型的扬尘。这一系统使用了水和空气的双流体喷嘴,产生超细尺寸的雾,通过凝聚实现抑尘。系统无须化学品,工艺保持水为处理材料的 $0.1\%\sim0.5\%$。系统将空气中尘粒凝聚成水滴,使颗粒变得足够重,从而在重力作用下返回产品流或降到地面。为实现凝聚,需要两个条件:① 必须与粉尘颗粒相同速率,产生与粉尘颗粒相同尺寸的足够水滴。② 粉尘颗粒和水滴必须被包含在同一区域中,使凝聚能够得以发生。

凝聚的机理是:考虑将要撞击到尘粒上的水滴,或空气动力学等效,将要撞击到水滴的尘粒,如图 4-4 所示。如果水滴的直径比尘粒大得多,则尘粒简单地追随水滴周围的空气流线,几乎不发生接触。实际上,撞击微米大小的颗粒总是很困难,这也就是惯性分离器在这些尺寸下工作不好的缘故。但如果水滴与尘粒尺寸相当,当尘粒试图追随流线时,就发生了接触。

(a) 凝聚机理   (b) 应用实例

图 4-4 干雾抑尘

在上海兴盛路基材料厂的固废资源利用中心工程中,就使用了干雾抑尘技术,取得了相当理想的效果。

第三类是被动粉尘控制。这是被用于控制散装固体操作时扬尘现象的一类新技术,已被引进到了制煤、仓库、烧结工厂、铁矿石和钢厂颗粒处理时,传送带的转移点上。被动系统控制扬尘的特点是无须加入主动的抑尘或集尘,其实现是通过减少散装材料转移时诱导的气流,然后减缓剩余诱导气流的速度,使尘粒在封装体内由于重力而沉降。

扬尘具有两个基本要素——运动气流和足够小的颗粒,能被在运动气流中传播。运动气流的体积和气流中传播颗粒的浓度,控制了进入工作空间的尘量。散装材料转移时空气运动的主要机理,就是被诱导同掉落或抛投材料一道流动的空气。运动的散装材料颗粒对其周围空气制造了一个摩擦拖曳,诱使空气在其尾迹中流动。诱导气流给予了诸如传送带裙槽装料区等封闭体以压力,从槽端或透过任何开口流出。运动气流夹带自由颗粒,承载了粉尘。承载粉尘的空气逃逸出封闭体时,尘土就弥布了工作场所。诱导气流最重要的贡献因素为:

(1) 材料吞吐量。材料体积越大,产生的诱导气流越多。

(2) 材料粒径。颗粒越小,表面积越大,产生的诱导气流越多。

(3) 材料速度。材料速度越高(常由落高上作用材料的重力导致),产生的诱导气流越多。

(4) 对包围它的空气产生影响的材料的横断面积。

(5) 系统漏空面积。漏空面积越多,空气运动阻力越小,从而产生更多诱导气流。

转移时自由颗粒的数量依赖于以下因素:

(1) 进入转移的材料的细料比例。

(2) 转移时冲击和研磨产生的细料数量。

(3) 细料在运动气流中的暴露。

(4) 未凝聚成大颗粒的细料比例。

被动控制设计的基础,就是准确预测某一特定粉尘发生源处诱导气流的数量。利用颗粒动力学和流体力学的原理,计算得到的诱导气流,被用于设计回流区和静止区。图4-5是此类设计案例的示意图。溜槽形状通过离散元分析确定,保持料连贯紧凑流动,偏转罩接收端滑轮释放的扁平材料流,整形,向下重引导到接料溜槽(又被称为"勺")内,放于接料皮带上。被动封闭体系除溜槽形状设计外,还加上回流区和静止区。诱导气流的速度利用回流室或管道进行控制。回流室制造的巨大体积降低了室内空气的速度,使颗粒无法保持悬浮在缓慢移动的气流中。回流室或管道的第二个作用是创建了一个低压区域,从而下落的材料推动内部空气在封闭体内循环。传送带装料区封闭,为气流提供阻力,进一步减少诱导空气,也阻止了由于皮带装料时的动力学作用而使细料溢漏或粉尘涌

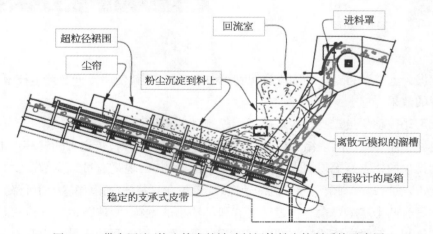

图 4-5 带有回流/静止技术的被动封闭体粉尘控制系统示意图

出造成次级扬尘。

可以看到,被动粉尘控制事实上是一种设计技术,无须压缩空气和水,也无须除尘布袋的清洗和更换,并提供不间断的粉尘控制性能,无作业成本,维护成本也极低,在美国的若干州被称为最佳可用控制技术。不过,对某些扬尘源,该技术无法使用。

以上三种方法,各有利弊,在城市固废处理中的应用,需结合具体工艺与具体废弃物类型,比较选用,或组合使用。

4.3.2　噪声问题

固废加工的噪声源,与矿山矿物加工的噪声源相似,但由于以下两个因素,固废加工的噪声可能更受关注。

（1）固废加工场所处于城市环境内,噪声问题尤其敏感,许多加工点规定了严格的作业时间,大大缩减了有效工作时间。

（2）考虑到水带来的环境问题,固废加工多选用干法工艺,空压机等造风设备获得了更大程度的使用,也使得噪声源进一步扩大。

图 4-6 是典型加工设备产生噪声的一个示意图,具体的噪声控制标准参照相关规范。

降低包括破碎机、筛网、空压机等在内的加工系统噪声级,有四条主要途径:作业的优化、"内部"聚合物(磨耗材料与磨耗产品)的使用、"外部"聚合物(粉尘封闭装置)的使用、用隔音墙的封闭。

比如破碎机和筛网等大体积流设备,当它们在最佳状况下工作时,通常噪声较低,材料流吸收了部分噪声(如滞塞给料的圆锥破碎机)。减少流通料,也会使噪声级降低。

聚合物作为磨机衬里、筛分介质和材料转运系统(溜槽和转移点)磨耗保护的使用,对降噪有着非常明显的影响。

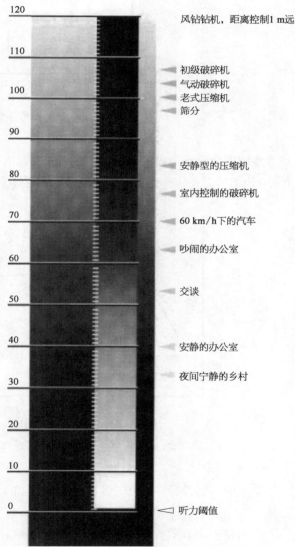

图 4-6　固废加工典型设备产生噪声示意图

对磨机而言,相比钢衬里,橡胶衬里可降低噪声级达 10 dB(A)(图 4-7)。

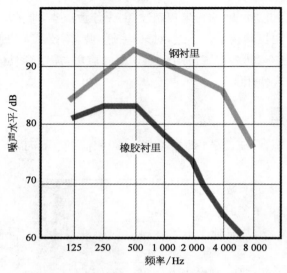

图 4-7　磨机不同衬里的噪声特征

使用聚合物作为破碎机、筛网、传送机、溜槽等的防尘封闭体(外部聚合物)时,降噪 4~10 dB(A)。图 4-8 标示出了钢丝面筛网与橡胶面筛网的差别。

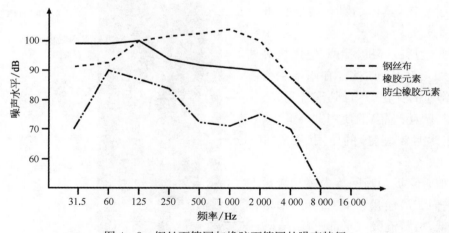

图 4-8　钢丝面筛网与橡胶面筛网的噪声特征

基本的一条经验是:由于各种目的而在加工体系中使用越多的聚合物,噪声水平就越低。

围封是一条有效的降噪途径。完全封闭时,噪声水平可下降 10~15 dB(A)。不过,隔音墙的材质、高度、厚度、布局等,应通过计算与试验确定(图 4-9)。

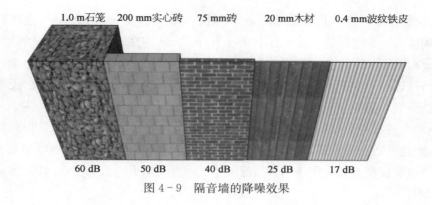

图 4 - 9　隔音墙的降噪效果

4.3.3　气味问题

对大多数固废的加工而言,气味并不成为问题。气味问题真正成为固废使用障碍的,是废旧轮胎粉在沥青混合料中的使用。用废旧轮胎粉制作的橡胶沥青,一度在国内迅速推广,但目前发展受限,其中气味问题是重要因素之一。其实,这一问题在橡胶沥青的创始国美国也时有发生。比如 2015 年 3 月 12 日,加利福尼亚州圣地亚哥的几所学校由于该地区报道有恶臭而不许学生外出,在与天然气公司核对之后,才将气味的源头追踪到了该地区一家商业沥青公司。2016 年 3 月 3 日,在亚利桑那图森的南侧闻到了恶臭,Sunnyside 联合学校区的几所学校被临时疏散,后来才了解到气味实际上是 Granite 建设公司采用的橡胶沥青发出的。

沥青的烟气排放与产生臭味之间既有联系,又有区别。联系是,臭味是通过烟气的排放为人所感知的。嗅觉可能是我们所有感官能力中最主观和复杂的。个体之间对某一气味影响的差异令人震惊。让某一个人愉悦的,对另一个人来说,可能相当厌恶。不过,大部分人群中,特定的气味有很大程度会唤起类似的反应。臭鸡蛋和臭鼬味是引起普遍不适的气味。臭鼬味中令人不快的物质是硫醇。这些硫醇的效力确实惊人。研究已经表明,普通人的嗅觉能检测出低到 300 亿分之一的浓度。臭鼬味中具体的令人不快的硫醇,已被确认为丁硫醇、硫化氢的衍生物。产沥青的原油含有少量的此类含硫化合物与硫醇。尽管它们大多数在炼油过程中被移出了,但道路沥青和屋面沥青中可有少量残余。由于这些物质的效力,很小的浓度也可引起强烈的气味。沥青加热时,这些少量的硫醇被分散到了大气中,易为人所感知,从而引发不快。

区别是,已经有大量研究表明,沥青或橡胶沥青的排放,在目前的排放标准之内,因此,可以被认为是无害的(不过,Sunthonpagasit 等人在 2004 年的研究认为,橡胶粉改性沥青中,"有一组未知的化合物,其空中传播浓度升高。这组化合物由致癌的多环芳香烃苯并蒽、蒀和两者的甲基化衍生物组成")。而气味的感觉可根据几种方法来量化,气味的妨碍或公害,可用所谓的"喜好标度"来定量。喜好标度给出了某一气味令人愉悦的感觉或令人不悦的感觉的水平。该水平从−4(非常令人不悦)变化到＋4(让人很愉悦)。气味浓度本身,可以每立方米(空气)的欧洲气味单位(ou_E/m^3)表示。欧洲气味单位的定义为：有味物质在标准条件下，蒸发到 1 m³ 中性气体中，引发一个小组一个生理响应的数量（检出阈值），一个生理响应等于标准条件下，在 1 m³ 中性气体中蒸发的一个欧洲参考气味质量（EROM）引发的响应。沥青的气味与烟囱的气味显著不同。经验表明，2 ou$_E$/m³ 的沥青气味，被体验为令人不悦，这与烟囱气味 5 ou$_E$/m³ 体验到的相同。因此，无害的沥青排放，可能引起不适的生理反应。

橡胶沥青气味更为难闻，主要是因为加热时，橡胶粉脱硫的缘故，而且橡胶沥青的加热温度一般比普通沥青更高，也使得烟气排放增加。事实上，沥青混合料中加入沥青旧料（道路沥青或屋面沥青）时，由于通常情况下生产温度均有升高，因此气味较新沥青有一定程度的加重。

控制或消除这一气味，对推广包括废旧轮胎粉在内的固废的资源化利用意义重大。其方法主要有三种：

（1）源头的废橡胶粉脱硫。脱硫是胶粉在热、氧和高剪切力的作用下，通过自动氧化反应使硫化胶的交联键被破坏的过程。脱硫有化学、超声、微波、生物、机械、蒸气等方法。一般来说，脱硫程度与颗粒大小、反应时间、反应条件等相关。由于橡胶沥青在生产施工过程中，橡胶粉的脱硫反应在某一条件下达到平衡，因此，源头脱硫的程度应与之相匹配。尽管这一方法使得橡胶沥青生产过程中硫释放产生的异味大为缓解，但脱硫过程中产生了大量的含硫化合物，需要加以控制（如集中收集，在石灰水洗涤塔中中和）。

（2）对排放条件的控制。对橡胶沥青而言，温度越高，排放越多，从而气味越大。如果降低生产温度，譬如使用温拌剂，可大大减少烟气排放量，从而使气味大为缓解（图 4 - 10）。

(a) 热拌沥青混合料施工　　　　　　　　　　　(b) 温拌沥青混合料施工

图 4 - 10　热拌、温拌沥青混合料施工时烟气排放比较

（3）商业的气味遮盖剂也可被用于掩盖异味。这方面，美国针对屋面沥青的排放已经作了研究，取得了成功的经验。需要说明的是，遮盖剂既要能实现遮掩施工时气味的作用，同时又不能影响相应材料的施工性能与使用性能。

4.3.4　工艺水问题

尽管本项目希望固废的加工工艺尽可能使用干法来取代湿法。但由于以下原因，湿法仍被大量采用。

（1）作为一种历史悠久的选矿工艺，有大量的经验得以传承；而干法的许多技术，如涡电流技术、风力跳汰（摇床）技术、高强永磁铁技术等，相对来说比较新，普及度不高。

（2）固废的特性、固废加工的目标和现有技术的限制。比如生活垃圾焚烧炉渣，由于一般都是湿排炉渣，炉渣中的水分集中在比表面积大的细料周围，水分产生的内聚力导致涡电流技术无法实现很小颗粒中有色金属的分离。此时利用湿法技术（图 4 - 11），加大细料间水膜厚度，能够进行干法较难实现的很小的重有色金属的回收。又如粉煤灰中玻璃空心微珠的提取。玻璃空心微珠由于其低密度、高力学强度等性质，适用于许多工业分支，今天已成为渴求的一种贵重产品（图 4 - 12）。在飞灰中它有重量比 1‰～3‰ 的存在，限于成本和技术因素，目前多采用湿法选取。而建筑垃圾中混凝土与砖的分离，按照选矿标准

$$CC = \frac{重矿物相对密度 - 流体相对密度}{轻矿物相对密度 - 流体相对密度}$$，而 CC＞2.5，适合于 75 μm 以上粒径颗粒分离；1.75＜CC＜2.5，适合 150 μm 以上粒径；1.50＜CC＜1.75，适合 1.7 mm 以上粒径；1.25＜

图 4 - 11　HVC 与 Baskalis Dolman 联合投资的生活垃圾焚烧炉渣湿法加工厂

图 4 - 12　粉煤灰中湿法选出的玻璃空心微珠

CC<1.50,适合 6.35 mm 以上粒径;CC<1.25,不适合任何粒径。以混凝土 2.4 t/m³,砖 1.8 t/m³,水 1 t/m³,空气忽略不计的相对密度代入,得到 CC$_水$=1.75,CC$_{空气}$=1.33,可以看到湿法的密度分离适合 1.7 mm 以上粒径,而干法仅适合 6.35 mm 以上粒径。建筑垃圾中含有相当多细料时,采用密度分离,湿法可能相对更合适。

(3) 湿法由于洗去了产品表面的灰尘,而使产品相对清洁,质量较高。比如当生活垃圾焚烧炉渣被用于沟槽回填材料时,不希望炉渣拥有自黏结特性,则洗去炉渣中粗砂组分中的细料可确保中粗砂具有长期良好的变形特性。湿法所带来的环境问题不容忽视。以生活垃圾焚烧炉渣为例,主要有以下三点:选矿设备漏水或水未合理排放,加上生活垃圾焚烧炉渣本身的泄漏,造成车间地面泥泞。

目前对工艺水的处理,一般采用地下挖槽沉淀后再循环利用的方法,尽管铺筑了混凝土底板,但在长期工作的累积效应下,从侧面与混凝土中渗出的重金属不断累积,将使处理场地的土壤和周边的地下水质遭到严重污染。这方面目前尚未有数据,主要是因为国外即便使用的是湿法,也采用图 4-13 所示的皮带压滤机等设施,避免污水与土壤可能的接触。国内的湿法炉渣厂缺乏环境监控,无法获得此类数据。

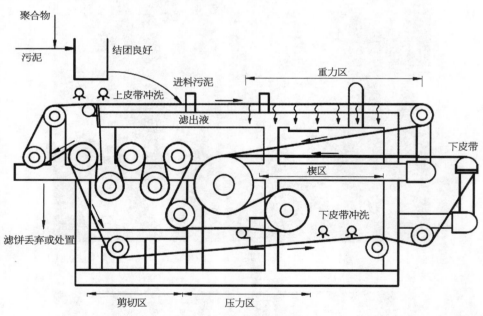

图 4-13　皮带压滤机

水沉淀或压滤后获得的污泥,由于颗粒很小,比表面积相当大,有可能重金属相对富集。其浸出指标是否满足环境要求,应视炉渣本身的性质与当地的环境监管要求而定。遗憾的是,国内炉渣湿法生产得到的污泥,均在没有环境监管的情况下,或者被掺入炉渣中,或者被单独使用而任意处置。而按照荷兰代尔夫特理工大学 Lenka Muchovà 的研究,她针对荷兰 AEB 公司湿法炉渣厂获得的污泥,得到了表 4-1 所示的结果,按照荷兰与欧洲的相关规范,必须填埋(2006 年数值明显高于 2002 年,可能是 2006 年污泥与生活垃圾联合焚烧之故)。当然,将污泥少量掺加,使重金属稀释,或用于混凝土或沥青混合料中,以水泥或沥青来固定重金属的污泥资源化做法也在研究中。作者曾委托同济大学对某工厂湿法污泥进行过作为沥青混合料填料使用的研究,发现无论是从粒径、亲水系数还是碱性指标看,都非常理想,唯一有问题的指标是塑性指数,可能是有机物或土壤颗粒混入的缘故。

表 4-1　2002 年和 2006 年收集的污泥样品的浸出值(柱试验)

项　目	2002 年		2006 年	
	L/S=1.8	L/S=10	L/S=1	L/S=10
Cu	3.5	8.4	**14**	31
Mo	0.38	1.17	**3.4**	9.6
Sb	0.35	1.8	<0.03	<0.03
Br	4.7	6.4	n.m.	n.m.
As	<0.04	<0.2	<0.03	<0.03
Ba	<0.2	<0.8	0.4	1.2
Cd	<0.003	<0.007	<0.02	<0.02
Cl	2 100	2 200	5 490	7 205
Cr	<0.6	<1	1	3
Co	<0.01	<0.07	n.m.	n.m.
F	<0.53	<2.2	234	**348**
Hg	<0.001	<0.005	<0.03	<0.03
Pb	<0.05	<0.3	<0.05	<0.05
Ni	<0.06	<0.2	0.2	0.3
Se	0.048	0.083	**1.2**	**4.4**
SO_4^{2-}	4 300	14 000	3 188	19 213
Sn	0.36	1	n.m.	n.m.
V	<0.05	<0.3	n.m.	n.m.
Zn	<0.1	<0.7	<0.02	<0.02

注：黑体数值超过了荷兰填埋指令,表明污泥必须填埋。黑体中下划线数值超过了欧洲非危险废弃物填埋指令的限值。

4.4　固废使用寿命期间的环境问题

固废可以用于房屋建筑工程、公路工程、港口工程、桥梁工程、隧道工程等,不同的应用方向有不同的应用环境,也就有着独特的环境问题。这里不可能把固废应用于这些工程的环境问题一一叙述,而是把焦点放在了公路工程上。这是因为:

（1）将固废放在公路工程中资源化利用,是世界各国普遍的做法。

（2）公路工程的环境影响足够复杂,足以作为其他土木工程的代表,其结论也完全可以向其他土木工程推广。

（3）对公路工程中固废应用的研究,国际上已经取得了相当大的成果,并且仍在不断进展中,甚至以包括暴露于道路环境下的表面径流、地下水,以及土壤在内的环境评价为核心的一门新的学科"道路环境学"已经初具雏形。这其中固废是重要的污染源之一。

4.4.1 公路工程的环境特点与环境影响评价的目标

公路工程的第一个特点,就是路表与空气和雨水相接触、路基与土壤和地下水相接触,因此无论是对大气,还是对地表水体和地下水体,抑或土壤本身,都存在污染的可能。举两个例子,一是美国印第安纳州的 Pines 镇,北印第安纳公共服务公司在这个小镇堆积了大约 100 万 t 的粉煤灰,作为小镇的建设性填方使用,之后整个小镇的饮用水井都被有毒化学物所污染,包括砷、镉、硼、钼等,从而井水被废弃,不得不接入自来水,小镇也作为污染场地接受政府超级基金土壤治理。二是国内媒体曾报道过的塑胶毒跑道事件,实际上废橡胶颗粒本身并没有引发环境问题,有问题的是使用了劣质溶剂型黏结剂,黏结剂挥发出有毒的物质。可以看到,公路具有多重污染源的角色,必须全面地评价环境。

公路工程的第二个特点,就是它不同于其他土木工程的局域性,而是线性延伸,一条公路就可能接触极为不同的周边环境。譬如,可能经过环境标准一般的工业园区,也可能经过环境标准较高的生态区,还有可能经过环境标准极高的饮用水区和粮食作物种植区。不同的区域有着不同的环境控制标准,也就有着公路工程中固废使用的不同对策。或者说,公路具有不同的污染汇,必须有针对性地研究。

公路工程的第三个特点,就是即便在公路的纵断面上,不同的结构层也存在着不同的暴露环境。以不透水铺装为例,表面层主要是降雨径流、大气挥发和光线作用,而路基层可接受土壤渗透、土壤毛细水或直接是地下水的作用,基层以水的渗透为主,基层的上部与面层中可能还存在微生物的活动。如果是透水铺装,分表层透水、基层透水与土路基透水,更有着不同的环境影响模式。

公路工程的第四个特点,就是即便同一层位的材料,由于材料形式的不同,环境行为也有很大的差异。比如面层可以有不透水和透水的沥青混凝土与水泥混凝土层,甚至砾石层,基层可以有以沥青为结合料的柔性基层、以水泥为结合料的半刚性基层与刚性基层,甚至路基可以是原状的土路基,或水泥、石灰处治过的土壤。从环境角度看,它们可以归类为整体材料层或颗粒材料层,具有不同的环境表征。此外,沥青为弱酸性,水泥或石灰类为碱性甚至强碱性,土壤从弱酸性到弱碱性均存在,与有机质的存在性相关,造成了污染物不同的浸出环境。甚至对不透水的道路断面,从表层到路基,从氧化性环境很快转移到还原性环境。这就是公路工程环境方面的复杂性与代表性。

至于环境影响评价的目标,主要是生物体和人类接触土壤、沉积物、地表水和地下水时,固废材料可能的环境影响。获取这一影响时,求取该废弃物浸出的优先污染物,以及在 100 年(北欧的设定目标)时间框架内扩散到周围区域的可能性。同时,还需要了解从材料所处位置开始,到周围土壤的地球化学组分发展。

4.4.2 公路工程中使用的固废的源头环境特征

公路工程中使用固废所带来的环境影响,最重要的是三大因素:一是固废自身的源头环境特征;二是浸出与迁移环境;三是影响目标或影响对象。这里先讨论第一大因素。

固废自身的源头环境特征,一是它的本质或起源。固废由于是计划外产物,通常其组成未经过设计或很难实施控制。固废发生源材料输入、工艺变化甚至是时间的不同,都可造成固废性质的波动。譬如,建筑垃圾由于拆房对象的不同,其组成千变万化;又如钢渣,水冷与气冷,也造成其性质的迥异;再如,生活垃圾焚烧炉渣,随着堆放时间的变化,其环境特征也大为不同。要根据固废发生的特点,合理划分或表征固废,使得后续的研究尽可能有相对稳定的输入。如根据原煤组成的不同,现在粉煤灰已经被划分为高钙粉煤灰与低钙粉煤灰。

二是对固废无机元素总量、总有机碳、酸中和能力等性质的认识。这是从整体上对固废环境性质的认识:无机元素总量与总有机碳,确定了相关元素与相关有机物的上限含量。如果上限含量低于某一指定水平,可能无须下面的浸出试验,就可作出浸出上限的估计;酸中和能力也决定了固废在应用环境中最终的酸碱度水平。不过这三个指标,均缺乏对固废更为精准的表征,其指导意义有限。

三是对固废元素分布形态的认识。所谓元素的形态,实际上是对元素的电离状态、电子价态和络合状态的描述。譬如 Cr^{3+} 离子无毒,但 Cr^{6+} 离子却剧毒,同为铬离子,电子价态的不同造成了毒性的迥异;又如 Cu^{2+},尽管它具有重金属毒性,但在有机物情况下,易于和腐殖酸或富里酸络合而失去机动性;再如将飞灰烧结,由于重金属成为晶格构成原子,难以为水浸出电离,从而抑制了其毒性。所以,对元素形态的认识,从更根本的层面上对固废环境影响进行微观观察,具有重要的理论和实际意义。

四是对包括粒径分布在内的固废其他环境相关性质的认识。颗粒越小,比表面积越大,表面作用就越突出,其吸附重金属的概率也就越高。这已经在生活垃圾焚烧炉渣的研究中得到了充分例证。当然,颗粒越小,在焚烧过程中越可能被充分氧化,导致垃圾焚烧炉渣中零价金属多集中在较粗的颗粒。也就是说,元素的形态分布也与粒径大小密切相关。

其实,不仅固废本身需要有以上各方面的认识,固废制造出的产品也可从以上几方面进行环境表征。不过,固废产品还可以加上孔隙率(一定程度上决定了固液比)、渗透系数(决定着污染物浸出的控制模式)、表面构造(对重金属的表面吸附能力有影响)、抗压强度(它不仅是力学强度的指标,由于破碎后新暴露面的增加,同时也具有环境表征的意义)等。

4.4.3 室内评价固废产品在公路环境中污染物浸出的试验方法

室内浸出模拟现场的浸出,是对现场环境条件的理想化,需要考虑现场的以下问题:

(1)现场的水文学条件,如是淹没还是渗透,是缓慢渗透(受溶解度的控制)还是快速渗透(受质量传递或质量扩散的控制),相关的或是优先的流动路径是什么。这里优先的流动路径指渗透性较低的局部路线。

(2)释放控制参数的源性质,如 pH 值、电导率 EC、氧化还原势、溶解有机物等。

(3)由于诸如源头相关材料枯竭、主要释放控制参数改变(相邻材料如土壤、生物活动、氧消耗等影响),以及孔隙堵塞导致的渗透性变化,使得释放条件随时间改变。

(4)底层土壤与地下水中释放组分的行为。

浸出试验可被分为两大类:平衡试验(pH 值受控情况下的批量浸出)和非平衡试验(水不同流速下的柱浸出,以及整体材料的表面浸出)。批量浸出试验模拟了平衡条件下的浸出行为(也即在指定的 pH 值、温度和水/固比下,某一组分将被浸出的浓度),而柱(渗透)试验提供了表面不断更新条件下浸出速率(浓度与时间的关系)的累积释放数据。柱(渗透)试验的模拟比批量试验(批量试验主要是浸出"潜力"的一种度量)更接近现场条件,但更难实施。整体试验(有时被称为槽试验或平板试验)确定了在明确的表面面积下的浸出速率,此时跨固/液边界的质量传递控制了浸出或通量率。这样的试验适用于成型材料,如不透水的混凝土板。

4.4.3.1 批量浸出试验

将粒料放置在装满特定数量水的容器中。固体和液体组分静置或搅拌规定时间(从几小时到几天),不更新浸出溶液,目标是达到平衡。达到平衡所需的时间,不同的组分不一样,也高度依赖于材料的粒径。对特定组分感兴趣时,可监测其浓度,试验延长到达到平衡条件。大多数情况下,精确的化学组成是未知的,平衡是假设的。Brannon 等人(1994)报道,24 h 对 PAH 和无机物来说,足够实现疏浚底泥浸出液中的平衡。对具有较大粒径的材料而言,可能需要长得多的时间;对于最大粒径 2 mm 的材料,根据理论考量,提出了 48 h 的时间(Kosson 等,2002)。试验结束时,将浸出液从容器中移出、过滤、分析。与受测材料相接触的水的数量,被称为液/固(L/S)比,以 L/kg 表示。试验有时在不同的 L/S 比下多步实施。将提取液过滤、混合并分析感兴趣的组成。结果通常被表示为 mg/kg 受测试材料,以 L/S 比为函数。简化的批量浸出试验示于图 4-14 中。

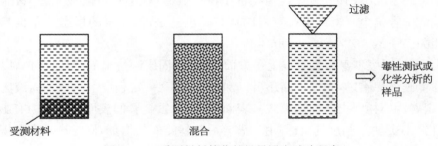

图 4-14 受测材料简化的批量浸出试验程序

4.4.3.2　柱(渗透)浸出试验

用测试的颗粒材料填充柱,实施柱(上流渗透)试验,在缓慢流动的水下浸出(样品材料未被机械搅动)。这种方式下,测试材料不断暴露于新鲜水之中。水流通常处于向上的方向,以降低由于细颗粒迁移产生堵塞的可能性。在洗提液中定期测量浸出组分的浓度,表示为 mg/L 渗透水体积(L/S 比)或累积浸出浓度(mg/kg)。简化的柱(渗透)浸出程序示于图 4-15 中。

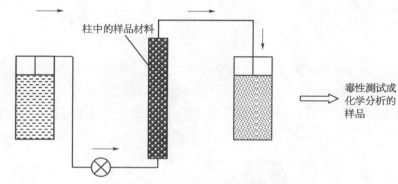

图 4-15　柱(渗透)浸出试验程序

4.4.3.3　整体浸出试验

整体浸出试验是适用于整体材料的批量浸出试验。通常将整体材料定义为组分向周围水体的释放受扩散控制的材料(与疏松的颗粒材料相反,其释放受渗透速率控制)(van der Sloot & Dijkstra,2004)。整体材料与颗粒材料相比,具有小的表面积/重量比。测试材料在槽中放置,并加入水。在规定时间内,测量水中的浓度。浸出液化学分析的结果,以样品单位表面积浸出的化学品累积质量(mg/m²)表示,以时间为函数。

4.4.4　公路环境中固废产品污染物浸出与迁移的数字模拟

公路环境中固废产品的污染物浸出与迁移,主要涉及两方面的数字模拟,一是水的入渗与流动模型,二是污染物的浸出与迁移模型。

4.4.4.1　水的入渗与流动模型

水的入渗与流动模型,主要的难点就是水的来源。因为水的流动可以利用流体力学公式加以模拟。Baldwin 等(1996)已经为道路结构中的水的来源设想了一个简单模型。他们假设,水进入道路结构的主要途径(图 4-16)如下:

(1) 水通过道路的基部,尤其是挖方处,渗入路基中。

(2) 由于地下水位的上升或下降而进入。

(3) 水通过道路表面的渗透:尽管这一般为水分的垂直运动,但严重的开裂可导致渗入底基层中的水发生水平运动。

(4) 未完工道路上降雨,可由于水分通过底基层的水平运动,导致路基含水量改变。

道路施工时,路堤未被覆盖。Baldwin 等假设,一年当中降雨平均强度的至少 20% 流

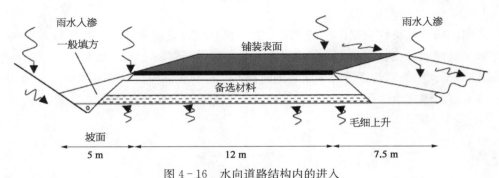

图 4-16　水向道路结构内的进入

过了该材料层。土壤覆盖层施工后，入渗率可假设为平均年降雨的 10%。这是因为有更多的水将被覆盖层分流到排水系统中。不透水铺装完工后，入渗水进入结构内的主要路线，是路肩和坡面。于是，可采用图 4-16 的方法，但入渗水的数量，仅为入渗面积与材料层总面积之比。

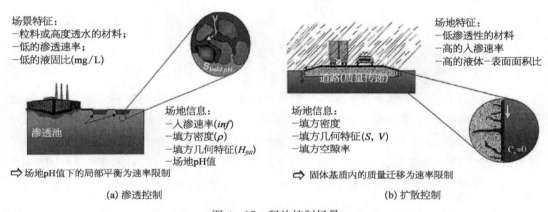

图 4-17　释放控制场景

为建模，假设地下水位变化受到工作中排水系统的控制，从而忽视这一方面水的入侵。另假设高效的排水系统还控制了道路邻近高地中水的渗透。对于土壤中的挖方，Baldwin 等假设，挖方上降落的雨水，1% 到达底基层下方的路基。毛细作用可使得底基层被下卧路基润湿。再假设到达路基的水分中，有 25% 可被用于润湿底基层。通常这一毛细上升可忽略。

一个困难的问题是，通过道路表面的渗透。通过道路铺装的入渗，与道路结构的渗透性相关。不透水沥青（也被称为"密实沥青"）的渗透性应小于 10^{-9} m/s。如果渗透性为 5×10^{-9} m/s 左右，则可估计年降雨的 10% 通过沥青层入渗了。某一道路铺装的渗透性，也可能因为有了额外材料如土工膜而被降低。

4.4.4.2　污染物的浸出与迁移模型

其目标是使得室内短期内表征的浸出试验结果，能被应用到更长的寿命上（如 100 年）。模型应考虑浸出液中的各种化合物与周围基质之间的相互作用，以及作用条件随时间的变化。譬如,土壤的吸附作用,太阳能诱发的导致污染物不可逆氧化的光解作用,液相和固相中化学组分挥发向大气逃逸的作用,以及固废材料中有机化合物被微生物好氧或厌氧降解的作用等。这样,模型利用了 4.5.4 节中试验测得的浸出参数。目前的长期评估模型,复杂度方面不尽相同,可从简单至复杂,具体依赖于渗透/平衡,还是扩散控制。也可设计出更为复杂的模型,考虑固相与液相之间的化学作用、冲刷效应,以及时断时续的润湿与老化过程(化学过程与物理过程)。

Kosson 等(2002)给出了两个极端的污染物释放场景:渗透场景与质量控制的场景(图 4-17)。用这两个场景得到了某一规定时间框架下,估计累积释放的简化公式。渗透场景中,假设了局部的平衡,累积释放基于以 pH 值和 L/S 比为函数的平衡试验。同时也示出了试验室应用的 L/S 比,应用到实际现场场景的计算中。对质量控制场景,基于 Fick 第二法则的解答,累积释放由槽浸出试验计算。这两类浸出场景,简化模型都需要场景的输入数据,包括填方的密度和体积、入渗速率和现场 pH 值等。

目前,更为复杂的释放模拟仍在开发之中。

4.4.5　公路工程固废资源化利用环境影响评价的标准

以上分析,主要关注的是所考察组分的累积释放量。不过,需要确定浸出可接受的水平,包括污染源识别、污染迁移途径评估和目标生物体暴露水平的评估。对于污染物浓度的响应和相关危险的确认,基于暴露其中的人体每日许可的最大摄取量,以及生态系统预测无影响浓度的相关数据,可区分以下三个水平。

(1) 水平 1:土地用途敏感的地区,应将材料组成与土壤质量标准进行比较。如果材料组成超过了土壤质量标准的范围,则应按水平 2 继续评估。

(2) 水平 2:确定实际暴露质量标准,并与材料组成进行比较。这一阶段考虑了目前或将来的局部条件和土地用途。确定实际暴露场景时,用平衡分割方法模拟具体场景下的迁移和暴露状况。这意味着聚焦点是污染物的浓度,而不是总负荷。超过这些标准时,需要相应的补救措施,或实施更为详细的水平 3 评估。

(3) 水平 3:对现场实施监测,并展开更深层的研究,以获取场地实际的环境影响。另外,还必须考虑其他因素,如污染物的生物可用度、可降解性和去机动性。浸出试验的时间—释放函数,以及总负荷,在这里是重要的参数。水平 2 和水平 3 包括长期的效应。

传统风险评估方法基于水或土壤中污染物浓度的预估,这构成了人/生物体暴露评估的基础。不过,对于道路结构的情形,释放到环境中的总量,将比其他基质中的浓度更为重要。施工后第一阶段过程中,预计有高的浓度脉冲。不过,这一浓度脉冲将快速减弱。长期基础上,低水平的浓度将比早期峰值浓度更显著地贡献于整体环境负荷。

与之相对应,固废材料的一般应用中,需要知道固废材料中污染物最大的可接受含量或分配给某一特定应用的固废材料中可接受的浸出水平。

这是前述问题的反向描述。针对所选场景和所选材料的组合,结合环境影响的评估程序,构成为维持可接受风险而调整初始条件的基础。这是一个迭代过程,得到了某一给定应用中固废材料被认可或被拒绝的环境标准。以这样一种方式获取的阈值,应与市场上可用材料的现实值进行比较。于是,通过定义组成限制,或材料的浸出数量,或通过定义材料在哪里并且可如何使用,制定相关标准。道路建设中固废材料的验收标准,还应结合对社会目标和政策决策、市场形势等的考虑予以改动。

4.4.6 公路工程固废产品环境污染的预防措施

公路工程固废产品环境污染的预防措施或控制措施,可以基于源头或路径控制。基于源头的控制措施,是在固废生产、分选和堆放时发生的措施。这些方法包括老化、冲淋、冷却等,抑或固废制作产品时,以小的比例稀释使用或用可钝化或固化重金属的结合料稳定。基于路径的控制措施,是基于减少向道路构造内的入渗或修建隔断,来控制水运动的控制方法。

基于源头的控制措施,可包括源头上或场地上材料的处理。有些材料可塑堆存放一段时间,被称为老化。钢渣的老化使得未消化的石灰得以水合,防止了随后的膨胀,也使得 pH 值从高碱性降低到中性附近,从而改善了浸出特性。但并不是所有材料都适合这一方法,因为有些材料的力学性质可在老化过程中衰变。矿渣生产过程中的冷却方法,可有力地影响所生产材料的浸出性质。迄今为止,基于源头的控制措施经验有限,因此其环境效率或经济效率很难估计。

目前使用的大多数控制措施都是基于路径的。保护性措施的目的,通常是降低入渗水的数量,从而降低污染物进一步进入环境中的可能流量。利用固废材料的浸出性质,以及相对于环境的位置,评价控制措施的要求。

道路建设中使用固废材料的基本要求,是覆盖的要求。覆盖应使得没有人或动物在其日常的行动中,能与固废材料相接触。还有,应防止撒布固废材料时产生的粉尘。可以设计降低水的入渗量 90% 的沥青铺装。为满足这一减量要求,沥青不可以是开级配,道路基层必须平整且密实,沥青必须得到充分压实。道路结构的均匀性必须在其整个寿命期内得到保持。于是,整个结构的基础必须平整,不允许有冰冻作用产生。还有,沥青层需要养护:如果裂缝形成,必须得到快速修补。这些简单且廉价的举动,可有效地限制浸出。

采取的基本措施还包括确保坡面材料密实,渗透性低。

道路构造的整个寿命期内,排水系统必须工作良好,水不允许长期蓄积在侧沟内。地下水水位必须在固废材料底下,从而不至于长期润湿。有效的排水系统也包括充足的梯度,使水从道路结构中快速排走。同时,为了有效工作,排水系统需要保持维护。工作的排水系统是另一项可有效限制浸出、简单且廉价的措施。另一方法是用沥青或水泥结合料稳定该材料。

需要更苛刻的控制措施时,根据沥青层和坡面保护层的最大渗透性,估计透过铺装入渗的可能数量。这意味着沥青铺装应具有很低的渗透性(密实沥青混凝土)。

在铺装边缘处,必须有一些额外的控制措施,如人工隔断。它们应该采用 GCL(土工合成的黏土衬里)垫层或其他合适的衬里材料建造,这使得表面水对已经用副产品修建好的层的影响被控制。作为一条指南,入渗速率可被限制到 5×10^{-9} m³/m²/s 的数值。假设存在 100 个雨天,则这对应于 43 mm/a 的水量(43 L/m)。

图 4-18 标示出了不透水层的一些例子。GCL 垫层通常满足入渗隔断所需的要求,并可与密实沥青层相组合。为降低渗透性而处理(加入膨润土或类似物)的矿物土壤,如果它们可以规定厚度以均匀的层铺设,同样可适用于这一目的。

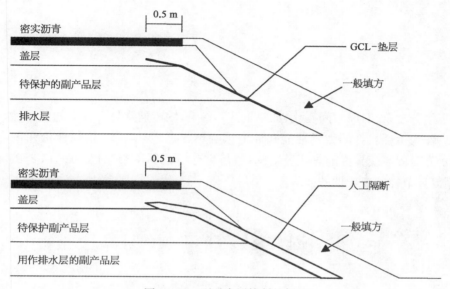

图 4-18　不透水层控制的例子

上面提到的方法,根本点是阻止水和固废材料接触。阻止浸出液渗入地下水的一个方法,是在固废材料下方修建不透水底层。这一不透水层通常与表面水排水系统组合。排水系统中的水,应通过合适方法收集并处理。有些情况下,其下方也需一排水系统,两个排水系统均需持续维护。这一方法或许非常有效,但也是所介绍方法中最昂贵的。其应用可针对很苛刻的环境,如在地下水质量很重要的地区。

生产、分选和建设过程中控制浸出的主要途径,是控制与固废材料接触的水量。这样的控制方法可包括:① 尽可能快地覆盖固废材料;② 缩短施工时间(未覆盖的时间);③ 具有良好梯度的有效排水系统,从而不让水保持在固废材料中。

第五章
固废变异性的控制

由于组分复杂、时间空间变化、加工工艺等影响,固废通常具有较大的变异性,导致其资源化后作为工程材料的力学性能和环境影响不稳定,影响了其指标评价和正常使用。本章将首先对固废变异性的表征进行阐述,然后分析在固废资源化的取样、选矿、产品设计、应用等环节控制变异性的技术。

5.1　固废变异性的影响和来源

5.1.1　固废变异性的影响

固废相比普通材料,变异性是其本质特征,这主要是由它不受控制的产生行为导致的。固废的这种变异,无论是从矿物学、材料学还是环境学的角度看,都有着根本性的影响。

(1)从矿物学角度看,选矿目标的定夺、选矿工艺的选择和选矿设备的配置,都与固废中目标矿物的变异性息息相关。如果目标矿物变异性过大,则工艺流程线不是负载过高导致有价矿物损失,就是工艺流程线功能富余导致作业成本无法为选矿增值所抵消。

(2)从材料学角度看,如果固废经简单的破碎、筛分后即资源化使用,则原始固废力学性质的变异将成为具体应用质量控制的关键。如果固废用作路基材料,则其回弹模量显著的变异可导致路表弯沉大的变异,从而为使得路表弯沉拥有一定的可靠度,路面结构需要加强,路面投资增大。如果固废需要经过适当的物理分离工艺才能资源化使用,则原始固废相关物理性质的变异,可对分离目标的实现、分离性能的优化、分离设备工作参数的选择等产生重大影响。由于物理分离手段通常基于密度差异或电磁学性质等的差异,而不是直接依据力学性质的差异,因此以此为基准分离的组分,其力学性质的变异能被降低到怎样的范围,也需要通过实验或分析加以确定。

(3)从环境学角度看,固废的环境影响通常是通过合适的取样,对样品实施浸出试验予以评价。如果固废的相关成分变异性大,不是增加了取样和化验的频率、取样和化验的成本(有时考虑时间因素,这几乎是不可能实现的),就是失去对固废环境影响真实的评价。另外,环境指标的大幅度波动也加大了人们对未知环境风险偶尔出现的担忧。

5.1.2　固废变异性的来源

某种固废立足于材料的资源化过程,很大程度上是降低固废变异性的过程。固废的变异性,主要来源于以下四个方面:

(1)许多固废本身就是多种废弃物的混合体。例如,拆房垃圾是砖混构件、装修构件(陶瓷、地板、石膏),以及窗帘、沙发、木制家具、编织袋等有机材料的混合体,各组分的变化千差万别。又如生活垃圾焚烧炉渣,其前身的生活垃圾,不同时间、不同空间都存在着成分的强烈变化,尽管经过了焚烧,消除了一定的变异性,但所产生的炉渣组分与飞灰组分仍显现了大的组成波动。这些变异性应通过加大前端的分类收集予以改善。

(2)即便收集到的废弃物本身的类型比较单一,但由于空间、时间、类型上的不同而存在相当的变异。例如废旧水泥混凝土,不同构件的水泥混凝土,不同龄期的水泥混凝土,不同强度要求的水泥混凝土,反映在收集到的废旧混凝土上,就表现为性质的显著波动。又如沥青混凝土,垂直方向存在着层位上性质的空间差异,水平方向存在着路段上性质的空间差异,而且不同龄期的沥青混凝土,在老化方面也存在着很大的不同,更不用说沥青混凝土组成本身的配比差异。再如玻璃、陶瓷等固废,尽管其随时间的性质变异较小,但除非是某一生产厂产生的废弃物,否则由于其类型的差别,也会造成收集产品的显著变异。降低此类变异性的难度相对比较大(很难选择合适的分离方法),或者代价比较高。

(3)工业副产品(钢渣、高炉矿渣、铜渣等)的变异性,来源于钢、铁、铜等生产工艺的自然性质波动。相对而言,由于产品的性质受到了严格的质量控制,同时这些副产品是集中供应的,因此性质较为稳定,可以获得更高水平的利用。

(4)固废的加工工艺本身也可能造成固废新的变异性。例如,建筑垃圾气跳汰处理中,分选产物之间由于进料组成的变化和工艺参数的波动,可能会出现一定程度的窜料,从而引进了产品一定的变异性。又如生活垃圾焚烧炉渣中,选择熟化工艺时,由于露天熟化本身熟化条件的不可控和料堆不同厚度处熟化程度的不同,可引入产品新的变异性。这些变异性可通过工艺的改进降低,如气跳汰引入传感器对产品的自动划界、改露天熟化为受控的熟化方式等。

5.1.3　固废变异性的研究目标

面向资源化利用的固废变异性研究,主要包括以下内容:

(1)固废变异性的表征。表征包括元素存在形态(speciation)的变异、矿物相对组成的变异、混合体相关性质的变异。

(2)固废取样技术研究。无论是固废的评价,还是其质量控制,代表性样品的获取都是最基本的前提。不过,如何正确取样,如何使取样误差极小化,以及如何正确认识近50年来风靡采矿界的 Gy 取样理论,都是当今取样理论研究的热点。

（3）面向降低材料变异性的选矿技术。回收率和品位的概念，是选矿工业中脉石与矿物分离程度的指标。但在固废特定的选矿过程中，或者说固废的"分离"过程中，分离组分都可以被视为矿物，因此回收率和品位的概念双向适用。选矿技术的目标，不是某一矿物回收率和品位达到最佳，而是各组分均达到最佳。

（4）降低掺固废产品变异性的设计方法。在对变异性要求较高的固废应用中，控制固废用量占原料总用量不超过某一比例是常规的做法。不过，目前基本上都是采用试错法获得这一比例极限，而缺乏相关理论的指引。

（5）具体工程应用中评价和控制固废材料变异性的方法。以道路工程为例，材料变异对包括路表弯沉、沥青层底拉应力、路基顶面压应变等控制指标的影响，应通过随机有限元法予以评价，并通过随机有限元法的计算结果，对变异性较大的结构层材料调整结构布局或结构参数，将相关指标的变异性控制在一定范围内。下面各节将分别予以叙述。

5.2　固废变异性的表征

5.2.1　元素存在形态的变异

对固废中元素含量及其赋存状态的研究，常可以揭示出固废组成变化的规律，为后续的处理和分析奠定基础。前期研究中，曾对上海某生活垃圾焚烧厂炉渣中铜、铁、铝金属的赋存状态进行了分析，结果如表 5-1 所示。炉渣中 Al 以 Al_2O_3 和单质 Al 金属的形式存在，单质 Al 占炉渣中 Al 元素总量的 25.0%，而且 89% 的单质 Al 分布于 $d>5$ mm 的炉渣中，$d \leqslant 5$ mm 炉渣中的 Al 绝大部分以 Al^{3+} 存在，炉渣粒径越小，其比表面积越大，Al金属的氧化程度越高；单质 Fe 占铁元素总量的 7.1%，仅分布于 $d>20$ mm 级配的炉渣中，其余 Fe 多以 Fe_2O_3 形式存在，这可能与炉渣稍微放了一段时间有关，更小粒径的残余 Fe 在此期间被氧化了；单质 Cu 分布于 $d>3$ mm 的炉渣中，但占 Cu 元素的含量较低，约占 6.9%。

表 5-1　生活垃圾焚烧炉渣不同价态金属所占比例　　　　单位：%

粒径范围/mm	Al^0	Al^{3+}	Fe^0	Fe^{2+}	Fe^{3+}	Cu^0	Cu^+	Cu^{2+}
$d \leqslant 1$	2.6	97.4	0	0	100	0	0	100
$1<d \leqslant 3$	0	100	0	54.0	46.0	0	3.8	96.2
$3<d \leqslant 5$	8.0	92.0	0	0	100	22.6	5.0	72.4
$5<d \leqslant 10$	41.6	58.4	0	6.8	93.2	19.0	0	81.0
$10<d \leqslant 20$	51.8	48.2	0	0	100	2.0	0	98.0
$d>20$	59.1	79.4	39.0	0	61.0	13.9	0	86.1

表 5-2 则示出了不同研究中 Fe、Al、Cu 单质的含量。可以看到,不同的研究,其含量的差异相当大,这既关系到炉渣处理厂家的经济利益,也关系到相关回收技术的效率。中国普遍的,单质铁、铜的含量低于欧美,这可能是生活垃圾焚烧之前已有人从中拾荒的缘故。而铝由于很分散(通常以铝箔形式存在,加热熔化后才缩聚成液滴状),焚烧之前被捡拾很少,因此其含量与国外相近。

表 5-2　不同来源生活垃圾焚烧炉渣金属单质的含量　　　　　　单位:%

单质 Fe 含量	单质 Al 含量	单质 Cu 含量	数　据　来　源
	1.62	0.146	Muchova 等人,2006
	1.20	0.29	Muchova,2010
3.6~6.9	0.35~1.05		Astrup 等人,2007
8.01	0.8		Biganzoli 等人,2012
	1.09	0.74	Berkhout 等人,2011
0.40	1.05	0.02	本书,2017

还可以考虑非金属元素的赋存状态。仍以生活垃圾焚烧残渣(包括飞灰与空气污染控制残渣在内)为例,考察其中碳元素的赋存状态(Stefano Ferrari 等,2001)。生活垃圾残渣中有机碳的化学表征,可通过向单质碳、水可萃取有机碳、二氯甲烷可萃取有机碳、不可萃取有机碳的定量分类,以及随后各自碳物种的化学和形态学研究实现。炉渣、锅炉灰和空气污染控制残渣在有机碳组成及各自碳物种方面表现出了显著的差异。尽管锅炉灰和空气污染控制残渣主要受单质碳的控制,但炉渣表现出了更为多面、更为多变的有机碳组成,可萃取有机碳和不可萃取有机碳的百分比更高。

碳赋存形态的结果提供了生活垃圾焚烧时所发生物理化学过程的指示。炉渣中的单质碳以及大部分的可萃取有机碳,是由炉排上有机材料的热分解形成的。不可萃取有机碳部分可归因于生活垃圾中的有机材料,它们未被化学破坏就转移到了炉渣中。这些材料没有达到热分解必需的临界炉排温度。因此它们提供了炉床上局部发生的较低温度范围(300~600℃)的指示。锅炉灰和空气污染控制残渣的情况下,导致有机碳高含量的最重要的过程,是热解有机碳从炉床向燃烧室的旋起。固体残渣中的有机碳构造较多的是纤维素、半纤维素和木质素(如纸张、纸板、木头或棉状物),聚乙烯或聚丙烯等合成聚合物较少。由于增强了对热过程的认识,碳的赋存状态可被用于优化固体残渣的矿化,加强对燃烧作业的控制。

有机碳对路基填埋的生活垃圾焚烧炉渣的短期和长期行为的潜在影响,可分别考虑水可萃取有机碳和不可萃取有机碳的含量预测。有机碳微生物降解产酸远低于炉渣的酸中和能力。不过,这将促成碳化,降低填埋炉渣的 pH 值。而且,水可萃取有机碳的某些组分(如某些有机酸)可和某些重金属形成络合,从而将其固定。因此,目前对于有机碳仅局限于炉渣烧失量或热酌减率的认识。这可能无法从根本上认识炉渣中有机物的变异规律,需要按照碳的赋存状态进一步展开研究,实施控制。

5.2.2 矿物相对组成的变异

尽管元素的赋存状态给出了固废底层的变化规律,但对与资源化相关的物理性质和力学性质变异的相关机理认识,可能必须从矿物或者是物理力学性质相对稳定的组成材料进行分析。这一层面的分析,可从空间或时间上,寻找出蕴含在固废材料组成变异中的规律,从而为后续的工艺选择或质量控制提供依据。这里举两个例子,一是拆房废弃物的空间变异,二是生活垃圾焚烧炉渣的时间变异。

表5-3给出了美国和中国拆房废弃物的典型组成。美国的数据来源于1998年伊利诺伊州;中国的数据来源于《科技日报》(2012年11月26日),针对的是四川地震灾区的平均情况。考虑到数据对应的需要,适当作了改动。

表5-3 典型拆房废弃物的组成 单位:%

废弃物描述	砖	混凝土	金属	木材	其 他
美国商业建筑	8 17	20 15	13 9	38 20	21(包括13%的纸板、4%的塑料) 39(包括14%的撕落焦油屋顶、11%的聚苯乙烯泡沫、7%的织物和毯垫)
美国住宅建筑	1 4	20 6	7 3	42 34	30(包括8%的纸板、4%的沥青屋面,4%的塑料) 53(包括29%的沥青屋面、3%的塑料和2%的纸板)
中国四川	65	22	2	6	5

由表5-3可以看到中美拆房废弃物组成上的巨大差别。美国拆房废弃物中最高的组分是木材,占了总组分的1/3,砖块在住宅拆建废弃物中的比例不到5%;而中国拆房废弃物中最高的组分是砖块,占了总组分的2/3,木头比例仅为6%。因此,不分地域地引进国外技术或设备,有可能带来重大的经济损失。

生活垃圾焚烧炉渣的矿物组成,随时间而变异。水淬紧后的新鲜炉渣,矿物组成主要为三类:熔融玻璃相、富钙矿物相和耐熔相。粗粒组分主要由玻璃和硅酸盐矿物组成,细粒组分中则含大量的富钙矿物。

熔融相中最重要的硅酸盐基矿物组为晶体集聚体形式的黄长石组(钙黄长石组数量尤高)和硅灰石,均在超过1 100℃的高温下生成。其他充分发展的富硅物质,如石英和长石,被封装在熔体中。玻璃质粗料被100 μm厚的细料层所包裹,细料层由金属、有机物以及硫酸盐和碳酸盐废料组成。流体可利用这不紧凑层的孔隙率,促进风化过程。

炉渣中钙的存在与焚烧含方解石($CaCO_3$)、硬石膏($CaSO_4$)、石膏($CaSO_4 \cdot 2H_2O$)、纸张、纸盒、食物垃圾等生活垃圾有关,炉中煅烧后生成石灰(CaO)和CO_2或SO_2。水淬过程之后,石灰通过放热反应被分解为氢氧钙石$[Ca(OH)_2]$,钙矾石则通过由束缚矿物溶解的钙和铝阳离子之间的反应形成,这一矿物对风化过程很敏感。

耐熔相由炉子中未燃烧的碎屑废弃物组成,如玻璃块、陶瓷、未燃烧的金属废弃物、混凝土等。这些材料惰性,对风化过程无任何影响。

风化是一个历时 2～3 个月,甚至数年的自然过程。在此期间,由于碳化、水解/水合、氢氧化物和盐沉淀、玻璃质相新矿物生成、氧化还原等反应,材料的矿物学结构和物理化学性质被改变。

碳化在水淬之后立即开始,自然发生,导致富钙相和富镁相的蚀变。碳化过程可沿两条路线自然推进:气固界面和水相中。气—固碳化以碳酸盐形式转化富钙矿物(氧化物或硅酸盐),这些反应的速率在环境条件下普遍很低。水相进行的碳化则快得多,由水中二氧化碳的溶解和活性阳离子从矿物中浸出表征。碳酸盐是产生的较大数量的次级矿物(如方解石和菱镁矿)。其他新生成的矿物还有:硬石膏吸水形成二水石膏;玻璃相蚀变使得 Si、Ca 等玻璃质成分浸出,Fe 等元素侵入,沉积在了玻璃内部;富铝新生物最常见的是 Al 的水合物结构、水铝钙石、钙矾石类物种,长期风化,可形成黏土状矿物;富铁化合物主要以水合物、氧化物和凝胶状相存在,Fe 水合物组中最丰富的是针铁矿,氧化物物种则是更老料堆中的矿物相(磁铁矿和赤铁矿)。

由以上简要的分析可见,炉渣的矿物组成、物理力学性质,随着时间进行,有着显著的变异。充分利用风化[考虑到"风化(weathering)"的贬义性质,实际也有采用"熟化(maturing)"或"老化(aging)"这一术语的]过程,以及寻求加速风化的技术,仍是目前的研究热点。

5.2.3 固废混合体相关性质的变异

元素赋存状态或者矿物与纯一材料相对含量的分析,尽管给出了极为丰富的信息,但作为质量控制的手段,毕竟是过于复杂了。实践中,通常需要针对目标应用,选择一个或几个指标,围绕该指标的波动给出固废混合体或分离体的质量评判,对其后续应用形成指导。

这样的例子如用于焚烧的混合生活垃圾的热值。李晓东等(2001)对中国部分城市生活垃圾的热值实施了分析,结果如表 5-4 所示。可以看到,大部分城市的垃圾热值高于3 344 kJ/kg 的焚烧最低热值限,采用焚烧法处理生活垃圾有潜力。可以看到,对焚烧来说,分析这一指标的变异既抓住了焚烧的本质要求,也确实揭示出了垃圾的本质变异性。

表 5-4　中国部分典型城市生活垃圾热值　　　　　　单位: kJ/kg

城　市	芜　湖	常　州	杭　州	温　州	广　州	深　圳
年　份	1997 年	1997 年	1997 年	1998 年	1996 年	1994 年
热　值	2 863	3 007	4 452	6 730	4 412	5 656

另一个例子是老的沥青路面材料(RAP)的性质控制指标。黄煜镔等(2004)认为这样的指标,必须既能够在内在本质上达到调节沥青组分使旧沥青获得再生的目的,又能够在实际操作中便于测试和计算。他们认为,无论是以组分还是以溶度参数指标作为沥青再生的控制条件,实现都很困难,而黏度指标(或者更精确地说,60℃动力黏度),则相对合

适,能反映出沥青老化程度的相对变异,同时也能为后续设计提供指导。

生活垃圾焚烧炉渣随时间的变异,反映了风化的进程。Meima 等(1999)确认了风化三个主要的阶段:① 未风化(未水淬),pH 值>12;② 水淬未碳化(大约 6 周龄期炉渣),pH 值 10～10.5;③ 碳化炉渣(1.5～12 年龄期炉渣),pH 值 8～8.5。可见,pH 值可以作为其控制指标。

建筑装修垃圾的资源化处理中,如果建筑装修垃圾在简单的有机、无机分离后,打算作为路基回填料使用,可能 CBR 值是可取的质量控制指标;而在无机部分通过密度分离,继续分离成重、中、轻三组分后,对于认为可直接作为再生集料使用的重组分,压碎值可考虑作为其控制指标。

5.3　固废取样技术研究

5.3.1　问题的引出

固废资源化利用方面有如下四个现实的情形:

(1) 目前《道路工程生活垃圾焚烧炉渣集料应用技术规程》已进入报批程序,其中对炉渣熟化的质量控制,采用的是 pH 值指标。考虑到上面对炉渣风化过程的讨论,这是相对合理的。但问题在于,堆放炉渣的风化程度,在空间分布上具有极大的变异。如果取炉渣堆体的表层,其风化程度较高;但如果位于炉渣堆体的深层,可能风化程度较弱。但把炉渣作为材料进行利用时,并不区分表层还是深层。这样就产生了问题:如何选取有代表性的样品,或如何把握炉渣风化的这种变异性? 样品代表性问题在这里具有重要的质量控制意义。

(2) 按照前期的研究,炉渣中金、钌、钯等贵金属的含量较高,这与荷兰的研究较为符合。但如果按照这样的数据设计工艺流程,进行经济测算,自然会提出问题:贵金属分布的变异性究竟有多大? 万一只是碰巧某一阶段较为丰富,以此作为产业化设计的依据是否充分? 新加坡正在研究炉渣中稀土金属的分布,同样涉及对其变异性的把握。样品代表性问题在这里具有重要的经济意义。

(3) 有些固废可能会出现某些重金属超标的现象。此时就需要先加入一定量的药剂稳定相应重金属,再实施资源化利用。以生活垃圾焚烧飞灰为例,为控制铅含量,可能需要加入螯合剂。螯合剂加量的多少,与所取样品的铅含量直接相关。问题也出来了:由于铅含量是变异性相当大的一个指标,螯合剂用量确定时选取的样品能有多高的代表性? 实际应用时,如果铅含量超过了样品的数值,就意味着环境监管的失效。可见,此时的样品代表性具有了重要的环境意义。

(4) 固废经过一定处理,成为可资源化的原材料之后,就需要进行针对应用的产品设计。如废旧混凝土制得的再生集料,用于沥青混合料,可获得高温稳定性增加、水稳定性提高的作用,但带来的负面影响是沥青用量会有一定程度上升。不过,高温稳定性增加的幅度和沥青用量增加的数量,都与集料表面附着砂浆的含量相关联。不同来源的废旧混凝土、不同工艺产生的废旧混凝土集料,附着砂浆含量都存在相当的变异。混合料设计时,如何选择有代表性的样品;或者按照某一样品得到的混合料设计,能覆盖多少范围的废旧混凝土再生集料;样品代表性具有了重要的材料设计意义。

以上情况表明,对于固废的资源化利用,变异性控制是极其重要的环节,而代表性样品的获得或对样品代表性的认识,又是变异性控制极其重要的环节。

5.3.2　Gy 取样理论向固废的应用

目前取样理论中,应用较为普遍的是法国工程师 Pierre Gy 创立的 Gy 理论。

取样误差主要由材料误差(基础误差、分组与离析误差)、正确取样误差(划界误差、提取误差、准备误差)和过程误差(长程误差、循环误差)组成。

(1)基础误差(fundamental error, FE)方差是目标性质无偏的最小方差,是完全随机情况下的理想值。Gy 通过大量简化,得出了以下的方程:

$$\text{Var(FE)} \approx \left(\frac{1}{M_S} - \frac{1}{M_L}\right)(d^3 fgcl)$$

式中　M_S——样品的质量;

　　　M_L——这批料的质量;

　　　d——颗粒的最大粒径;

　　　f——形状因子,片状为 0.1,立方体为 1,针状 1~10;

　　　g——粒度测定因子(粒径分布因子),为(材料最小 5% 的直径)/(材料最大 5% 的直径),单一粒径颗粒为 1,颚式破碎机得到的为 0.25;

　　　c——矿物学因子(组成因子),描述了某一给定品位下,由多少矿石颗粒由目标元素组成,并针对矿石颗粒与其他颗粒之间密度不均匀分布的事实进行修正的因子;

　　　l——释放因子,目标矿物未被释放(几乎均质)0.05,完全释放(非常异质)0.8。

由该公式可以得到的结论是,基础误差方差与目标性质的最大粒径关系极大,因此了解目标性质与粒径之间的关系对掌握固废的变异性至关重要。

(2)分组和离析误差(grouping and segregation error, GSE)是由于分布异质性(相对于与基础误差相关的本构异质性)导致的个体样品的选择误差。离析既可由材料本身物理性质或化学性质的不均匀造成,也可由外界作用的不均匀造成。例如生活垃圾焚烧炉渣中,既有密度高达 8.9 t/m³ 的铜块,也有密度仅 2.1 t/m³ 左右的砖块;既有尺寸大于 100 cm 的金属零件,也有尺寸小于 1 mm 的灰烬。这些物理性质的差异,导致了其动力行为的巨大差别,在装卸、传输过程中产生了分布离析。又如生活垃圾炉渣堆放过程中的风化或老化,以及沥青混凝土路面使用过程中沥青的老化,由于二氧化碳、氧、水分、光线等在深度方向贯入或渗透的大梯度衰减，造成了老化程度在深度方向的离析；车辆在道路上荷载作用的不均匀，造成了轮迹处沥青混合料集料的额外破碎或沥青的推移，也造成了固废本构异质性之外的分布异质性。要消除分布异质性带来的分组与离析误差，就要尽可能确保样品充分混合。

（3）分布异质性必然带来划界误差（delimitation error，DE）。一般有两种划界误差的考量。一种如上面讨论的生活垃圾焚烧炉渣堆放与路面沥青使用产生的老化，通常它是一种一维变异，沿着深度方向（沥青就是面层厚度方向，炉渣可以认为沿着外围轮廓面等厚度向里推进，但由于存在其他因素，如有机物分解也产生有可资老化利用的二氧化碳，可能其表现更为复杂），因此圆柱芯样的取样划界，可确保沥青样品消除老化变异，而炉渣则需要在分析其老化变异规律的基础上，取若干点选择子样（如何选择，值得后续研究），复合成评价用的样品。另一种如对土壤污染评价的取样划界。划界太大时，由于稀释效应，可能漏掉局部污染超标点。因此，目标性质与取样边界存在一定的对应关系。

（4）提取误差（extraction error，EE）与划界误差相对应。合适的划界并不一定意味着能有相对应的合适的样品提取手段。如炉渣评价，用铲子取样时，可能边界上的一些金属块等易于掉落（造成金属含量测定产生额外误差）；抓斗机取样时，可能某些颗粒被破碎（造成粒径分布的测定产生额外误差）。尤其当取样料堆中心时，如没有合适的工具，很难获得有代表性的样品。

（5）准备误差（preparation error，PE）是样品操作、样品整体性保持或样品保存时产生的误差。样品获得时，可能发生变化，它们获取的时刻与被分析的时刻之间也可能发生变化。如炉渣中的金属易于在此期间继续氧化（尤其是金属片或金属小颗粒），建筑装修垃圾中的粉料容易扬起逃逸，废旧混凝土中暴露的未水化水泥容易吸水反应。必须认识到固废样品的这些特点，作出相应的样品保护。

（6）长程误差（long range error，LRE）是在很短的时间间隔内，或在较长的时间跨度上发生的过程误差。这一误差有随机和非随机之分。随机变异是由于本构异质性和分布异质性导致的，常常由于划界误差、提取误差、准备误差和测量误差而被放大。非随机变异是由于过程中的迁移或趋向引起的，如由于筛网的磨损而导致加工产品粒径的变异；涡电流设备滚筒逐渐积聚了一定的磁性设备而使得磁滚筒发烫，分离有色金属能力下降，加工后炉渣产品中的有色金属含量提高。由于这一长程误差，不同时刻取出的样品将给出不同的结果。因此，重要的是确定这样的趋势是否存在，它们如何表现，从而确保使用合适取样频率进行的过程调整有效。

（7）循环误差（cycles error，CE）是过程随时间周期变化产生的误差。譬如，由于生活垃圾一年四季存在一定的组分循环，相应的，生活垃圾焚烧炉渣也可能存在以年为周期的一定程度的组分循环。气冷钢渣的某些性质，可能存在以天为周期的循环，因为白天的冷却条件与夜晚的冷却条件是不一样的。过程循环的原因不是取样误差，但取样误差可由循环期的变异、幅值和取样频率产生。与循环具有相同频率的系统取样，揭示不了过程的整个变异,有可能产生有偏的结果。长程误差与循环误差均可用时间图或变差函数图描述。

图 5-1 显示了变异直方图与取样误差的示例关系,实际变异的分布情况依赖于具体的情形。

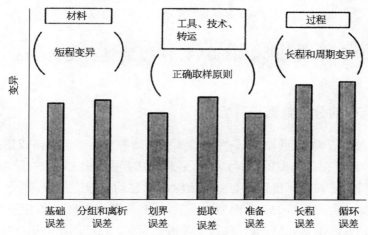

图 5-1 变异直方图与取样误差关系示例

5.3.3 关于固废取样使用 Gy 理论的一些讨论

由上述分析可知,Gy 理论将取样误差分为七部分,使得更能定位误差的来源,发现误差变异的规律,聚焦减小误差的努力方向,为对材料的深入认识与质量的精细把控作出了巨大贡献。但回到固废取样方面,Gy 理论也有一些需继续探讨的方向:

(1)Gy 理论并未揭示出这七个误差之间的相互关系。例如,基础误差的公式是按照独立取样的假设推导的,但当存在分组与离析误差时,这样的独立性假设就不成立了。因为很显然,当取得的样是大颗粒时,由于离析的存在,再取一个样为大颗粒的概率就提升了。过程误差也可以是分组与离析误差随时间的发展,如上面提到的生活垃圾焚烧炉渣的老化,过程误差的发展加大了老化的离析误差。而随着离析的发展,划界误差与提取误差也可能变化,如炉渣老化后颗粒增大,从而相应的取样工具和取样技术都存在变异的可能。因此,这七个误差不是简单的加成关系,而是存在着相当程度的关联性。

(2)Gy 理论由于创立者专业背景的缘故,基本上建立在矿山选矿的概念上。如基础误差理论公式中,释放因子、矿物组成因子等,都体现了以目标矿物含量为变异评价对象的特点。但固废取样时,有时并不关注目标矿物,关注的只是目标性质,如炉渣的老化性质。那么该如何评估其基础误差呢?一种做法当然是将老化与矿物组成建立关联,但老化与矿物不是一对一的关系,如富钙矿物可能与硅酸盐矿物生成硅酸钙凝胶。

(3)Gy 理论降低本构变异性的方法之一,是将材料破碎再混合。这也是从目标矿物角度出发得出的结论。即便如此,评估炉渣中金属含量的变异性时,破碎使得炉渣粒径缩小,但金属由于延性,只会改变形状而不改变体积,因此这一方法并不可行。之所以出现这种情况,是因为矿山选矿的目标矿物仍为脆性矿石,而炉渣中的目标矿物却直接是延性的单质金属。当然,如果让炉渣熔融,还是可以降低本构变异性的。

5.4 利用城市选矿技术控制材料变异性

5.4.1 选矿的分离判据与目标

选矿技术通常依赖于材料的某一性质或某些性质的差别作出分离或选择。例如:重力分选,通常分离判据是密度的差异;磁选,通常分离判据是比磁化率;浮选,则是颗粒表面的物理化学性质。在计算机识别与微气流吹出的自动分选工艺中,其分离判据依赖于传感器的识别能力与微气流的吹送能力。不过,影响最终分选效果的,绝不仅仅是以上的单一因素,还有粒径、形状、复合或释放程度等诸多因素。这些因素的敏感性分析,是选矿研究的重要内容之一。

而分选的目标,通常是具体的某一矿物或某一性质的矿物复合体。如铁矿石分选中,氧化铁可能是最终的目标,但磁选出来的不仅有铁矿石,可能还有其他磁性物质;重力分选出来的,不仅有重的铁矿石,其他重的物质也一起被分选了出来。要最终定位氧化铁,就需要几种技术的组合使用,以及重力分选与磁力分选更精确的参数控制(如重液密度的调整、磁场强度的调整等)。建筑装修垃圾分选中,如混凝土是最终的目标,可能重力分选和磁分选(与砖分离),乃至层压破碎和筛分等工艺也需要组合使用。但是由于成本的限制,并不一定要追求某一种材料的完全纯一化,而是针对具体应用的性质稳定化。这种情况下,寻找合适的选矿手段,以相对简单的工艺,获取力学性质(针对土木工程应用)、化学成分(针对水泥原料应用)、养分性质(针对绿化土壤应用)或热值性质(针对垃圾衍生燃料应用)等变异性小的产品,就成了固废选矿技术的现实目标。

5.4.2 减小固废选矿变异性的途径——多级串联选矿

利用单一的选矿手段,通过不同工作范围的分割,多级串联分离固废,是未来可以努力的研究方向。这方面,最常见的例子是筛分:通过多级筛分,将固废筛成不同的粒组。这已经获得了广泛的应用。

第二项可资利用的技术是"磁力筛"。目前,一是利用电磁铁,调节电流就可以获得不同的磁场强度,从而分离出不同磁性质的材料。二是利用高强永磁铁,目前在稀土金属的带动下,已经可以获得不同磁场强度的永磁铁。不过,电磁铁的工作成本很高,而稀土永磁铁的购置成本也很高,因此在目前的技术经济水平下,该技术还未获得推广。

第三项可资利用的技术是"密度筛"。目前可以采用的是重介质法与磁密度法,不过磁密度法更有发展前景,因为它可获得连续变化的液体"视密度",并且最大密度可高达 20 000 kg/m³ 以上。不过,磁密度的缺陷是由于昂贵磁流体的损耗,而使得作业成本较高,在目前技术下,推广有难度。

在如今技术日新月异的时代,相信多级串联选矿低成本作业的技术突破为时不会太远。

5.4.3　减小固废选矿变异性的途径——敏感性分析与自动控制技术

无论是破碎、筛分还是相关的选矿工艺,其效果都受到很多因素的影响。例如:反击式破碎,受到了粒径大小、颗粒形状、颗粒裂隙、颗粒弹性行为、颗粒抗压强度、转子的转速等因素的影响;振动筛筛分,受到了料层厚度、过料速度、筛板倾角、筛网振幅、筛网振频、颗粒形状等因素的影响;磁选、涡电流选、跳汰、摇床等选矿技术,也各有大量的影响因素。要减小变异性,就必须对这些影响的敏感度进行分析,寻找到最合理的参数组合。这其中可以利用目前飞速发展的自动化技术。下面举例说明。

涡电流分离技术从生活垃圾焚烧炉渣中分离有色金属时,由于炉渣进料速度的不同,以及炉渣本身金属含量的波动,将有色金属颗粒飞行轨迹与非金属颗粒飞行轨迹分隔开来的隔板,其位置通常是不固定的,需要根据金属颗粒数与非金属颗粒数的比值进行调整,如果这一比值增大,说明隔板需要向非金属颗粒轨迹靠近;如果这一比值减小,则应远离非金属颗粒轨迹。其技术核心包括以下几部分:

(1) 以光学发射器与接收器传感器,计数通过发射光束的颗粒(图 5 - 2)。

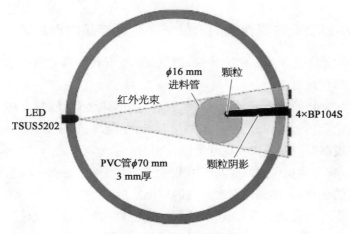

图 5 - 2　红外传感器的布局

(2) 以电力线圈传感器,计数通过的金属颗粒(图 5 - 3)。

(3) 根据按下面公式计算的金属品位(G)的指示结果,实时调整隔板位置,确保最佳的分离效果。

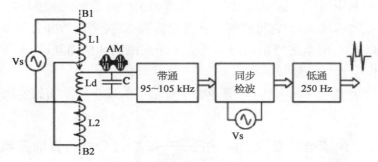

图 5 - 3 电磁传感器检测原理与数据流

$$G = \frac{N^{\text{EMS}} C^{\text{EMS}} m^{\text{metal}}}{(N^{\text{IRS}} C^{\text{IRS}} - N^{\text{EMS}} C^{\text{EMS}}) m^{\text{non-metal}} + N^{\text{EMS}} C^{\text{EMS}} m^{\text{metal}}} = \frac{Z}{(C - Z)k + Z}$$

式中　N^{IRS}、N^{EMS}——红外和电磁传感器的计数;

m——平均的颗粒质量;

Z——$\dfrac{N^{\text{EMS}}}{N^{\text{IRS}}}$;

k——$\dfrac{m^{\text{non-metal}}}{m^{\text{metal}}}$;

C——$\dfrac{C^{\text{IRS}}}{C^{\text{EMS}}}$,其中 C 为传感器计数的修正因子之比。

以上技术也可以被用于实时的质量控制,针对金属品位数据的变异作出进料速度等的实施调整。

5.4.4　减小固废选矿变异性的途径——后续产品的再加工

固废选矿极大地降低了产品的变异性,但残余的变异性仍可能高于目标应用的需求,需要后续的加工继续均质化。

仍以生活垃圾焚烧炉渣为例。经过选矿过程,生活垃圾焚烧炉渣被分为未燃尽有机物、含铁金属、有色金属、炉渣等产品。未燃尽有机物一般被直接送往焚烧厂再焚烧。不过含铁金属含有表面附着的渣以及脆性的氧化物。有色金属包含有铝、铜、铅、锌、不锈钢等金属,炉渣中含有不同粒径的颗粒与不同化学组成的材料(玻璃、陶瓷、石块、熔渣等),还需要经过一定的处理,才能满足最大利益的应用目标。

比如含铁金属可通过类似反击破的手段,使脆性的附着炉渣与氧化物破碎,而铁金属由于延性而只有变形,再通过筛选或磁选时,可望获得质量更纯的铁金属产品。有些做法还将得到的铁金属压制成球,避免销售过程中再度氧化。

有色金属则可通过密度分离,将铝与铜分开成两种产品。有色金属中的其他产品可通过 X 线的传感器分选机分离。接着,分选出的铝由于包含炉渣和氧化物,也需要通过相应的熔炼工艺予以纯化。

剩下的炉渣(0～10 mm 粒径范围)，当作为集料加入水泥稳定碎石基层材料中时，考虑到级配的要求，最多只能加到 30％左右。为使掺加量进一步增加，可将炉渣筛分成 0～5 mm 与 5～10 mm 两档材料，掺加量可相应提高，并且质量进一步稳定。

5.5　目标应用产品中，通过材料组成设计控制固废变异性

以再生沥青路面材料(RAP)为例，参考 2012 年和 2013 年《美国国家合作公路研究计划》(NCHRP 报告 673 号与 752 号)，讨论考虑了 RAP 变异性的再生沥青混合料设计。其他固废可类似考虑。

NCHRP 报告首先提出了一个术语"回收沥青结合料比"(Reclaimed Asphalt Binder Ratio，RBR)，是混合料中 RAP 沥青结合料数量与混合料中总的沥青结合料数量之比。假设混合料掺加 20％的 RAP，而 RAP 中包含 4.8％的结合料，则混合料中 RAP 的结合料用量：20％×4.8％＝0.96％；如果混合料总的结合料用量是 5.5％，则 RBR＝0.96/5.5＝0.17。

由此，NCHRP 提出了表 5-5 的混合料设计层级。层级越低，需要做的工作越多，要求也越严格。

表 5-5　建议的混合料设计层级

混合料设计层级	铺装层	RBR	需 要 工 作
Ⅰ	磨耗层与结合层	≤0.20	① 取样 ② RAP 集料的级配 ③ 沥青含量(灼烧或溶剂萃取) ④ RAP 集料相对密度(存在若干选择，溶剂萃取集料的相对密度或使用 G_{mm}、G_{se} 以及结合料吸收率)
	基层	≤0.25	
Ⅱ	磨耗层与结合层	>0.20 并<0.25	① 取样——需要料堆的分样本 ② RAP 集料的级配 ③ RAP 集料的公认性质 ④ 沥青含量(仅通过溶剂萃取) ⑤ RAP 集料的相对密度
	基层	>0.25 并<0.30	
Ⅲ	磨耗层与结合层	≥0.25	① 取样——需要三个分样本 ② 独立试验室的连续结合料等级 ③ RAP 集料的公认性质 ④ 沥青用量(仅通过溶剂萃取) ⑤ RAP 集料的相对密度 ⑥ 确定要求的结合料等级 ⑦ 性能测试(汉堡轮辙)(表 5-6)
	基层	≥0.30	

表 5‑6 **RAP 第Ⅲ层级混合料设计的汉堡轮辙试验要求**

设计 ESAL/百万次	最大汉堡车辙深度/mm
<3	—
3 到 <10	10
10 到 <30	8
≥30	6

在 NCHRP 报告 673 号（热拌沥青混合料设计带评注的手册）中，以 RAP 的变异性参数为变量，给出了图 5‑4 到图 5‑7 的混合料设计。这是 RAP 材料设计沥青混合料的重要转变，充分考虑了 RAP 的变异性，改变了目前 RAP 设计中无视 RAP 不同来源变异性的重大不足。

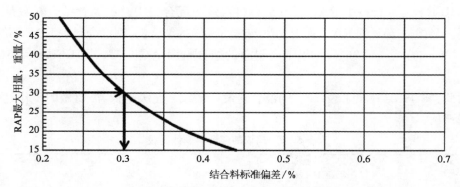

图 5‑4 以沥青结合料含量的标准偏差为函数的最大 RAP 用量
（针对单一 RAP 料堆的 $n=5$ 个样品）

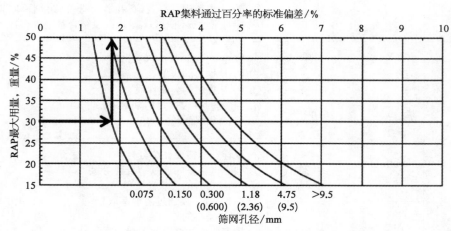

图 5‑5 以集料通过百分率的标准偏差为函数的最大 RAP 用量
（针对单一 RAP 料堆的 $n=5$ 个样品）

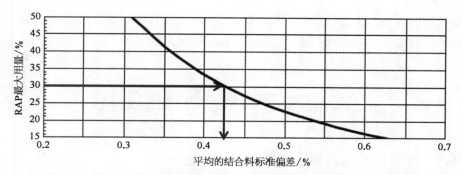

图 5-6 以沥青结合料含量的平均标准偏差为函数（针对 RAP 料堆混合体
$n=5$ 个样品，并且没有料堆占比超过 RAP 混合体的 70% 以上）

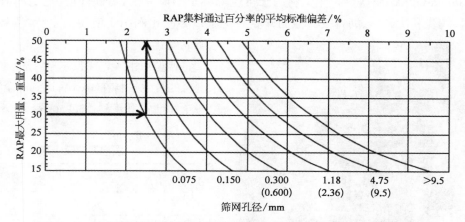

图 5-7 以集料通过百分率的平均标准偏差为函数（针对 RAP 料堆混合体
$n=5$ 个样品，并且没有料堆占比超过 RAP 混合体的 70% 以上）

另外还对 RAP 自身沥青含量和级配的标准偏差，建议表 5-7 的数值。

表 5-7 RAP 沥青含量与 RAP 级配标准偏差的建议表

混合料 NMAS（公称最大粒径）/mm	RBR	沥青含量的最大标准偏差	200 号筛网通过率的最大标准偏差	所有其他筛网通过率的最大标准偏差
≤19	RBR≤0.20	0.6	2.5	5.0
	RBR>0.20 且<0.25	0.5	2.0	4.0
	RBR≥0.25	0.4	1.5	3.0
≥25	RBR≤0.25	0.6	2.5	5.0
	RBR>0.25 且<0.30	0.5	2.0	4.0
	RBR≥0.30	0.4	1.5	3.0

当然，按目前的说法，废旧轮胎橡胶粉在橡胶沥青中的最大掺量为 25%，但这样的最大掺量的规定，没有考虑废轮胎本身质量的波动性，也没有考虑橡胶沥青许可的质量波动

性,或者橡胶沥青生产工艺自身可能带来的波动性,因此其规定缺乏指导性。NCHRP 在 RAP 设计中引入对变异性的考虑,值得为其他固废所借鉴。

5.6 面向变异性的固废资源化利用目标

5.6.1 含固废产品实现过程中变异性的控制

固废在应用于产品的实现过程中,可能会发现特有的一些过程变异。如 2014 年,在 Julia García-González 等就再生集料用于再生混凝土的研究中,对破碎混凝土、附着砂浆的石料、陶瓷和砖砌体、沥青及其他的碎石源材料以不同比例用于混凝土生产,考察了吸水率的变化。

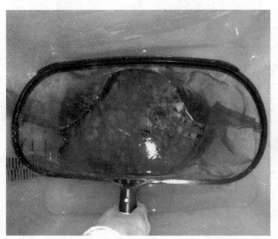

将典型再生集料浸没水中(图 5-8),显示混合的再生集料在 10 d 后达到完全饱和,第一个小时饱和度达 56.1%(表 5-8)。

图 5-8 加到混凝土料批之前再生集料的预饱水

表 5-8 再生集料第一个小时浸泡期的吸水率

时间/min	吸水率/%
0	0.0
3	47.5
5	50.2
60	56.1

另有一些研究认为,10 min 浸泡后,再生集料捕获了 24 h 吸水量的 70%。还应指出的是,样品的尺寸、砖体的含量、附着砂浆的数量等,都对样品的饱水时间有着显著的影响。一般来说,砖的含量高时,吸水速率较缓慢;附着砂浆数量高时,吸水速率较迅速。当再生集料被用于水泥稳定碎石或回填材料的生产时,应考虑含水量的这一变化,因为最佳含水量的变异将影响产品的质量指标。因此,如果使用再生集料,为减小变异性,可考虑对再生集料预浸水处理。

另外一个例子是橡胶沥青。当橡胶粉与沥青混合后,两者发生了反应(图 5-9)。一般 90 min 左右,反应达到一个平衡,反映在黏度达到最大值。不过,这是一个暂时的动态平衡,随着时间的进行,脱硫反应将继续缓慢推进,导致黏度开始降低。为避免质量的波动,或者使橡胶沥青的生产场地与橡胶沥青混合料的生产场地无缝对接,或者干脆使橡胶粉完全降解。这两种方法都有使用。

因此,固废应用技术中,应关注固废特有的过程变异,并尽可能使这一变异得到控制或极小化。

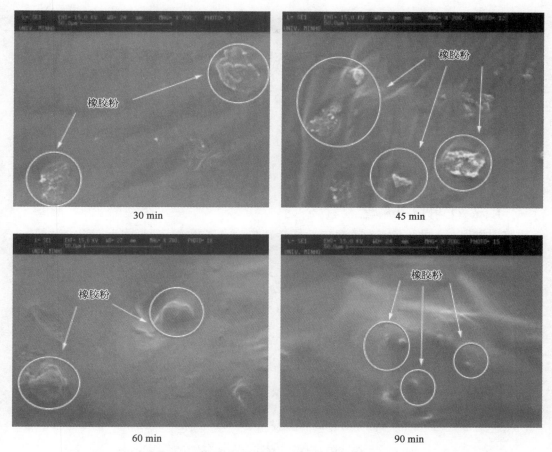

图 5 - 9　不同混合时间下成品橡胶沥青的显微图(Nuha Salim Mashaan 等,2013)

5.6.2　面向应用的产品异质性分析

固废无论是作为再生集料、结合料还是外加剂被应用于沥青混凝土、水泥混凝土还是无结合道路材料,当评价目标应用结构性能的变异性时,首先需要了解的是含有固废的道路材料本身力学性质的变异性。不过遗憾的是,哪怕没有包含固废,这方面的工作也相对做得很少。这也从另一个方面说明了概率设计或可靠度设计在道路工程中并不普及。

道路固废产品的变异性,可借鉴 Gy 取样理论中对变异性的描述,也就是变异性包括本构变异性、分布变异性与过程变异性。本构变异性是由道路材料的组成所决定的。原材料本身性质的波动,以及计量的波动,都是本构变异性的来源。分布变异性则是由材料在输送、施工过程中不均匀的动态响应所决定的,如沥青混凝土存在级配离析、温度离析和碾压离析,水泥稳定碎石除级配离析与碾压离析同沥青混凝土类似外,还存在水量离析。分布变异性可通过如沥青材料转运车的过渡来尽可能减小。过程变异性是施工过程中气温、风速等外在因素导致道路材料性质的波动。应对道路材料这三种变异对总变异的贡献给予评价,并针对性地加以控制。

5.6.3 目标应用面向固废材料的变异性分析

为分析固废产品变异对道路工程结构性能的影响,可采用随机有限元法进行计算。有限元的一般方程为

$$\mathbf{K}(b)\mathbf{u}(b)=\mathbf{Q}(b)$$

式中　$\mathbf{K}(b)$——刚度矩阵;

　　　$\mathbf{u}(b)$——位移矩阵;

　　　$\mathbf{Q}(b)$——荷载矩阵;

　　　b——系统参数,如弹性模量。

$\mathbf{K}$、$\mathbf{u}$、$\mathbf{Q}$ 均以 b 为函数。

将上方程在 b 的均值点 b_0 泰勒展开。泰勒在 b_0 点展开的一般形式为:

$$u(b)=u(b_0)+u'(b)\mid_{b_0}\Delta b+\frac{u''(b)}{2!}\mid_{b_0}\Delta b^2+\Lambda$$

式中　$\Delta b=b-b_0$。假设 Δb 很小,将 $\mathbf{K}$、$\mathbf{u}$、$\mathbf{Q}$ 围绕 b_0 二阶截尾泰勒展开,得到

$$(\mathbf{K}_0+\mathbf{K}'\Delta b+0.5\mathbf{K}''\Delta b^2)(u_0+u'\Delta b+0.5u''\Delta b^2)=\mathbf{Q}_0+\mathbf{Q}'\Delta b+0.5\mathbf{Q}''\Delta b^2$$

展开公式左手侧,集合同阶项,给出了一组三个公式,从中获取 $\mathbf{u}_0$、$\mathbf{u}'$、$\mathbf{u}''$ 数值如下:

$$\mathbf{u}_0=\mathbf{K}_0^{-1}\mathbf{Q}_0$$

$$\mathbf{u}'=\mathbf{K}_0^{-1}[\mathbf{Q}'-\mathbf{K}'\mathbf{u}_0]$$

$$\mathbf{u}''=\mathbf{K}_0^{-1}[\mathbf{Q}''-\mathbf{K}''\mathbf{u}_0-2\mathbf{K}'\mathbf{u}']$$

$\mathbf{K}$ 和 $\mathbf{Q}$ 的微分通过其每一个分量对 b 的微分定义。

鉴于 $\mathbf{u}$ 的截尾泰勒展开,位移的预期值矢量和协方差矩阵由下式给出:

$$E[\mathbf{u}]=\mathbf{u}_0+0.5\mathbf{u}''\mathrm{var}(b)$$

$$\mathrm{cov}(\mathbf{u})=(\mathbf{u}')\mathrm{var}(b)(\mathbf{u}')^t$$

式中　$(\mathbf{u}')^t$——$\mathbf{u}'$ 的转置。

对于一组 p 个随机变量的情况,以及一个确定荷载,上公式变为以下形式:

$$E[\mathbf{u}]=\mathbf{u}_0+\sum_{i=1}^{p}\sum_{j=1}^{p}\mathbf{S}_{ij}\mathrm{cov}(b_i,b_j)$$

$$\mathrm{cov}(\mathbf{u})=\mathbf{A}\mathrm{cov}(b)\mathbf{A}^t$$

其中

$$\mathbf{S}_{ij}=(\mathbf{K}_0^{-1}\mathbf{K}'^{b_i})(\mathbf{K}_0^{-1}\mathbf{K}'^{b_j})\mathbf{u}_0\quad(i,j=1,\cdots,p)$$

式中　$\mathrm{cov}(b)$——一组随机变量 b 的协方差矩阵,$\mathrm{cov}(b_i,b_j)$ 代表了这一矩阵的一个成员;

cov(**u**)——随机位移的协方差矩阵。单引号边上的下标 b_i 指关于 b_i 的偏微分；

　　A——$n \times p$ 的矩阵，由 p 个列矢量组成，定义为

$$a_i = \mathbf{K}_0^{-1} \mathbf{K}'^{b_i} \mathbf{u}_0 \quad (i = 1, \cdots, p)$$

A^{t}——其转置；

参数 n——自由度数。

图 5-10 给出了一个计算示例。图中 h_b 为基层厚度，e_b 为基层弹性模量，V_b 为基层泊松比，CV 为变异系数。铺装、基层、路基中弹性模量的变异系数均为 10%，但铺装层变异时，取基层、路基不变异，基层变异或路基变异时类似。可以看到，路基的变异对路表弯沉的变异影响最大，而且越远离荷载，变异性越强。而基层与铺装变异则小得多，并且离开荷载迅速衰减。

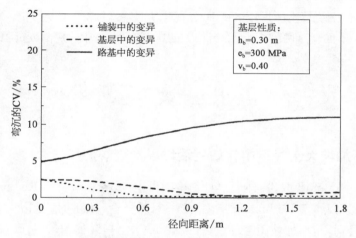

图 5-10　三层铺装模型的弯沉 CV(静态)(Mehdi Parvini, 1997)

这一随机有限元模型应用于包含固废的道路结构，需要就以下客观情况加以考虑：

（1）上面推导中，采用二阶的泰勒截尾展开，一般来说，适用于变异系数小于 30% 的情况。当变异系数更大时，应考虑更高阶的泰勒展开。

（2）上面推导中，采用的是静态模型，实际道路的受力为动力学方程所控制，因此，应结合动力学参数重构方程。

（3）这里采用了弯沉作为控制指标，但目前新的道路设计规范，以沥青层层底拉应变和路基顶面压应变(如为半刚性基层)，还包括基层底面拉应力为设计指标，因此应研究参数变异对这些指标的影响。

（4）利用 FWD 的弯沉测试结果实施道路反演计算时，应考虑各变量变异对弯沉变异的敏感性，尽可能选择敏感性小的参数。

（5）应研究固废性质变异对材料疲劳性能的影响，并结合随机有限元模型分析如何面向疲劳控制材料的相关变异性。

第六章
固废资源化实施案例

无论是生活垃圾焚烧炉渣,还是建拆垃圾(construction & demolition waste),其技术还远未达到完善,围绕技术所形成的产业也千差万别,可以说。迄今为止,还没有形成统一的模板或标准。下面就这两种固废,给出相关的典型案例,从中一窥固废资源化产业的现状。

6.1　生活垃圾焚烧炉渣

6.1.1　新加坡大士海运中转站生活垃圾焚烧炉渣厂

Remex Mineralstoff 股份有限公司,是德国再生、服务和水公司 Remondis(Remondis 和 Remex 集团又归属于 Rethmann 集团)的一家子公司,在新加坡创立了 REMEX 矿物私人投资有限公司,与新加坡国家环境署(NEA)合作,于 2015 年中期运营了新加坡位于大士区海运中转站的一座生活垃圾焚烧炉渣加工厂,加工焚烧厂的炉渣(IBA),回收材料中的金属(图 6-1)。这个工厂是 NEA 管理新加坡固废的长期战略的一部分,也是政府迈向资源高效社会规划的一部分。

这个工厂每年能处理 65 万 t 炉渣,其工艺能回收大部分的铁质金属(约 90%)与有色金属(约 75%)。这些高的再生率,因工厂创新的技术而成为可能,即便是最小的金属块,如回形针和瓶盖,也能被分拣出来。工厂拥有四套筛网、八台磁选机和八台涡电流分选机。这些设备的布置,经过了认真的设计,能确保金属最大可能地从炉渣中分离出来。

REMEX 在再生矿物废弃物方面有着广泛的专业知识,在荷兰(图 6-2)与德国已经运营了类似的工厂。但在欧洲以外,这是它的第一个示范项目。它的技术一是基于风选技术,可分离 IBA 0~2 mm(INASHCO 公司的 ADR 技术)的组分,不损失任何有价值的金属。同时 2~8 mm 的剩余筛线富含有色金属,起到了有色金属升级工厂输入材料的作用。借助于该公司的升级工厂,能独立提纯和分选来自中央加工厂的有色金属,获取纯的有色金属精矿,包括纯的铝、纯的重金属(如铜),甚至贵金属。这些精矿可为熔炼工厂直接利用。

图 6-1 位于新加坡大士区海运中转站的生活垃圾焚烧炉渣处理厂

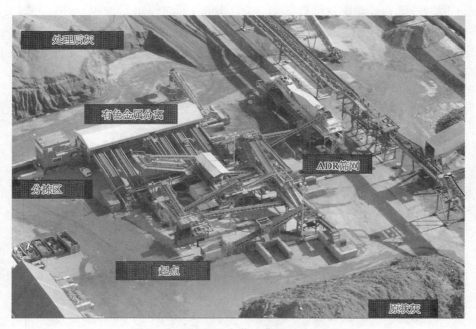

图 6-2 REMEX 在荷兰典型的炉渣工厂

REMEX 不仅在金属提取方面做得相当专业,同时也研发了多项技术,提高了矿选后炉渣作为建材使用的质量(矿选后的炉渣集料,REMEX 注册了 granova® 的商标名称)。这些技术包括 3D 筛分技术(TRIPLEM)、水—力学处理(HMT)和体积控制制造(VCM)。

(1) 中央处理单元的基础处理之后，粒径 2/12 mm 的材料通过为额外的清洗而设计的一个专用筛网（TRIPLEM）。接着磁选机和涡电流分选机进一步去除特质金属与有色金属（图 6-3）。得到的 granova® 颗粒已经为荷兰沥青和混凝土行业所关注。

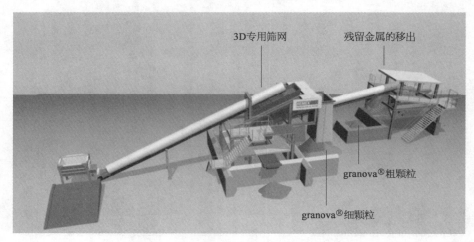

图 6-3　REMEX 炉渣的 3D 筛分技术

(2) 借助冲洗和破碎组合设备的水—力学处理，同时移出污泥组分和（轻质）有机成分，将剩余的砂和粗组分按比例混合，与某添加剂一道提供（图 6-4）。得到的 granova® hydromix，环境特性显著增强，在荷兰可被直接露天施工，无须额外环境保护。

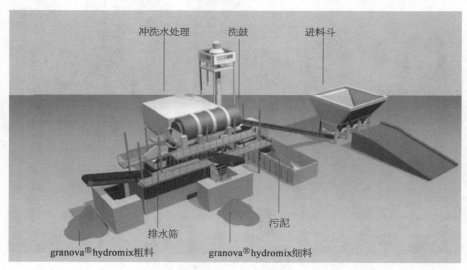

图 6-4　REMEX 炉渣的水—力学处理

(3) 利用 VCM 技术，焚烧厂炉渣集料在粒化体系中再加工（图 6-5）。这一工艺的基础是 granova® 0/2 mm。通过结合剂、添加剂和水分精确的配比，在滚筒中产生混合料，在粒化单元中获得体积。最终颗粒为 2~8 mm，显著轻于砾石或粗砂，被用于需要减轻重量的混凝土应用中。

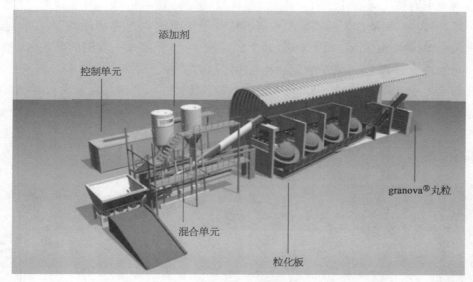

图 6-5　REMEX 炉渣的体积控制制造

　　REMEX 高质量的焚烧厂炉渣集料，以 granova® 商标名销售，有着严格的质量控制体系，应用于地下工程与道路建设工程，用于建设路堤和隔墙、修建填埋场抑或铺设铁路轨道，都有成功的工程案例（图 6-6）。

(a) 道路和土方工程保护性路堤

(b) 填埋场建设混凝土制品

图 6-6　granova® 的一些应用

6.1.2　荷兰阿尔克马尔生活垃圾焚烧炉渣全集成水洗工厂

荷兰政府于 2012 年向生活垃圾发电厂发布了一个绿色新政，要求到 2017 年，所有加工炉渣的一半能在任何条件下自由应用（无环境问题）；到 2020 年，覆盖到全部的炉渣。除此之外，还规定，炉渣加工后剩余的残留料应少于 15%。在这样的背景下，在航道疏浚方面排名全世界前列的 Boskalis 公司（其下的环境分公司）经过一段时间研发，成功设计出了一套冲洗炉渣的工艺，使炉渣能满足自由应用的条件。

2016 年 7 月，合资企业 Boskalis 环境和 HVC（丹麦一家焚烧发电公司），在 Alkmaar（阿尔克马尔）启动运营了世界上第一座完全集成的炉渣冲洗厂（图 6-7）。对于 Boskalis 环境来说，与 HVC 合作的成果，将扩大其在土壤冲洗方面的国内市场，并有利于其进入欧洲其他市场。

图 6-7　荷兰阿尔克马尔的生活垃圾焚烧炉渣加工厂

Boskalis 公司称，该炉渣厂除了工程设计最为高效的冲洗工艺外，还认真关注了含铁和有色金属的回收。全面集成的湿法工艺使得能从最细的组分中回收贵金属。在其研发过程中，2013 年的主要重点是与砂、颗粒和水质相关的物理和环境质量问题优化；2014 年是进一步增强从颗粒组分和砂组分中回收有色金属材料的效率；2015 年通过详细工程设计建立了相关概念，获得了水洗的许可证。其提纯受污染炉渣的方法之一，是用已经被溶解其中的盐所显著饱和的饱盐洗涤水，漂洗受该盐污染的炉渣，炉渣中存在的盐，作为未溶解的盐颗粒，被饱盐洗涤水漂洗出来。一道被冲出的未溶解盐颗粒，随后可与饱盐洗涤水轻松分离。其工艺的具体步骤为：

（1）加入工艺水，使炉渣浆化（图 6-8）。

（2）2 步湿筛分，粗颗粒清洗（图 6-9）。

（3）砂分离与清洗/打光（图 6-10）。

（4）污泥/残渣脱水（图 6-11）。

新的水洗工厂也拥有技术，从炉渣中回收其他类型有价值的有色金属（铜、金、铅、铝）。在以前的工艺中，HVC 从炉渣中回收了大约 1.5% 的有色金属废料。利用新工艺，这一数字有所上升。研究还表明，荷兰的残渣废弃物中包含有价值 2 700 万欧元的金。这不仅产生额外的收入，也有显著的环境效应，因为它们无须由初级矿石提取。

图 6-8 加入工艺水,使炉渣浆化

图 6-9 2 步湿筛分,粗颗粒清洗

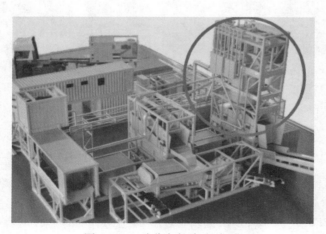

图 6-10 砂分离与清洗/打光

图 6-11 污泥/残渣脱水

6.1.3 英国布伦特福德生活垃圾焚烧炉渣加工厂

图 6-12 是位于英国伦敦西部布伦特福德的一个生活垃圾焚烧炉渣处理点,其他地方的炉渣可由轨道运往这里。该工厂为英国的 Day 集团所拥有,炉渣处理采用了图 6-13的工艺。

图 6-12 位于英国布伦特福德的生活垃圾焚烧炉渣处理厂

Day 集团是英国一家为建设、拆除和水处理行业提供服务的集团,每年处理超过 300万 t 的建材。它下辖 Day 集料、Day 承包和 Day 骑者三大分公司。实际上,Day 骑者主要的业务是为马术运动修建跑道,因此也需要使用大量的集料。因此,事实上,Day 集团的核心业务是集料的生产与供应。

Day 集团的集料主要被用于:再生集料,底基层集料,混凝土浇筑、砂浆和抹光集料,排水、行车道和管道垫层集料,专用集料,表土、壤土、树皮和护根。集料的来源包括以下四个方面:

(1) 初级集料,如石灰石、花岗岩等,通过采石生产,大多数 Day 集团的仓库有货。

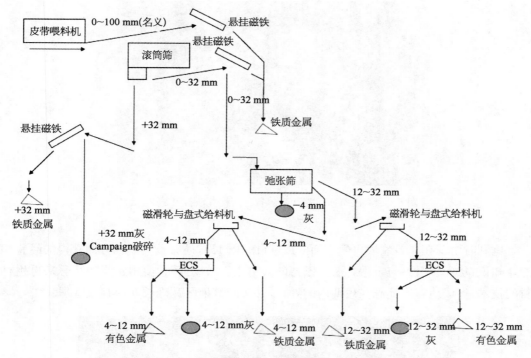

图 6 - 13　Day 集团处理生活垃圾焚烧炉渣的工艺流程图

（2）次级集料，由工业副产品如粉煤灰（PFA）、高炉矿渣（BFS）和焚烧厂炉渣集料（IBAA）制得。

（3）再生集料，再生混凝土集料（RCA）、再生沥青和建拆垃圾生产的其他材料混合物。

（4）EcoBlend™，天然集料和再生集料受控混合得到的混合物。

Day 集团将 IBAA 视为重要的集料来源，最近十年来，有超过 500 万 t 被用作了道路中的底基层和盖层材料。

6.2　建拆垃圾

6.2.1　穆扎法拉巴德建筑废墟再生工程

2005 年 10 月 8 日早晨，一场里氏震级 7.6 级的毁灭性地震重击巴基斯坦北方（西北边省与克什米尔），导致 75 000 人死亡，400 000 幢房子破坏，另 350 万人流离失所（图 6 - 14）。

联合国、红十字会和医生无国界支持的急救阶段之后，人们返回村庄，城镇重建开始了。不过，在建设开始前，首先需要处理瓦砾。瓦砾估计数量有 600 万 m³，并且挑战巨大：地震区为山区，设备运输很困难，并且废弃物的处置容易引发环境和安全的风险。如向邻近河流的处置可导致洪灾风险；瓦砾倾倒在多山环境中，又可导致崩塌和滑坡。

图 6-14　巴基斯坦克什米尔省首府穆扎法拉巴德 2005 年
地震后的废墟

比利时由于在建筑垃圾再生方面的成就(图 6-15),还有救灾规划方面获得的经验和专业知识,从而积极参与了穆扎法拉巴德的人道主义救助,转让使用建筑物瓦砾来再生材料的技术,促成地震区瓦砾在短期内的处理,并实施该地区瓦砾长期的有效管理。

图 6-15　布鲁塞尔 NATO 新指挥部的拆除和再生工程得到的不同再生
产品的总览

比利时建筑研究所(BBRI)的一行 3 人,2006 年来到伊斯兰堡勘查这一地区。他们访问了若干社区,并与参与重建行动的组织代表进行了交流。在比利时政府的财政支持、布鲁塞尔地区政府的补充拨款,以及地方合作伙伴 ERRA("地震重建和修复管理机构")和 MCM("市政合作穆扎法拉巴德")的共同努力下,共同成立了项目,以提供:

1) 比利时政府捐助的穆扎法拉巴德再生工程的安装和运行

据认为,对于克什米尔地区,混凝土中再生废弃物不应是推进的第一选择,因为这需要更详尽的质量控制,也因为第一位要做的最重要的事,是快速高效地清理废墟,并制定有效的目标。于是,若干年来具有"已被证明的服务记录"的更常见的应用,是道路和简单建筑块的集料。不过,针对未来业务的机遇,也可想象更高等级的再生。

认为移动式破碎机为到达该地区第一重要的东西,由巴基斯坦市场上活跃的一家公司购买了移动式装置。

2）巴基斯坦工厂管理者的培训

为确保再生工厂有良好的工作,在破碎机生产商总部(英国)组织了技术培训。6 个巴基斯坦人的代表团,在 BBRI 代表陪同下,获取了操作移动式破碎机的第一手经验。访问了比利时处理垃圾和再生的管理机构,学习垃圾管理的政策。此外,还访问了再生安装和应用的场地,以表明控制再生工厂环境和资源影响的可能性和注意点。

3）推进再生和垃圾管理技术转让的研讨会的组织

最后,2008 年 5 月,在穆扎法拉巴德安排了研讨会,精调现有做法,研究具有再生集料的新建筑产品未来的开发、质量控制、政策……这一研讨会上进行了设备安装的官方交接,当时由次级冲击破碎机扩展的移动式破碎机、筛分安装、传送带、混凝土拌和机和块生产装置组成(图 6‐16、图 6‐17)。

图 6‐16　穆扎法拉巴德再生工厂布局的总览

图 6‐17　混凝土制块机与生产出的混凝土块以及质量控制

6.2.2　印度布拉里建拆垃圾再生工厂

最近五年来,印度第一座,也是唯一一座建拆垃圾的再生工厂,挽救了已经被污染的亚穆纳河,减少了德里填埋场 15.4 万 t 的垃圾。2012 年,印度城市发展部曾通告,要求人口超过 100 万的所有城市,都修建这样的工厂。但直到现在,布拉里工厂仍是仅有的一座。

德里城市公司于 2009 年启动了工厂,基础设施租赁和金融服务公司(IL&FS)运营着北德里 Jahangirpuri 区布拉里的 2.83 hm² 场地(图 6-18)。该工厂曾经的能力为每天 500 t,目前已经到每天 1 200 t,并且德里污染控制委员会给予了 IL&FS 每天 2 000 t 的许可。

图 6-18　布拉里 2.83 hm² 场地上的建拆垃圾处理厂

德里大部分的建拆垃圾是沿着亚穆纳河或在山脊地区中倾倒的。这样的垃圾再生困难,通常与城市固废混杂。IL&FS 工厂从北方公司三个区域的 28 个指定点拿到混杂的 C&D 垃圾,北方公司支付运输。城市管理机构从剩余地区收集和运输垃圾到该工厂。

其工艺流程是:首先将建拆垃圾倾倒在卸料地面上。然后,采用机械(JCB 挖掘机)和手工的手段,分离破布、塑料、金属、FRP(纤维增强复合材料)薄片等不理想的物件。剩余垃圾分离为整砖、大块混凝土和混杂建筑垃圾三部分。整砖内部使用与销售。大块混凝土用碎石机和机械锤破碎(200~400 mm 尺寸),然后喂入水平冲击破碎机,将破碎后的材料筛分(10~20 mm、5~10 mm 和 5 mm 以下到 75 μm 的组分),生产预拌混凝土,制作不同颜色与图案的缘石、铺装块、空心砖等,混杂集料和水泥被用于制作模塑砖(利用制砖机)。将混杂建筑垃圾通过设定在 200 mm 的棒条机,更大块按大块混凝土处理;之后再将混杂材料通过颚式破碎机,降低粒径至 60 mm 以下,喂送至湿处理机;冲洗后的材料分级为不同的组分——从 60 mm~75 μm 粒径(图 6-19)。

生产的材料,主要被用于道路的修建。与中央道路研究所合作,在建拆工厂附近修建了一条试验段(图 6-20)。粒料底基层被用于拓宽两侧道路。工厂内部,所有道路都用再生的粒料基层材料修建。工厂的进出道路(150 m 长)完全由再生建筑垃圾材料修建。这条道路被用于运输所有来厂原材料,几年过去,路况仍良好。

6.2.3　荷兰建拆垃圾高质量再生体系

荷兰 2010 年建拆垃圾的再生率已经达到 94%,不过,研究认为,尽管再生率很高,但其再生质量不高,由此提出了高质量再生的设想。所谓高质量再生,是建拆垃圾作为建材返回到建筑部门中,最好与垃圾源最初用途相同,替换新的初级材料。尽管石质材料被用

图 6-19 布拉里工厂的湿法处理

图 6-20 布拉里工厂使用建筑垃圾修的试验路

于道路基层似乎不符合高质量再生的定义,但考虑到长距离运输的 CO_2 排放,能就近利用的建拆垃圾被用于道路建设是目前许多地方的首选方向。

为此,2012 年荷兰首先构建了建拆垃圾的材料流分析(MFA,图 6-21)。需要解释的是,荷兰的建拆垃圾分选分为在场分选与离场分选。按国内的类似说法,可以说成移动式分选与固定式分选。全部的建拆垃圾,按照荷兰的组成分类,最大部分为石质材料(混凝土、砌体、砖、砾石、灰砂砖、沥青屋面、石膏基材料和瓦砾。这里的砌体指的是砌筑砂浆等材料)。砖可以分普通烧结砖(红砖、青砖)和陶瓷面砖(卫生洁具等陶瓷也可归于此)等。另包括金属(铁质金属、有色金属和电缆)、分选残余、木头(被分为 A、B、C 三类,A 类为未处理木材;B 类为被油漆或胶合的木材;C 类为作了防腐处理,可能含有危险物质的木材)、混杂(为参与分选的材料)、石棉、塑料、玻璃、纸张、保温。这些分类界限有时并不明确,如 EPS(发泡聚苯烯)、PUR(聚氨酯)可归类为塑料,也可归类为保温材料。"出口"指的是荷兰本国无力处理,而是送往他国。"未知"指的是处理手段不清楚。绿色能量回收指的是焚烧可更新的资源(如木头)。"燃烧"指的是没有能量回收的"燃烧"。图 6-21中线段的粗细,代表了该物质在垃圾总量中所占的比例。

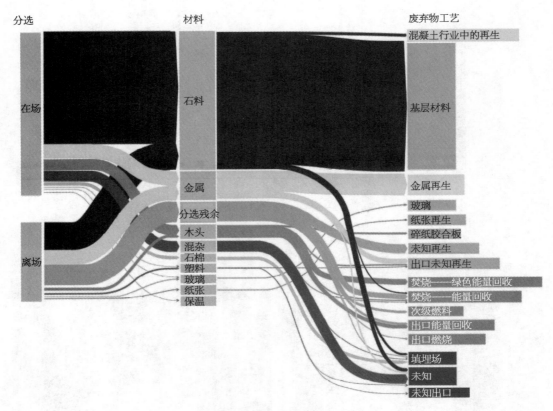

图 6-21 2012 年荷兰 C&D 垃圾起源和再生处理的 Sankey 图建筑垃圾总量 2 431.7 万 t

注：为清晰起见，小于 4 万 t 的垃圾流未显示在图中，如石膏再生。唯一的例外是保温材料的分选后垃圾流，为 1.6 万 t。

荷载 2012 年产生了约 2 400 万 t 建筑垃圾，但仅 11％被认为属于高质量再生。鉴于分选是高质量再生的重要部分，荷兰对适用于建拆垃圾进一步分离的先进技术展开了深入的研究。简要介绍三种技术。

（1）砌体可分离砂浆或不分离砂浆再生。如果砖和砂浆不分离，则将砌体破碎至小于 0.5 mm 的粒径。集料与黏土混合，在窑中烧结，以制作黏土砖。由于加入的集料中仍存在砂浆，黏土砖的强度将受到影响。Van Dijk(2004)基于经验结果，建议砖生产中，再生砌体集料使用不超过 25％的份额。可通过热处理，将砌体分离为水泥和砂。不同类型的砖，生产时添加的砖集料应分析其强度和质量。

（2）高级干式回收技术（ADR）用于破碎材料细组分分离。ADR 只接受 0～12 mm 粒径颗粒，流程图见图 6-22。材料由此分离为 0～2 mm 细组分，2～12 mm 粗组分。被视为污染的材料总体上轻质，进入细组分中。ADR 装置使用动能来破坏与细颗粒相关的水的键合。之后按照集料密度和粒径，实施粗、细组分分离。总体上，细组分占拆除混凝土初始体积的 50％。破碎材料细组分中的水泥，水泥生产中能否使用需额外研究。粗组分可被用作混凝土集料。

（3）智能破碎机（SC）是一项旨在源头分离混凝土，也即砂、砾石和水泥灰浆，对颗粒

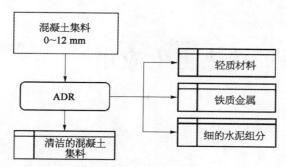

图 6-22　再生制备混凝土集料的高级干式回收方法（ADR）

损伤较小的技术。与颚式破碎机或圆锥破碎机等传统类型破碎机相反，它旨在提取特定的粒径。混凝土由具有不同强度的不同组分组成。集料的抗压强度依赖于岩石的类型而变化。粗集料通常是混凝土中最强的部分，水泥灰浆最弱。利用小于 $100\ \mathrm{N/mm^2}$ 的力，在水泥灰浆的最高强度与集料的最低强度之间，混凝土可被分离成其复合材料。为了对集料施加合适的力，组合了破碎和研磨。细颗粒，也即水泥灰浆，需要热处理来脱水材料，以在新水泥生产中使用。

　　总体上，荷兰建筑垃圾再利用或再生的工艺、技术和最佳做法汇总在了表 6-1 中。

表 6-1　建筑垃圾再利用或再生的工艺、技术和最佳做法的汇总

材　料	再利用方案	再 生 方 案	最 佳 做 法
混凝土		混凝土生产用的混凝土集料 破碎、筛分、有或无冲洗 高级干式回收 混凝土毛石的热处理 智能破碎机	混凝土中用 100% 混凝土集料修建的游泳池
砖	砂浆的手工去除 热处理，从砖上释放砂浆	新砖生产中使用石质集料	使砖为市民可用，用相同材料重建建筑物
石膏基材料		加热，提取石膏粉，可被用于新的石膏产品	
屋面沥青		新沥青生产中加入	在新屋顶中再生老的沥青屋顶
木材	针对类似目的的再利用	在另一项目中使用木材，从而延长寿命（家具用的碎木胶合板）	用老的门窗修建一堵墙
金属	在另一建筑物中将金属用于相同目的，延长寿命	对于钢 电弧炉 氧气顶吹转炉	新建筑中再利用建筑零件

　　不过，建拆垃圾的这一高质量再生体系，受到经济气候（经济不景气）、可用性（清洁集料的获取）、规划（建设与拆除的衔接）等因素的制约，但其发展前景光明，目前已在小的案例中尝试，没有公开报道。

第七章
旧沥青路面厂拌热再生应用

我国道路建设重点将逐步由建设转向养护为主。对于病害严重的沥青路面通过大中修进行养护后,旧面层的沥青混凝土再生利用就成了需要重点关注的问题。本章将结合实际案例,对旧沥青路面材料通过厂拌热再生进行资源化利用的关键理论和技术进行剖析,包括选矿技术、材料性能和设计指标、材料变异性控制技术等,旨在提高旧沥青路面材料资源化利用质量和稳定性,提升再生材料的路用性能。

7.1 旧沥青路面材料资源化利用概述

随着我国高速公路网的逐步完善、城市道路主体建设的逐渐成熟,我国道路建设将由以建设为主转入建养结合并最终会以养护为主。随着道路使用年限的增加,道路管理已逐渐由运营为主转向运营、管理和养护相结合的道路综合管理运营期。道路服役年限的增加以及重载和大交通量的作用,部分路段沥青路面病害日益严重,普通养护已不能保证路面使用性能,大中修渐渐成为道路养护维修的主流。

路面大中修需要对路面整个结构进行翻修。而沥青面层混凝土的再生利用是道路工作者需要重点关注的问题。下面从三个方面说明沥青路面再生技术的重要性。

1) 从节约资源方面分析

沥青路面再生技术能最大限度地利用废旧混合料,节省大量沙石料和沥青,同时有效节约开采砂石料和堆放废旧混合料的土地资源。众所周知,我国是一个石油沥青严重缺乏的国家,而且利用国产原油炼制的沥青沥青质低、含蜡量高、胶质多,大多满足不了交通量日益严重的高等级沥青路面的技术要求。因此,只有从国外进口大量优质沥青以供国内需求,而进口沥青价格不菲。另外,适用于铺设高等级沥青混凝土路面的石料(如玄武岩等)分布不均,有时为保证工程质量,不得不从几百千米外开采和运送,大大提高了石料价格,而且运费也是一笔不小的开支,使整个工程费用大大增加。

2) 从环境保护方面分析

沥青路面再生技术由于可直接重复利用旧沥青混合料,因此可防止沥青混合料废料对放置场地的占据和对周围环境的污染,同时因减少了石料的开采,可有效保护森林,保护生态环境。而如果废旧沥青混合料被堆放,虽然有关资料显示石油沥青不含致癌物质,但其因为难以降解,时间长了便会影响堆填地区周边生态和居民饮水。可以看出,随着人们对生态环境的日益关注和国家对环境治理投入的加大,沥青路面再生已成为一种必然的趋势。

3) 从经济效益方面分析

沥青路面再生技术在经济效益方面的优势是非常明显的,不但可节约砂石和沥青材料的费用,而且可节约废旧混合料的运输费、堆弃费。随着环保要求的逐渐提高,沥青再生的应用将具有广阔的空间。使用沥青再生技术需要较大的固定资产投资,但如果重视沥青再生技术带来的社会效益,辅以适当的政策倾向,技术开发企业将能获得可观的经济效益。

7.2　旧沥青路面材料厂拌热再生工程应用选矿技术

7.2.1　从原路面获得回收的混合料

从原路面获得回收混合料的常用方法是冷铣刨法、挖掘与破碎法。下面分别介绍这两种方法。

1) 冷铣刨法

在从原路面获得 RAP 材料的两种方法中,冷铣刨法是目前应用最广泛的方法。冷铣刨机的发明带动了沥青路面再生的革命。冷铣刨机是一种特别设计的设备,可自动控制使路面按照所要求的深度进行铣刨,并能够使表面恢复指定的横坡和纵坡,修复坑槽、车辙以及其他破坏形式。冷铣刨机有不同的尺寸和功率可供选择,一个车道宽的冷铣刨机可适用于各种不同的生产需求。铣刨的宽度可以从 1 m 到一个车道宽不等,铣刨的深度可以从 200～380 mm 不等。

2) 挖掘与破碎法

获得 RAP 材料的另一种方法是挖掘与破碎法,是将挖掘回收的混合料用卡车运输到指定地点进行集中破碎的方法。所采用挖掘设备的形式取决于破碎机械能够处理的回收混合料的最大尺寸。这种方法特别适用于由于交通量增大而将原道路提高等级进行改造,以及使用的材料较为均衡的情况。

破碎的目的是减小 RAP 的最大粒径,使之降低到一个可接受的尺寸。例如,要求至少有 95% 的 RAP 材料通过 50 mm 筛孔。一般来说,从路面翻挖回收的大块的 RAP 材料以及经过贮存的结块的 RAP 材料,均应进行一定的破碎才能满足混合料施工的需要。对 RAP 混合料进行破碎的设备与集料的破碎设备相似,包括颚式、锤式和反击式等破碎设备。

冷铣刨法和挖掘与破碎法相比,优点是旧混合料的回收和破碎可以同时完成,因此生产效率较高,而且无须加热就可将产生的灰尘控制到最小。但是,相对而言,冷铣刨所产生的粉料较多。

对来源不同、沥青含量不同和集料级配不同的 RAP 应分别存放。经验表明,大的、锥形的贮存料堆比低的、水平的贮存料堆更好,因为锥形料堆能够在料堆表面形成 20～25 cm 厚的硬壳,保护其下面混合料不被水分侵蚀,并且不结块。

7.2.2 对间歇式拌和楼的改造

要得到高质量的再生沥青混合料,除了必须对旧沥青混合料、新集料和新沥青进行准确的计量,保证级配和油石比符合要求之外,还需在加热的状态下对各组分进行充分的搅拌,才能使再生沥青混合料重新获得优良的性能。这也是对沥青再生设备的基本要求。

用间歇式拌和楼生产热拌再生沥青混合料时,如果 RAP 材料和新鲜集料直接相混合,可能产生大量的烟尘,也可能在干燥筒、热料提升器和振动筛分仓等处发生堵塞现象,因此需要对间歇式拌和楼进行改造。间歇式热厂拌再生最常用的方法是"Maplewood法"。RAP 材料一般都是通过输送带从独立的冷料仓输送到拌和锅与计量秤中。在拌和锅中,RAP 材料与经过干燥、筛分的新鲜集料混合,新鲜集料的预热温度由 RAP 材料的性质决定。在间歇式热厂拌再生施工中最常用的方法是"热传递法",新鲜集料必须被加热到某一特定的较高的温度,这是因为需传递热量给 RAP 材料并将其干燥。

拌和锅和计量秤的排气能力是非常重要的,因为当干燥的集料与相对潮湿的冷的 RAP 材料混合时,将产生大量的蒸汽。产生的蒸汽可以通过 RAP 输送管道或者是通过连接到拌和锅或计量秤的排气管排放。很多生产商向拌和锅或计量秤中导入干燥的气流,通过气流将蒸汽排入排气装置。

根据将 RAP 材料输送到拌和锅和计量秤中方法的不同,需对再生混合料的生产进行一些相应的改进。

1)方法 1

被加热到过热状态的新鲜集料和冷的 RAP 材料进入热升降系统的底部,混合材料经过筛分并贮存在热料仓中,间歇式拌和楼的换气系统使水分从 RAP 中蒸发出来(图 7 - 1)。因此这种方式无废气的排放问题。

此种方法中 RAP 用量相对较低,一般不会导致筛网(尤其是 6.4 mm 筛孔)堵塞。一般底部的筛网尺寸都能超过 5～6 mm,为了防止筛孔堵塞,应注意避免 RAP 中所含水分过多。

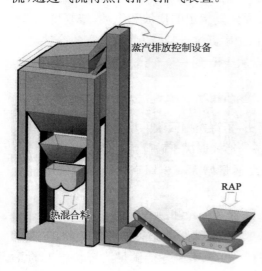

蒸汽排放控制设备

热混合料

RAP

图 7 - 1 方法 1

2) 方法2

此方法要求间歇式拌和楼有第五个热料仓(图7-2)。新鲜集料经过筛分、预热,然后与冷的RAP一同进入热升降系统的底部。混合材料不经过拌和楼筛分直接进入到第五个热料仓中。此种方法允许使用的RAP材料可达40%。另外,当热料仓中RAP混合料换成新鲜混合料时,由于热料仓中的材料没有被过度加热,因此不需要清空热料仓(方法2除了增加了第五个热料仓,其他的与方法1基本相同,两种方法基本相近)。

3) 方法3

此方法被称为"Maplewood法"(图7-3),是目前热厂拌再生中最常用的方法。将经过筛分的冷的RAP由一个自动控制的倾斜的输送设备从RAP料仓中直接运送至计量秤中,同时经过预热的新鲜集料也一同进入间歇式拌和楼的计量秤中。此方法中,RAP可以在1♯仓中的材料添加至计量秤以后,2♯、3♯、4♯仓中的材料添加之前加入计量秤。此方法中RAP被新鲜集料夹在中间,以便有更多的加热时间。当集料进入拌和锅时,RAP中的蒸汽瞬间的蒸发作用会产生轻微的蒸汽喷发。

为了清除拌和锅中产生的蒸汽,要求除尘袋具有非常大的除尘能力,或者延长计量秤的倾倒时间。另一个不常应用的方法是在拌和楼的后面设置一个大型的容器,以使喷发出的蒸汽通过该容器排放。

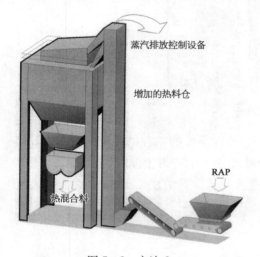

图7-2 方法2

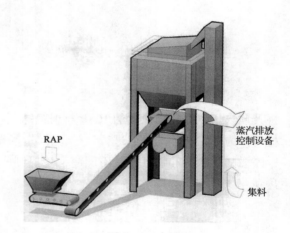

图7-3 方法3

4) 方法4

图7-4所示的是通过一个新的控制进料的系统,使输入的RAP达到计量秤的三分之一量程,以保证具有足够数量的RAP。RAP经过计量后由进料器投放至料仓中。进料器将RAP输送至拌和锅中时间在20~30 s。此方法允许通过减慢间歇式循环的周期对蒸发的蒸汽进行控制。

5) 方法5

图7-5所示的这种昂贵的控制系统采用单独的干燥设备在RAP与新鲜集料混合前

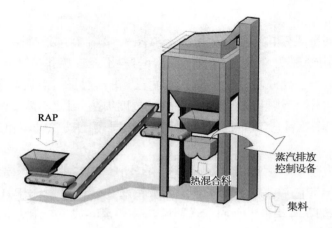

图 7 - 4 方法 4

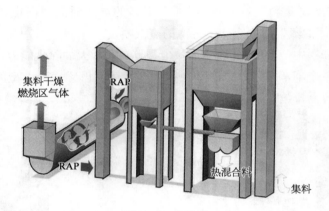

图 7 - 5 方法 5

将其预热。然后将预热后的 RAP 材料输送至一个带计量秤的单独的热贮料仓中。RAP 材料作为一种单独的成分进行计量,然后运输至拌和锅中生产再生混合料。RAP 加热器中因材料含水率和氧气量的不同使系统控制的难度加大。此方法中 RAP 材料的用量可达到 35%~40%。

7.3 旧沥青路面材料厂拌热再生工程应用材料特性

7.3.1 沥青老化与再生机理分析

对于沥青溶液的认识基本有三种观点。第一种观点认为,沥青溶液表现为一系列的胶体性质,沥青溶液中存在着三种成分:① 憎液的沥青质颗粒;② 包围着憎液颗粒避免其发生聚合的亲液颗粒,即胶质,胶质包围着沥青质形成胶团;③ 悬浮胶团的油相。当它们的相对含量和性质相配伍时，就形成了相对稳定的胶体溶液。按照沥青胶体状态的不同，沥青可以分为三种胶体结构：溶胶型、凝胶型和溶—凝胶型。这是在沥青结构研究中早期提出来的沥青胶体结构理论。

第二种观点认为，沥青是以沥青质为溶质、以软沥青质（沥青中除沥青质以外组分的总称，按三组分分析法，为油分与树脂之和）为溶剂的高分子浓溶液。随着采用的溶剂不同，可以将沥青分离为多层结构，并可以用近代化学热力学理论对沥青的各种物理化学现象进行数学描述和求解。这是近年来在沥青结构研究中出现的溶液理论。

第三种观点认为，沥青是两性沥青质型网状分子结构。在网状分子结构中含一种油相。沥青最为重要的化学性质是由构成网状结构分子的极性和油相的分子大小分布状态所决定的。由于沥青的这种结构与橡胶十分相似（橡胶也是一种网状聚合物，在网状结构中含有增量油），所以有人将此理论称为"橡胶理论"。

7.3.1.1　沥青再生的胶体理论

1）沥青的胶体结构

沥青是以相对分子质量很大的沥青质为中心，在周围吸附了一些胶团组成分散相，这些胶团是极性较大的可溶质形成的复合物。随着与沥青质分子距离的增大，可溶质的极性渐弱，芳香度渐小，半径继续向外扩大，则为极性更小的甚至几乎没有极性的脂肪族油类所组成的分散介质，如图7-6所示。沥青质分子对极性强大的胶质所具有的强吸附力是形成沥青胶体结构的基础。没有极性很强的沥青质中心，就不能形成胶团核心。同样，若没有极性与之相当的胶质被吸附在沥青质的周围形成中间相，也不会生成稳定的胶体溶液，沥青质就容易从溶液中沉淀分离出来。只有当沥青质与可溶质的相对含量和性质相匹配时，沥青的胶体体系才能处于稳定状态。按其胶体状态的不同，可将沥青分为以下三类。

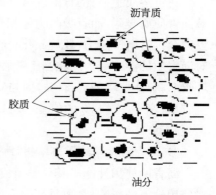

图7-6　沥青的胶体结构

（1）溶胶型沥青。当沥青质的含量不多（如10％以下），相对分子质量也不很大，与胶质的相对分子质量差不多时，这样的沥青在实际上可视为真溶液或分散度非常高的近似真溶液。这种溶液具有牛顿液体的性质，黏度与应力成比例。此时沥青的黏附力主要是由范德华力和偶极力引起的。这类沥青对温度的变化很敏感，在沥青的分子中没有相对分子质量很大或很小的物质，即相对分子质量的分布范围较窄。分散相和分散介质之间的化学组成和性质比较接近。

（2）溶—凝胶型沥青。沥青中沥青质含量适当，并有较多数量芳香度较高的胶质。这样形成的胶团数量增多，胶体中胶团的浓度增加，胶团距离相对靠近，它们之间有一定的吸引力。这是一种介于溶胶与凝胶之间的结构，称为溶—凝胶结构。这种结构的沥青，称为溶—凝胶型沥青。这类沥青在高温时具有较低的感温性，低温时又具有较好的变形能力。修筑高等级沥青路面用的沥青,都属于这类胶体结构类型。

(3)凝胶型沥青。当沥青质的浓度增大时,若可溶质没有足够的芳香族组分,分散介质的溶解能力不足,生成的胶团较大,或由于分子聚集体的形成而生成网状结构,具有结构黏度,表现出非牛顿流体的性质,这类沥青一般为凝胶型沥青。这类沥青虽然具有较好的温度感应性,但低温变形能力较差。

2)沥青质与可溶质的性质对沥青胶体结构的影响

除沥青质的相对浓度外,沥青质的性质或组成对沥青的胶体状态也有很大的影响。例如当沥青质的 C/H 比较小时,即在沥青质的化学结构中可能有较多的饱和族组分(环烷及烷基侧链),形成的胶团较大。因可溶质的组成不同,可能形成溶胶型沥青,也可能形成凝胶型沥青。若沥青质的 C/H 很大,则形成凝胶型沥青的趋势很小或根本没有这种趋势。当可溶质中芳香烃的含量不足时,就容易有沉淀析出。

除沥青质的含量和组成等有影响外,可溶质的性质和含量对沥青的胶体结构也有一定的影响。当可溶质中芳香族的浓度和吸附力都足够时,沥青为溶胶型;若可溶质中没有足够的芳香族组分,则为凝胶型。沥青在氧化过程中,由于可溶质中的芳香族组分逐渐变为沥青质而含量下降时,沥青质的含量却有所增加,沥青也逐渐由溶胶型变为凝胶型。

在可溶质中,对沥青的胶溶性起主导作用的是芳香族化合物。因芳香族化合物最易被沥青质所吸附,而且吸附力还相当大,它们本身对沥青质的溶解能力也最强。烷烃实际上完全没有溶解能力,环烷族化合物介于两者之间。实验证明,可溶质中的环烷族化合物对沥青质的溶解能力约相当于芳香族结构物质的三分之一。沥青的类型与可溶质中芳香环碳 C_A 和环烷环碳 C_N 有关,即与 $C_A + C_N/3$ 大小有关。当 $C_A + C_N/3$ 的值较大时,属于溶胶型;当 $C_A + C_N/3$ 的值变小时,沥青表现出更多的黏弹性,针入度指数 PI 变大,沥青为凝胶型。

3)沥青的化学组成与路用性能的关系

沥青的使用性能与其化学组成有着密切的关系。以往人们研究石油沥青的化学组成对使用性能的影响,主要是研究石油沥青的化学组成对沥青的常规分析指标的影响,如石油沥青中的饱和分、芳香分、胶质和沥青质对石油沥青的针入度、软化点、延度和黏度的影响。因为石油沥青是一个胶体分散体系,其分散相是以沥青质为核心吸附部分胶体而形成的胶束。大量事实表明,沥青的理化性质和使用性能很大程度决定于其胶体体系的性质,而能否形成稳定的胶体体系又与其化学组成密切相关。

4)沥青在使用过程中组成和性质的变化

沥青在使用过程中由于空气、温度和阳光的作用会老化变质。究其原因,主要是化学组成发生变化而使其胶体性质变差所致。化学组成的主要变化是芳香分缩合成胶质和胶质缩合成沥青质,使体系中沥青质的含量增多。这样,由于分散相的增多和分散介质胶溶能力的减弱,导致沥青的胶体稳定性下降,使用性能变差。

5)老化沥青的再生机理

前面论述了沥青老化的机理和沥青的组分变化,那么如何对老化的沥青进行再生呢？石油沥青生产方法中的调合法可能对我们有一定的启示。调合法生产沥青是指按沥青质量或胶体结构的要求来调整构成沥青组分之间的比例，得到能够满足使用要求的产品。由于原油生成条件的复杂性，即使同类组分，亦因油源不同，表现出的性质特征也不尽相同，最终反映在沥青的性能和胶体结构上出现差别。一般认为沥青质是液态组分的增稠剂，胶质对改善沥青的延度有显著效果，芳香烃对沥青质有很好的胶溶作用，形成稳定的胶体结构，而饱和烃是软化剂。归纳起来，各组分对沥青性质的影响，大致如表 7-1 所示，可供选择调和方案时参考。通过多种沥青的组分分析表明，质量优良的沥青，其组分大致比例是（wt％）：饱和烃 13～30，芳烃 32～60，胶质 19～39，沥青质 6～15，含蜡量小于 3。

表 7-1　各组分对沥青性质的影响

组　分	感温性	延　度	对沥青质分散度	高温黏度
饱和烃	好	差	差	差
芳　烃	好	—	好	好
胶　质	差	好	好	差
沥青质	好	稍差	—	好

老化沥青的再生，可以根据生产调和沥青的原理，在老化沥青中，或者加入某种组分的低黏度油料（即再生剂）；或者加入适当稠度的沥青材料进行调配，使调配后的再生沥青具有适合的黏度和所需要的路用性质，以满足筑路的要求，这一过程称之为沥青的再生。所以再生沥青实际上也是一种调和沥青。当然，旧沥青与再生剂、新沥青材料的混合是在伴随有砂石材料的情况下进行的，远不及石油工业中生产调和沥青调配得那么好。尽管如此，它们的理论基础是相同的。

7.3.1.2　沥青再生的相容性理论

1）沥青的相容性和溶度参数

一种沥青能否形成稳定的溶液，不取决于溶质颗粒的大小，而取决于溶质（沥青质）在溶剂（软沥青质）中的溶解度和溶剂对溶质的溶解能力，这就是相容性理论。希尔布兰德曾提出"溶解度参数"理论，即认为在一种溶液中，溶质的溶解度参数与溶剂的溶解度参数的差值小于某一定值时，就能形成稳定的溶液。对此可用下式表示：

$$\Delta\delta = \delta_{AT} - \delta_M < K \qquad (7-1)$$

式中　　$\Delta\delta$ ——沥青质与软沥青质溶解度参数差值，$(cal/cm^3)^{1/2}$；

　　　　δ_{AT} ——沥青质的溶解度参数，$(cal/cm^3)^{1/2}$；

　　　　δ_M ——软沥青质的溶解度参数，$(cal/cm^3)^{1/2}$；

　　　　K ——要求的溶解度参数差值的限值，$(cal/cm^3)^{1/2}$。

根据有关研究，国产沥青的沥青质溶解度参数与软沥青质溶解度参数的差值（$\Delta\delta$）的限值为 0.76。当 $\Delta\delta < 0.76$ 时，可得到较好的相容性。

2）老化沥青的相容性

沥青是一种极其复杂的高分子浓溶液,它是由数千种乃至近万种化合物组成的混合物。要将其分离成纯单体,目前在技术上存在一定困难,同时在工程应用上也没有这样的必要。为了工程应用方便,假设沥青是由沥青质为溶质溶于软沥青质为溶剂的浓溶液。优良沥青的沥青质与软沥青质应有很好的相容性,也就是沥青质与软沥青质的溶解度参数很接近(或溶解度参数差值很小),它们形成稳定的浓溶液。随着沥青的老化,沥青及其组分中各种化合物产生脱氢、聚合和氧化等化学变化,由于化学结构的变化,其溶解度参数亦随之变化。通常沥青质的溶解度参数 δ_{AT} 的提高比软沥青质的溶解度参数 δ_M 快,所以老化后沥青的沥青质与软沥青质溶解度参数差值 $\Delta\delta$ 增大,破坏了沥青中沥青质与软沥青质的相容性,因而引起沥青路用性能衰降。

沥青老化过程的实质为:沥青中各组分化合物化学结构的变化,引起沥青中沥青质与软沥青质溶解度参数的变化,导致沥青质与软沥青质溶解度参数差值增大,因而相容性降低,最终表现为沥青路用性能衰降。

3）老化沥青的再生机理

从化学的角度来看,沥青再生就是老化的逆过程,即沥青中沥青质与软沥青质溶解度参数差值减小的过程。由此可见,沥青再生的方法就是采取一定的技术措施,使已老化沥青中的沥青质的溶解度参数与软沥青质溶解度参数的差值 $\Delta\delta$ 减少,最终使已老化的沥青的路用性能得到改善。通常沥青再生的途径是采用掺加再生剂的方法。掺加再生剂后,一方面可使沥青质的相对含量降低,因而提高沥青质在软沥青质中的溶解度;另一方面,掺加再生剂后又可提高软沥青质对沥青质的溶解能力,使软沥青质与沥青质的溶解度参数差值 $\Delta\delta$ 降低,从而改善沥青的相容性。芳香分的溶解度参数与饱和分相比,更接近沥青质的溶解度参数。因此,较好的再生剂应富含芳香分组分。

7.3.1.3　沥青再生的橡胶理论

1）沥青的橡胶结构

美国于 1987 年建立的一项为期 5 年、耗资 1.5 亿美元的研究计划——《美国公路战略研究计划》(SHRP 计划),通过大批科研工作者历时 5 年的辛勤工作,在科研过程中开发出体积排出色谱(SEC)和离子交换色谱(IEC),采用体积排出色谱或离子交换色谱将石油沥青分离成相对分子质量大小不同的馏分或将石油沥青分离成酸性分(强酸、弱酸)、碱性分(强碱、弱碱)、中性分和两性分,试图考察酸性分、碱性分、中性分和两性分与沥青路用性能的关系。SHRP 研究结果显示:两性分含有沥青中最极性和芳香性的分子,这些分子的相对分子质量很大;两性分是提高沥青黏度的主要组分。

SHRP 研究人员提出了一种理论,认为沥青是两性沥青质型网状分子结构。在网状分子结构中含一种油相。沥青最为重要的化学性质是网状结构和油相的分子大小分布,使网状交联在一起的极性相互作用。

SHRP 研究员发现沥青同橡胶有很大的相似性。橡胶也是一种网状聚合物,在网状结构中含有增塑剂(通常为石油系油类,橡胶轮胎含有 25% 的油)。增塑剂在橡胶中的作用就像油在两个移动的物体之间起到的润滑作用一样，都能促进在加工时橡胶大分子之间相互移动。这种橡胶分子外润滑作用的产生，主要是由于增塑剂分子包围了橡胶大分子，小分子容易运动，带动了大分子相对运动，降低了橡胶分子上的界面能，减少了分子内部的抗形变能力，克服了橡胶分子之间直接的相互滑动摩擦和范德华力所产生的黏附力。

2）沥青的老化机理

大分子组分的含量对沥青的性质有较大的影响。例如沥青 B 为优质沥青，含有适量的大分子或网状组分。沥青 A 含有过多的网状分子而油分不足，会开裂。沥青 C 含网状分子少而油分多，会剥落。沥青老化是当油相（一般为芳香族分）氧化成沥青质时使沥青 B 变成沥青 A。油相成分、网状结构与极性相互作用这些化学性质尚难以计测，也未被充分了解。因此，流变学这一黏弹性的计量标准发展成为一种便利的物理性质计量法，它把沥青性能同化学性质联系起来。

沥青老化后复数剪切模量（G^*）有较大的增加。相位角 δ 有所减小，说明沥青中的弹性部分在复数剪切模量中所占比重有所增加，黏性部分在复数剪切模量中所占比重反而有所减少。原因是油相（一般为芳香族分）氧化成沥青质，使网状分子过多而油分不足，使沥青变得脆硬，此时的沥青表现出较多的弹性性质。

3）老化沥青的再生机理

老化沥青的再生实际上就是在发达的网状结构中加入适量的油料，以补充沥青随着老化而失去的油相，恢复油相对沥青中大分子的润滑作用。从沥青的流变性质上来说，就是使沥青的相位角有所增大，恢复沥青的黏性部分，使沥青的劲度减小，提高沥青的低温抗裂性能。那么在老化沥青中添加什么类型的油会获得最佳的再生效果呢？基本有三种类型的油：芳香族、环烷、石蜡族。其中，芳香族分子最少最密实；环烷族大小中等；石蜡族分子最大，密实性最差。

SHRP 研究人员将老化沥青与芳香族、环烷族、粗柴油进行拌和，通过试验发现芳香族油和老化沥青拌和后可得出非常合适的铺路沥青。环烷族和粗柴油不符合疲劳开裂的规定。当油相的总芳香族油增加时，疲劳破坏的温度则会降低。

这些结果同橡胶很相似。橡胶增量油中的芳香性增加，可改善橡胶的抗开裂和抗扯裂性能。当在沥青或橡胶的网状结构上加压或疲劳作用时，大分子（环烷、石蜡族）的柔软性低，不易在网状结构中移动。因此，网状结构很容易破坏。

芳香族油之所以对老化沥青具有良好的再生效果，主要是因为芳香族油的分子最小，具有优良的溶解性和贯入性。分子量越小，分子越容易运动，对大分子之间的润滑作用就越明显，从这一点来说，芳香族油比分子量相对比较大的环烷、石蜡族油料在再生方面具有一定的优势。同时，由于芳香族油料对老化沥青具有优良的溶解性和贯入性，就可将大分子链间的许多连接点隔断，使网状结构中的连接点大大减少，老化沥青的刚度降低；良好的溶解性和贯入性也可使处于凝胶状态的沥青产生溶胀，从而促进大分子之间的相互运动，增加大分子的柔顺性。

7.3.2 再生沥青和沥青混合料的设计指标要求

沥青路面在使用过程中会出现使用性能下降的现象。这主要是由于路面材料的老化,一是沥青的老化;二是集料的疲劳。沥青路面的再生主要是针对沥青和矿料的再生,它们实际上是老化的逆过程。其中,旧沥青性能的恢复是起决定性作用的。

国外多年的实践证明,厂拌热再生技术是应用最广泛和最成熟的再生技术,再生沥青混合料路面能够达到并保持沥青路面所要求的各项路用性能指标不低于全部使用新材料的沥青路面技术标准。所以对厂拌热再生沥青混合料的设计,包括体积指标和性能标准,应满足部颁《公路工程沥青路面施工技术规范》(F40—2004)中同类型新沥青混合料的要求,具体见表7-2~表7-4。

表7-2 再生后沥青指标要求(70号沥青)

项 目	针入度25℃/0.1 mm	软化点 R&B/℃	延度(10℃)/cm	60℃动力黏度/(Pa·s)	PG分级
再生后沥青	60~80	不小于46	不小于15	不小于180	PG64—22

表7-3 AC型厂拌热再生沥青混合料设计指标要求

试 验 项 目	AC-25		AC-20
	中轻交通	重载交通	
击实次数/次	两面各75		两面各75
稳定度/kN	≥8.0		≥8.0
流值/0.1 mm	20~40	15~40	20~40
空隙率/%	3.0~6.0		4.0~6.0
沥青饱和度/%	55~70	65~75	65~75
残留稳定度/%	≥80		≥85
冻融劈裂强度比/%	≥80		≥80
动稳定度/(次/mm)	≥1 000		≥1 000

注:1. AC-25混合料矿料间隙率(VMA,%)当马歇尔试件设计空隙率为3%、4%、5%、6%时,分别为11、12、13、14;当设计空隙率不足整数时,用内插法确定要求的最小VMA。
　　2. AC-20混合料矿料间隙率(VMA,%)当马歇尔试件设计空隙率为4%、5%、6%时,分别为13、14、15;当设计空隙率不是整数时,用内插法确定要求的最小VMA。

表7-4 SUP型厂拌热再生沥青混合料设计指标要求

试 验 项 目	SUP25	SUP20
旋转压实次数/次	100	100
设计次数压实度/%	96	96
初始次数压实度/%	≤89	≤89

（续表）

试 验 项 目	SUP25	SUP20
最大次数压实度/％	≤98	≤98
VMA/％	≥12	≥13
VFA/％	65～75	65～75
粉胶比/％	0.6～1.2	0.6～1.2
T283 强度比/％	≥80	≥80
冻融劈裂强度比/％	≥80	≥80
动稳定度/(次/mm)	≥1 000	≥1 000

7.3.3 AC-25 型再生沥青混合料(RAP 掺量 30％)性能

1) 设计级配

见表 7-5。

表 7-5 AC-25 型沥青混合料的设计级配 单位：mm

级配类型	通过下列筛孔(方孔筛)的质量百分率/％												
	31.5	26.5	19.0	16.0	13.2	9.5	4.75	2.36	1.18	0.6	0.3	0.15	0.075
设计级配	100	93.3	83.9	80.5	73.2	54.8	38.0	22.1	15.6	10.5	7.2	5.8	4.6

2) 设计结果

果油石比为 4.1％，对应的混合料性质如表 7-6 所示。

表 7-6 沥青混合料体积性质表

混 合 料 特 性	设 计 结 果	技 术 要 求
空隙率 Va/％	4.30	3.0～6.0
矿料间隙率 VMA/％	12.00	≥12.0
饱和度 VFA/％	64.08	55～70
P_{be}/％	3.22	—
V_{be}/％	7.7	—
V_g/％	87.92	—
粉胶比 FB	1.43	—
DA/μm	7.81	≥6(参考)
稳定度 MS/kN	12.10	≥8
流值 FL/0.1 mm	31.2	15～40

注：P_{be} 为沥青混合料中的有效沥青用量，％；V_{be} 为有效沥青的体积百分率，％；V_g 为矿料的体积百分率，％；DA 为沥青膜有效厚度，μm。

3) 最佳油石比下沥青混合料的性能检验

在最佳油石比下进行浸水马歇尔试验来检验设计沥青混合料的水稳定性能。试验结果见表7-7。

表7-7 浸水马歇尔稳定度试验结果

混合料类型	非条件(0.5 h)			条件(48 h)			残留稳定度 S_0/%	要求/%
	空隙率/%	马歇尔稳定度/kN	流值/0.1 mm	空隙率/%	浸水马歇尔稳定度/kN	流值/0.1 mm		
AC-25	4.16	12.14	30.1	4.35	11.67	33.1	91.1	≥80
	4.24	12.25	30.4	4.24	10.98	34.1		
	4.16	12.67	28.7	4.27	11.12	32.9		
平均值	4.19	12.35	29.7	4.29	11.26	33.4		

7.3.4 AC-25型再生沥青混合料(RAP掺量50%)性能

1) 设计级配

见表7-8。

表7-8 AC-25型沥青混合料的设计级配 单位:mm

级配类型	通过下列筛孔(方孔筛)的质量百分率/%												
	31.5	26.5	19.0	16.0	13.2	9.5	4.75	2.36	1.18	0.6	0.3	0.15	0.075
设计级配	100	96.0	84.6	80.3	74.3	61.5	38.1	23.3	17.1	14.0	9.7	7.5	5.4

2) 设计结果

油石比为3.8%,对应的混合料性质见表7-9。

表7-9 沥青混合料体积性质表

混合料特性	设计结果	技术要求
试件毛体积相对密度	2.445	—
实测最大理论相对密度	2.548	—
空隙率 VV/%	4.00	3.0~6.0
矿料间隙率 VMA/%	12.10	≥12.01
饱和度 VFA/%	66.50	65~75
稳定度 MS/kN	12.43	≥8
流值 FL/0.1 mm	29.8	15~40

3）最佳油石比下沥青混合料的性能检验

在最佳油石比下进行浸水马歇尔试验来检验设计沥青混合料的水稳定性能。试验结果见表 7-10。

表 7-10　再生沥青混合料性能试验结果

试验名称	浸水马歇尔试验	冻融劈裂试验	车　辙　试　验
试验指标	马歇尔残留稳定度 S_0/%	TSR/%	动稳定度/(次/mm)
试验结果	88.1	86.8	2 007
要求/%	≥80	≥75	≥1 000

7.4　旧沥青路面材料厂拌热再生
工程应用变异性控制

7.4.1　旧沥青路面材料厂拌热再生工程应用变异性事例概述

为处治利用沥青路面铣刨料，某高速公路大修工程在下面层设计应用普通沥青厂拌热再生 AC-25C 沥青混合料。

混合料目标配合比设计各材料用量见表 7-11，新加沥青为 70 号 A 级沥青，新加沥青油石比为 3.1%。混合料性能指标见表 7-12，由表 7-12 可知混合料性能指标均符合设计要求。

表 7-11　目标配合比设计各材料用量

材料规格/mm	新　矿　料				RAP	
	19~26.5	13.2~19	4.75~13.2	0~4.75	9.5~19.0	0~9.5
比例/%	14	21	18	22	10	15

表 7-12　混合料性能指标

试　验　项　目	试　验　结　果	技　术　要　求
空隙率 VV/%	4.8	3~6
矿料间隙率 VMA/%	13.6	≥12
沥青饱和度 VFA/%	64.8	55~70
稳定度/kN	10.67	≥8.0
流值/mm	3.0	1.5~4.0
动稳定度/(次/mm)	2 400	不小于 1 200

（续表）

试 验 项 目		试 验 结 果	技 术 要 求
水稳定性	残留马歇尔稳定度/%	92.9	≥80
冻融劈裂试验残留强度比/%		90.3	≥75

工程现场铺筑了试铺路段，碾压施工则按照重交通高速公路中下面层常用碾压设备组合、工艺，施工碾压现场未发现料温不足、碾压推移等现象。但在完工后现场检测发现，路面渗水系数超标情况严重（表7-13为渗水系数检测结果），压实度检测变异性较大。

表7-13　渗水系数检测情况

桩 号	测点编号	渗水系数/（mL/min）
K118+100	1	10
	2	58
	3	2 000
K118+030	4	1 200

7.4.2　旧沥青路面材料厂拌热再生工程应用变异性原因分析

如上所述，本次AC-25再生混合料的生产施工问题主要表现为：在采用同样的配合比情况下，生产出来的再生混合料路面渗水系数不稳定，出现较高比例不达标情况。考虑到摊铺碾压环节质量控制较为稳定且采用常规工艺，针对该问题，项目组主要从再生沥青混合料的生产施工各个环节进行了原因分析。

1）混合料生产环节回顾

（1）再生混合料级配中，矿料由两部分组成：① 从矿山采石场生产各种规格的集料，简称原生料。② 从路面上通过铣刨等方式获得的回收沥青路面材料（RAP），简称再生料。

（2）本工程AC-25再生混合料的配合比设计中，原生料占总的矿料的比例为75%，生产控制工艺为：集料→烘干→筛分→计量→搅拌。

（3）AC-25再生混合料的配合比设计中，再生料占总的矿料的比例为25%，其中，0～10 mm为60%，10～20 mm为40%，20 mm以上部分不使用，生产控制工艺为：铣刨→运输、堆放→破碎、筛分→烘干→计量→搅拌。

2）产生原因分析

通过比较原生料和再生料的生产工艺过程，可以发现两者最大的区别在于：原生料是先烘干，再进行筛分和计量，这样各规格集料用量、级配规格都能得到严格的控制。而再生料内含有沥青，加热后有黏性，铣刨后需要先进行破碎、筛分，然后再烘

干计量,而 RAP 的铣刨、筛分分档甚至堆放环节中,均可能导致材料出现不均匀现象,具体如下:

① 铣刨环节,由于老路面经过多年的使用和维修,混合料组成较为复杂,而铣刨时是混合一次性铣刨的,导致粗细程度不同的铣刨料筛分出来的 0~10 mm 规格的再生料的粗细程度也是不均匀的。

② 筛分堆放环节,铣刨料在筛分堆放过程中,对于 0~10 mm 的再生细料堆放时,容易造成 5~10 mm 的料分布的料堆表面,0~5 mm 的细料分布在料堆内,所以这种因堆放造成的离析会使生产时 0~10 mm 的再生细料级配不稳定,从而最终影响混合料级配的不稳定。

为了解 0~10 mm RAP 的性能状况,对料堆 1 处 3 个不同深度(表面、0.5 m 深、0.8 m 深)分别取样进行筛分试验(图 7-7),试验结果见表 7-14。

(a) 0~10 mm RAP取样

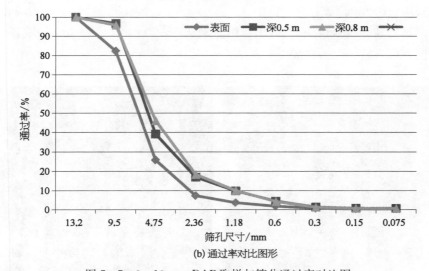

(b) 通过率对比图形

图 7-7 0~10 mm RAP 取样与筛分通过率对比图

表 7 - 14　0～10 mm RAP 筛分试验结果　　　　　单位：mm

材料取样位置	通过下列筛孔（方孔筛）的质量百分率/%								
	13.2	9.5	4.75	2.36	1.18	0.6	0.3	0.15	0.075
表面	100	82.3	25.8	7.4	3.7	1.8	0.7	0.4	0.4
深 0.5 m	100	96.7	39.2	17	9.9	4.5	1.4	0.8	0.7
深 0.8 m	100	95.8	46.1	18.4	10.1	4.3	1.3	0.7	0.6

由表 7 - 14 可知，RAP 筛孔通过率随深度呈现规律性变化，一般而言表面料较粗，内部料则较细，4.75 mm、2.36 mm 筛孔通过率变化极大，4.75 mm 筛孔通过率最大值与最小值相差达到 20.3%；2.36 mm 筛孔通过率最大值与最小值相差达到 11.0%。

相关筛孔的变化必然会影响到 4.75 mm、2.36 mm 甚至 0.075 mm 等关键筛孔的变化，并导致沥青混合料马歇尔体积指标（VV、VMA、VFA）的波动，导致在取用马歇尔密度计算路面压实度时，出现压实度波动，而路面渗水系数指标则出现失控的情况。

针对旧路面材料厂拌热再生工程出现的问题，本书从再生料的规格分档、热料仓矿料级配与沥青用量调整、新矿料仓优化等方面入手做了一些优化。

7.4.3　旧沥青路面再生料的分档

为解决 0～10 mm 规格的再生细料存在的级配不稳定和堆放过程易产生离析情况，本书采用了一套多电机高频筛，如图 7 - 8 所示。利用该机的高频率特性，将 0～10 mm 的再生细料规格细分，筛分成 0～5 mm、5～10 mm 两种规格，以避免因路面铣刨料级配不稳定和再生细料堆放过程中造成离析，提高混合料级配的稳定性。

通过本次规格调整，再生料的规格由 0～10 mm、10～20 mm 二档改变为 0～5 mm、5～10 mm、10～20 mm 三档。

设备调试安装并投入试生产后，项目组分别从 0～5 mm、5～10 mm 料堆各一处分别从不同深度取样，进行筛分，试验结果见表 7 - 15。

图 7-8　多电机高频筛加设及分档后料堆表观情况

表 7-15　0~5 mm、5~10 mm RAP 筛分试验结果　　　　单位：mm

材料/取样位置		通过下列筛孔（方孔筛）的质量百分率/%								
		13.2	9.5	4.75	2.36	1.18	0.6	0.3	0.15	0.075
0~5 mm	表面		100	91.8	55.5	35.8	17	3.9	1.6	1.5
	深 0.5 m		100	93.3	55.8	35.4	16.2	3.8	1.8	1.7
	深 0.8 m		100	93.2	59.8	40	20.1	4.9	1.9	1.9
5~10 mm	表面	100	96.1	10.7	1.3	1.1	1	0.9	0.9	0.9
	深 0.5 m	100	91.7	28.1	6.2	2.9	1.5	0.8	0.8	0.8
	深 0.8 m	100	93.6	35.5	10.4	5.5	2.8	1.3	1.3	1.3

由表 7-15 分析可得出如下结论：

（1）0~5 mm RAP 级配随深度波动较小，总体较为均匀（图 7-9）。

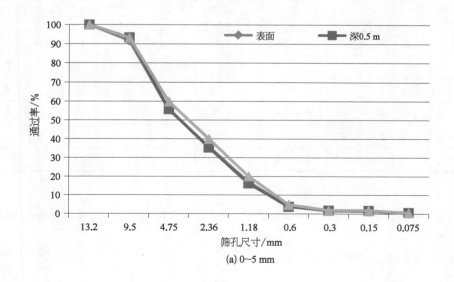

(a) 0~5 mm

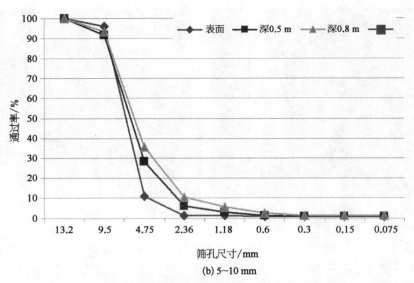

图 7-9 不同深度 RAP 料的颗粒组成状况

（2）5～10 mm RAP 级配随深度有一定程度波动，但波动情况总体较 0～10 mm 要轻。

（3）将两种材料分开进行组配，对混合料级配的影响则较小。

7.4.4 旧沥青路面再生料矿料级配的优化

1）热料仓矿料的筛分

通过实际生产中各热料仓的筛分情况，确定合理的热料仓比例。热料仓各规格矿料和矿粉的筛分情况见表 7-16。

表 7-16 热料仓矿料及矿粉筛分结果 单位：mm

矿料	规 格	通过下列筛孔的质量百分率/%												
		31.5	26.5	19.0	16.0	13.2	9.5	4.75	2.36	1.18	0.6	0.3	0.15	0.075
1#	0～3 mm	100	100	100	100	100	100	100	87.3	59.6	36.2	25.9	19.5	13.7
2#	3～6 mm	100	100	100	100	100	100	82.1	21.6	16.4	10.8	8.3	6.7	5.3
3#	6～11 mm	100	100	100	100	99.6	83.7	1.7	0.7	0.7	0.7	0.7	0.7	0.7
4#	11～16 mm	100	100	100.0	99.4	81.0	8.3	0.9	0.8	0.8	0.8	0.8	0.8	0.8
5#	16～25 mm	100	94.1	58.5	25.6	3.4	0.8	0.4	0.4	0.4	0.4	0.4	0.4	0.4
矿粉		100	100	100	100	100	100	100	100	100	100	99.1	97.1	87.1

2）对再生料的筛分

对再生料抽提后的矿料进行水洗筛分，且在矿料级配合成时，应采用抽提后的筛分试验结果。

再生料抽提后的颗粒级配见表 7-17。

表 7 - 17　再生料筛分结果　　　　　　　　单位：mm

矿料	通过下列筛孔的质量百分率/%												
	31.5	26.5	19.0	16.0	13.2	9.5	4.75	2.36	1.18	0.6	0.3	0.15	0.075
1♯ RAP 0～5 mm	100	100	100	100	100	100	100	70.2	52.7	38.2	32.6	28.6	24.1
2♯ RAP 5～10 mm	100	100	100	100	99.3	85.4	24.3	18.0	15.6	13.4	11.9	10.5	8.6
3♯ RAP 10～20 mm	100.0	100.0	94.6	85.0	69.1	43.8	27.3	20.0	16.1	12.9	11.2	9.8	8.3

3）各档材料比例的确定

考虑到拌合楼中热料仓碎石和 RAP 单独称量，故分别列出热料仓碎石和 RAP 的比例。见表 7 - 18、表 7 - 19。

表 7 - 18　热料仓集料比例

热料仓集料	0～3 mm	3～6 mm	6～11 mm	11～16 mm	16～25 mm	矿粉
比例/%	25	8	15	15	35	2

表 7 - 19　再生料比例

RAP 料	0～5 mm	5～10 mm	10～20 mm
比例/%	48	20	32

根据 RAP 的掺配比例为 25%，对热料仓各档碎石和各档 RAP 进行折算，折算结果见表 7 - 20。

表 7 - 20　折算后的各档矿料比例

矿料	0～3 mm	3～6 mm	6～11 mm	11～16 mm	16～25 mm	矿粉	0～5 mm	5～10 mm	10～20 mm
比例/%	18.75	6.00	11.25	11.25	26.25	1.50	12.00	5.00	8.00

根据各矿料的颗粒级配和比例，以 4.75 mm 筛孔以下通过率以中值为控制目标，计算矿料的合成级配，计算结果见表 7 - 21。

表 7 - 21　矿料合成级配结果

级　配		通过下列筛孔（方孔筛，mm）的质量百分率/%												
		31.5	26.5	19.0	16.0	13.2	9.5	4.75	2.36	1.18	0.6	0.3	0.15	0.075
AC-25C	级　配	100	98.4	88.1	78.1	68.5	55.1	39.3	28.5	20.8	14.3	11.5	9.6	7.6
	级配范围 上限	100	100	90	83	76	65	52	42	33	24	17	13	7
	级配范围 下限	100	90	75	65	57	45	24	16	12	8	5	4	3
	级配范围 中值	100	95	82.5	74.0	66.5	55.0	38.0	29.0	22.5	16.0	11.0	8.5	5.0

矿料级配与规范级配的级配曲线见图7-10。

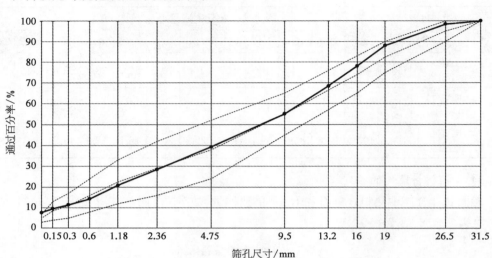

图7-10 矿料合成级配曲线

4）再生料沥青含量分析

对各档再生料的沥青含量进行试验，试验结果见表7-22。

表7-22 RAP料的沥青含量试验结果

RAP分类	沥青含量/%
1# RAP(0～5)mm	6.8
2# RAP(5～10)mm	3.7
3# RAP(10～20)mm	2.8

外加沥青用量为3.1%，则沥青混合料总的沥青用量为：6.8%×12%＋3.7%×5%＋2.8%×8%＋3.1%＝4.33%。

7.4.5 现场试验段验证

2015年12月29日在青浦久乐路进行了宽6 m、长200 m的试验路段铺筑，试验段采用8 cm再生AC-25沥青混合料，矿料级配按照上节设计结果进行选用。

1）沥青混合料的拌合和施工温度情况

生产温度和施工温度控制情况见表7-23。

表7-23 生产和施工温度控制情况 　　　　　　单位：℃

再生料加热温度	135～140
新矿料加热温度	185～190
沥青加热温度	155

（续表）

再生沥青混合料出料温度	155～165
沥青混合料运输到现场温度	155～160
初压温度	＞155
复压温度	＞145
终压表面温度	＞105

2）碾压设备组合情况

碾压控制情况见表7-24。

表7-24 碾压控制情况

压实阶段	吨位/t	生产厂家及型号	碾压遍数	碾压速度/(km/h)
初压	12	日本酒井 SAKAI	静压1遍＋振动3遍	1.8
复压	26	徐工集团 XCMG XP261	6遍	3.0
终压	12	德国宝马格 BOMAG BW203AD	3遍	3.0

3）路面渗水系数试验

对完工后的路面进行了渗水试验，试验结果见表7-25。由表7-25可知，本次试铺段4/5点满足渗水系数不超过80 mL/min的设计要求。

表7-25 路面渗水系数试验结果

测点桩号	部 位 横距/m	技术要求/(mL/min)	检测结果	平 均
20 m	1.5		97	49
	2.5		50	
	3.5		0	
40 m	1.5		47	24
	2.5		25	
	3.5	≤80	0	
80 m	1.5		74	74
	2.5		76	
	3.5		73	
120 m	1.5		114	95
	2.5		65	
	3.5		107	

（续表）

测点桩号	部　位	技术要求/	检测结果	平　均
	横距/m	（mL/min）		
150 m	1.5	≤80	40	70
	2.5		71	
	3.5		100	

4）沥青混合料矿料级配及沥青含量检验

对当天施工的再生 AC‑25 沥青混合料取样进行了抽提试验，矿料级配试验结果见表 7‑26。

表 7‑26　矿料级配抽提试验结果

级　配		通过下列筛孔（方孔筛，mm）的质量百分率/%												
		31.5	26.5	19.0	16.0	13.2	9.5	4.75	2.36	1.18	0.6	0.3	0.15	0.075
AC‑25C	级　配	100	100	84.0	76.2	70.2	60.1	40.8	29.1	20.8	14.4	11.3	8.9	6.8
	级配范围 上限	100	100	90	83	76	65	52	42	33	24	17	13	7
	级配范围 下限	100	90	75	65	57	45	24	16	12	8	5	4	3
	级配范围 中值	100	95.0	82.5	74.0	66.5	55.0	38.0	29.0	22.5	16.0	11.0	8.5	5.0

级配曲线见图 7‑11。

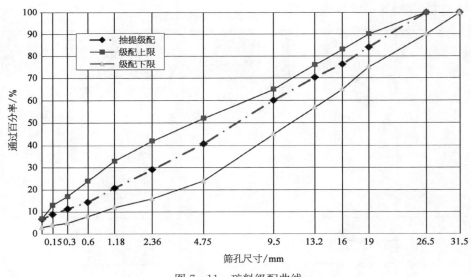

图 7‑11　矿料级配曲线

由表 7‑26 和图 7‑11 可见，颗粒级配符合规范要求。

5）沥青混合料动稳定度试验结果

车辙动稳定度试验结果见表 7‑27。

表 7–27　动稳定度(60℃)试验结果

试　件	45 min 变形/mm	60 min 变形/mm	DS/(次/mm)
试件 1	2.543	2.835	2 157
试件 2	3.075	3.368	2 150
平　均			2 154

由表 7–27 可见,动稳定度符合大于 1 000 次/mm 的要求。

通过对再生料分档的调整、热料仓矿料级配的优化、混合料拌和与施工温度的控制、强化碾压设备和碾压工艺的控制。试验段铺筑检测情况说明,再生沥青混合料路面的渗水系数和其他相关指标完全能满足设计和施工技术规范的要求。

7.4.6　预防施工变形性控制

1) RAP 的破碎、筛分

厂拌热再生沥青混合料施工控制的第一步是刨除需要再生的沥青路面,然后将 RAP 运至拌和厂。由于铣刨工艺存在较大差异,尤其对于部分粗铣刨的情形,RAP 中常会掺杂一定比例的大颗粒 RAP 或者是 RAP 的成团料,所以要求 RAP 运至拌和厂后应进行集中的破碎、筛分。根据实践经验及相关调研的情况,采用按尺寸分级,建议采用 20 mm×20 mm、10 mm×10 mm 筛孔、5 mm×5 mm 将 RAP 分成超粒径、粗、中、细四档,对超大颗粒部分进行二次破碎。经试验表明,对 RAP 进行充分破碎与筛分分档,RAP 和回收集料的尺寸和级配能控制得很好,能避免大尺寸集料的存在。

2) RAP 的贮存

RAP 经破碎、筛分后,可达到生产所需的尺寸和级配,RAP 在破碎和筛分后即可送至拌和楼生产,也可贮存起来以后使用。由于在 RAP 自重和高温的作用下,RAP 可重新黏结起来形成尺寸较大的颗粒,因此 RAP 料堆的高度不能太高,机械设备也不得在料堆上停留或行走。可协调好破碎、筛分设备与拌和设备的生产速度,使 RAP 料堆的高度减至最小。对于较小粒径的 RAP,为了减少 RAP 中的含水量对冷再生混合料质量的影响,应将粒径较小的 RAP 采取覆盖的措施。

沥青 RAP 应堆放在坚硬的场地上,并有良好的排水、防雨和通风条件。沥青 RAP 堆放附近严禁明火,并远离易燃物品。在 RAP 堆放时,为了防止出现二次硬化现象,采取了以下措施: ① RAP 堆高一般不超过 2 m;② 在 RAP 进料仓中增加破拱装置;③ 每天拌和工作结束后将 RAP 仓放空。

3) 原材料质量控制

集料的堆放和装运方式是否正确,将直接影响集料的均匀性和矿料级配的稳定性。要确保厂拌热再生沥青混合料的生产质量,首先要确保其集料的质量稳定,包括对新加集料的控制和 RAP 的控制,如堆放场地不完好或采取不正确的集料堆放方法,都极易造成集料发生离析,RAP 可能还会出现硬化、结块等现象,影响生产的稳定性,从而影响再生沥青混合料的质量。

拌和厂要确保集料堆放场地清洁硬化,排水设施顺畅,防止泥土污染集料。堆放场地应制定有效的措施防止集料混掺,场地应有足够空间分开堆放不同规格的集料,不同料堆之间必须分隔储存,防止集料交叉污染。细集料储存应设防雨顶棚,确保细集料的质量。

集料的堆放形式取决于材料的性质。对于细集料和单一粒径的粗集料,可用各种方法堆放。而掺配集料在堆放的过程中,为防止集料离析,应分层堆放,不应堆成锥体状。集料有效的堆放方式有采用许多小料堆、水平分层堆料、斜坡式分层堆料,如图 7-12 所示。采用有效的料堆方式堆料可以保证材料的均匀性,防止大粒径的料滚到下面而小粒径的料则留在料堆上面,减少集料离析。

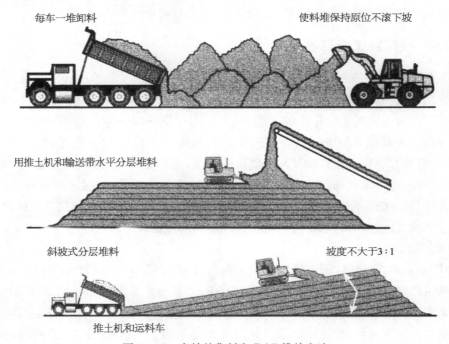

每车一堆卸料　　　　　　　　　　使料堆保持原位不滚下坡

用推土机和输送带水平分层堆料

斜坡式分层堆料　　　　　　　　　坡度不大于3∶1

推土机和运料车

图 7-12　有效的集料和 RAP 堆放方法

集料在使用卡车运送时,卸料时应在集料堆表面一车紧挨一车地卸下,这样可以把材料层层堆积起来,形成料堆。当采用吊车堆料时,抓斗应一斗紧挨一斗地卸下,这样可形成厚度均匀的分层料堆。

根据施原材料对沥青混合料的影响因素分析,提出如下的要求:

(1)对于新加材料,要注意粗细集料和填料的质量,应从源头抓起,对不合格的矿料,不准运进拌和厂。

(2)堆放各种矿料的地坪必须硬化,并具有良好的排水系统,避免材料被污染;各品种材料间应用墙体隔开,以免相互混杂。

(3)细集料和矿粉应覆盖,细料潮湿将影响喂料数量与拌和机产量。

(4)冷料仓内 RAP 含水量不得超过 3%。

4）再生料的拌制

热再生沥青混合料拌和工艺中,主要应增加对 RAP 的加热装置,故要求热再生拌和设备应有可靠的加热装置和温度检测装置。间歇式沥青混合料拌和楼在改装后可以用于拌制再生沥青混合料。在新加矿料、沥青旧料干燥筒集料出口处、热集料仓及拌和机混合料出口处,应设测温装置。测温装置精度应高于±5℃,称量设备的精度应高于±1%。拌和楼控制室要逐盘打印沥青和各种矿料的用量和拌和温度,并定期对拌和楼的计量和测温进行校核;没有材料用量和温度自动记录装置的拌和机不得使用。

某项目采用对间歇式拌合楼进行改造后生产再生沥青混合料,添加了独立的 RAP 加热设备,由于受到可施工性能的影响,RAP 加热温度一般可达到 90～135℃。故要求RAP 经加热进入拌缸后,先和热的新集料搅拌 5～10 s,对 RAP 进行二次提温以达到沥青混合料要求的施工温度,然后再加入新沥青,搅拌 30～45 s。拌和时间以生产的沥青混合料拌和均匀,无花白料为准的基础上适量延长拌和时间。根据施工情况和室内相关试验结果表明,总拌和时间一般比普通热拌沥青混合料延长 15 s 左右。

对于大比例 RAP 掺量的再生方式,旧料中的沥青经过与新沥青调和后仍无法达到相应的指标要求,需要在再生料中掺加一定数量的再生剂对 RAP 中的老沥青进行性能恢复。掺再生剂 RAP 的厂拌热再生方式的生产工艺中,涉及再生剂的添加方式与方法的确定。本部分将再生剂掺加工序分为两种:一是再生剂直接加入经干燥筒加热的旧料中拌匀,再按顺序添加新矿料、新沥青和新矿粉;二是再生剂先与新沥青按比例混合,然后加入旧料中拌匀,再按顺序添加新矿料和新矿粉。实际生产中可以根据生产的情况确定再生剂的添加方式。在实际生产中由于 RAP 用量的增加,故提出在热厂拌再生沥青混合料的生产中,拌和楼的拌和时间应在小比例 RAP 掺量的基础上再延长 10～15 s 比较合适。

采用热厂拌再生装置进行再生生产时,对于使用道路石油沥青 RAP,其加热温度应在保证再生设备稳定、正常运转的前提下,尽量提高 RAP 的加热温度。根据经验,RAP的加热温度一般控制在 80℃;现场 RAP 老化程度不同,加热温度可以适当提高;原则上RAP 在热再生设备中经加热后应保证连续生产,不得进行长期贮存。沥青加热温度应按沥青的黏温曲线来控制,集料加热温度一般控制在 190～210℃(RAP 掺量在 30% 以内,掺量更高时温度会高于此值)。经试拌后检测、调整、确定,主要应保证再生沥青混合料的出厂温度满足"厂拌热再生施工技术指南"的要求。再生混合料出料温度应比普通热拌沥青混合料高 5～15℃,沥青混合料正常出料温度应在 155～170℃,超过 190℃者废弃,热沥青混合料成品在贮料仓储存后,其温度下降不应超过 10℃。沥青混合料的施工温度控制范围见表 7-28。

表 7-28　沥青混合料的施工温度　　　　　　　　单位:℃

沥青加热温度	160～170
RAP 加热温度	90～135

（续表）

混合料出厂温度		正常范围 155～170　＞190 废弃
混合料运输到现场温度		不低于 150
摊铺温度	正常施工	不低于 140
	低温施工	不低于 155
开始碾压混合料内部温度	正常施工	不低于 135
	低温施工	不低于 150
碾压终了表面温度	钢轮压路机	不低于 70

厂拌热再生的拌和楼通常采用两个冷料仓进料,分别向热再生设备进粗细 RAP。经热再生设备加热后,然后按配合比比例将加热后的 RAP 与适量再生剂、拌合楼热料仓新集料、新加沥青投放到拌和锅中拌和。为了保证集料拌和均匀,热再生沥青混合料的拌和时间应略长于正常生产时间。若拌和不充分,则可导致集料不能充分被沥青裹覆,出现花白料现象。针对添加再生剂的大比例 RAP 掺量的再生方式,拌和时间应比小比例 RAP 掺量的再生方式延长 10～15 s,保证 RAP 能够得到充分拌和。

要注意目测检查混合的均匀性,及时分析异常现象,如混合料有无花白、冒青烟和离析等。如确认是质量问题,应作废料处理并及时予以纠正。在生产开始以前,有关人员要熟悉所用各种混合料的外观特征。这要通过细致地观察室内试拌的混合料而取得。

每台拌和机每天上午、下午各取一组混合料试样做马歇尔试验和抽提筛分试验,检验油石比、矿料级配和沥青混合料的物理力学性质。

油石比与设计值的允许误差－0.2%～＋0.2%。

根据试验段生产经验及 RAP 变异性较大的特点,参考了部颁规范的要求,提出了矿料级配与生产设计标准级配的允许差值

$$0.075 \text{ mm} \qquad \pm 2\%$$
$$\leqslant 2.36 \text{ mm} \qquad \pm 5\%$$
$$\geqslant 4.75 \text{ mm} \qquad \pm 6\%$$

为了更好地保证生产的质量,每天生产结束后,要求用拌和楼打印的各料数量,进行总量控制。以各仓用量及各仓筛分结果,在线抽查矿料级配;计算平均施工级配和油石比,与设计结果进行校核;以每天产量计算平均厚度,与路面设计厚度进行校核。

5) 沥青混合料的运输、摊铺

厂拌热再生沥青混合料的运输过程应严格按照部颁《公路工程沥青路面施工技术规范》(F40—2004)要求,控制沥青混合料的出厂温度和运到现场的温度,一般可比道路石油沥青混合料高 5～15℃,正常的出料温度在 155～170℃。拌和机向运料车放料时,汽车应前后移动,分几堆装料,以减少粗集料的分离现象。沥青混合料运输车的运量应比拌和能力和摊铺速度有所富余,以保证现场施工的连续性。

为了保证厂拌热再生沥青混合料的到场温度，运料车应有良好的篷布覆盖设施，卸料过程中继续覆盖直到卸料结束取走篷布，以保温或避免污染环境。

连续稳定的摊铺是提高路面平整度的最主要措施，过程中料车不得撞击摊铺机。卸料过程中运料车应挂空挡，靠摊铺机推动前进。

相关现场的碾压工艺、摊铺速度和找平方式要求和纵横向施工缝方面应参照热拌沥青混合料的施工工艺要求。现场应检测松铺厚度是否符合规定，以便随时进行调整。摊前熨平板应预热至规定温度。摊铺机熨平板必须拼接紧密，不许存有缝隙，防止卡入粒料将铺面拉出条痕。

第八章
废旧轮胎用于沥青改性应用

城市汽车数量的迅速增长导致了大量废旧轮胎的产生,采用传统的焚烧、填埋或堆放等处理方法都会造成环境污染。废旧轮胎中的橡胶成分可以回收利用并用于沥青路面,可有效改善沥青路面使用性能,同时减少环境污染和资源浪费,因此该项技术近年来正逐渐得到应用。本章将首先介绍路用废轮胎胶粉的选矿技术,包括废胎胶粉分类、生产工艺和技术指标要求等,然后将讲解废胎胶粉用于橡胶沥青的作用机理、指标体系和性能影响因素等。

8.1 废旧轮胎资源化利用概述

8.1.1 废旧轮胎的环境问题

随着汽车工业的发展,各国社会汽车保有量迅速增长,每年会产生大量的废旧轮胎。废旧轮胎被称为"黑色污染",其回收和处理技术是世界性的难题,长期以来,处置废旧轮胎也一直是环境保护的难题。

早期,世界各国最普遍的做法是把废旧轮胎掩埋或堆放。无论采取填埋、焚烧或堆放都会污染环境,埋入地下百年不化,还会污染地下水源;焚烧时释放出的烟雾和有毒气体则会严重污染环境;长期堆放不仅占用土地资源,而且易引发火灾,如图 8-1 所示。轮胎堆积环境利于蚊虫(白纹伊蚊和淡色库蚊)滋生,加速疾病传播。

长期以来,废旧轮胎的处理一直是环境保护的世界性难题,这种情况在发达国家尤为严重。据美国环保委员会(EPA)统计,2000 年美国全年废弃的轮胎达 2.85 亿只,而回收利用的不到 1 亿只。在日本,2000 年产生废旧轮胎的数量达 1.1 亿多只,而回收利用的只有 70% 左右。我国是发展中国家,然而我国却是橡胶消耗大国,橡胶消耗量居世界第 2位。2014 年,我国轮胎年产量达到了 11.1 亿只。

我国是一个生胶资源短缺的国家,几乎每年生胶消耗量的 45% 左右需要进口,而且这种现状短时期内不会有根本的转变,所以如何解决橡胶原料来源和代用材料是十分迫

图 8-1　废旧轮胎堆放占地自燃造成严重环境污染

切的任务。处理好废旧橡胶,对于充分利用再生资源、摆脱自然资源匮乏、减少环境污染、改善人类的生存环境都非常重要。废旧汽车轮胎处治已构成我国环境保护、构建资源节约环境友好性社会的重要内容。

8.1.2　废旧轮胎再利用途径

为妥善处理废旧轮胎,各发达国家对废旧轮胎再利用技术展开了研究,并取得了一系列成果。目前,废旧轮胎的再生利用主要包括如下途径:

1)轮胎翻新

轮胎翻新技术是将已经磨损的废旧轮胎的外层削去,粘贴上胶料,再进行硫化,重新使用。

2)将旧轮胎磨碎的橡胶颗粒用于沥青路面

该应用技术在世界各国正得到越来越广泛的应用,是西方多国废旧轮胎资源化利用的主要途径。

3)热能利用

废旧轮胎是一种高热值材料,其每千克的发热量比木材高 69%,比烟煤高 10%,比焦炭高 4%。燃烧发电就是用废旧轮胎代替燃料使用。

4)废旧轮胎中回收燃料和炭黑的新技术

该技术主要为日本所掌握,目前在我国也已展开应用。因有机溶剂萘造价高,再生利用成本较高,该技术对资源稀缺的日本有良好的应用价值,但对世界其他资源相对丰富的国家而言,社会经济性欠佳,很少得到采用。

5)生产再生橡胶

此种方法多年来被世界各国所采用,认为这是处理废旧橡胶再生循环利用较为科学、合理、应用广泛的途径。但是此方法存在高成本、二次污染等缺点,且难以处理钢丝子午线轮胎。

8.1.3　废旧轮胎用于道路工程的优势

总的说来,世界各废旧轮胎主要产生国经多年实践,通过研究与工程实践将废旧轮胎橡胶粉用于沥青路面,基本达成如下共识:

(1) 轮胎橡胶材料设计寿命一般为 50～100 年,废旧轮胎中含有大量 SBR、天然橡胶等多种高分子聚合物,以及炭黑、抗氧化剂、填料、处理油等许多有益于改善沥青性能的材料。

(2) 将废旧轮胎磨碎的橡胶颗粒用于沥青路面,拌制成橡胶粉改性沥青(Crumb Rubber Modifled Asphalt)或将胶粉作为添加材料拌入沥青混合料用于道路工程,是较安全、经济的废旧轮胎处治技术之一。

(3) 利用废旧轮胎来改善沥青路面性能,已成为废旧轮胎利用与延长道路结构使用寿命的一个新的突破口。这不仅对提高沥青路面的使用性能,还对节约社会资源和环境保护方面,都有巨大的社会意义和经济价值。

8.2　路用废轮胎胶粉选矿技术

8.2.1　废胎胶粉的分类

废胎胶粉来自废轮胎,而轮胎由多种成分按不同配方组成,一般大致可分为两类:一种是斜交轮胎;一种是子午胎轮胎。从结构来说,这两种轮胎最主要的区别在于是否有钢丝存在(子午胎有,而斜交胎没有)。

中国轮胎翻修与循环利用协会将我国的废胎胶粉根据生产原料的不同分为四个等级:

A 级——以汽车废轮胎胎面橡胶为原料生产的硫化胶粉。

B 级——以汽车斜交胎整胎为原料生产的硫化胶粉。

C 级——以汽车子午胎整胎为原料生产的硫化胶粉。

D 级——以低速轮胎为原料生产的硫化胶粉。

此外,废胎胶粉还可根据生产方式、粒度进行分类。按粉碎方式可分为常温粉碎的废胎胶粉、低温粉碎的废胎胶粉和常温化学法粉碎的废胎胶粉。按粒度的不同可分为粗胶粉、细胶粉、微细胶粉和超细胶粉。一般常温法生产的废胎胶粉粒径较粗;低温法生产的废胎胶粉粒径则细些,可在 200 目以上;常温化学法生产的胶粉粒径介于两者之间。

为了便于废胎胶粉在道路行业的使用,中国轮胎翻修与循环利用协会根据我国的废胎胶粉生产情况,将其分为三类:① 粗胶粉:0.425 mm(40 目)以上;② 细胶粉:0.425～0.180(40 目～80 目);③ 微细胶粉:0.180～0.075(80 目～200 目)。

8.2.2　废胎胶粉生产工艺

大量工程实践表明,废胎胶粉的生产工艺将影响到胶粉的形态与表面状态,这是由于粉碎前不同的处理方法对废轮胎橡胶物理性能改变机理不同所致。

1）常温机械法

常温机械法粉碎，并没有对轮胎橡胶做粉碎前处理，主要靠特殊结构刀具的剪切和研磨撕扯力。该生产方法是最原始也是最常用、最普及的一种方法，所采用的设备是滚筒式粉碎机，其生产流程如图8-2所示。与其他方法相比，具有投资省、工艺流程短、能耗低的优点。机械粉碎法有着不可替代的作用和性能。

图8-2　常温法废胎胶粉生产流程

2）液氮低温冷冻法

液氮低温冷冻法，主要在液氮冷媒作用下将橡胶冷冻到"脆化温度"再加以粉碎，生产的胶粉颗粒形状规则，表面平滑，呈锐角状态。冷冻粉碎于20世纪70年代初在国外迅速发展起来。其技术上借鉴航空、制冷工业，并由此派生出许多不同种类的粉碎装置，先后提出了液氮喷淋、液态浸渍的低温锤击、低温研磨等工艺。

3）化学试剂法

化学试剂法，使用可逆化学添加剂使废橡胶"溶胀"，而部分橡胶分子间的网状结构，降低其弹性和韧性，提高其粉碎性。其工艺一般为：将废橡胶先浸渍于碱溶液中，使废胶表面龟裂变硬后进行高冲击能量粉碎，然后将胶粉放置于酸溶液中进行中和、滤水、干燥而得到粒径分布较宽乃至微细的胶粉。

8.2.3　路用废胎胶粉技术要求研究

轮胎主要由纤维、钢丝和橡胶组成，其中橡胶占轮胎中的50%～60%，废胎胶粉生产中的两大副产品是废纤维和废钢丝。子午胎胶粉的主要副产品为钢丝；斜交胎的主要副产品为纤维。对废胎胶粉路用性能有影响的物理指标包括目数与级配、密度、纤维、金属等物质的含量。

1）橡胶沥青用废胎胶粉粒度和级配

粒径是废胎胶粉的主要技术指标之一，废胎胶粉的粒径分布因粉碎机、筛分设备的种类以及工艺不同而不同,且有一定的粒径范围。在橡胶沥青路面工程中,为达到混合料密实填充和分布均匀的效果,废胎胶粉往往需要有一定的级配规格。实践表明,胶粉的粒径分布能够影响橡胶沥青的物理性质,较细的胶粒,比表面积大,与沥青反应时,溶胀过程将在短时间内发生,所生产出的橡胶沥青的黏度也比较高。而当胶粒过细时,由于胶粉溶胀得快速并且完全以及后续的降解作用,生产出来的结合料在存储过程中更容易发生黏度降低的现象。因此,橡胶沥青用废胎胶粉粒度不宜过粗,也不宜过细。

2)路用废胎胶粉的物理指标要求

废胎胶粉在加工或存储过程中,如果有水分进入会导致胶粉结团,因此,各国路用废胎胶粉的技术标准和我国的国标中都要求含水率小于1%。另外,由于废胎胶粉表面粗糙,且具有一定的弹性,分离的技术难度较大,为保证废胎胶粉有一定流动性,根据分级工艺的不同,往往允许添加一些矿质分散材料。各国标准规定废胎胶粉中的碳酸钙或滑石粉的剂量一般为2%~4%。

此外,《橡胶沥青及混合料设计施工技术指南》根据交通部西部交通科技项目"废旧橡胶粉用于筑路技术研究"和北京市交通委员会科技项目"橡胶沥青应用技术研究"的科研成果,同时参考国外路用胶粉的指标,提出了路用废胎胶粉的物理技术指标,见表8-1。

表 8-1 路用废胎胶粉的物理技术指标

检测项目	技术指标	检测项目	技术指标
相对密度	1.10~1.30	金属含量	<0.05
水分/%	<1	纤维含量/%	<1

3)废胎胶粉化学指标要求

汽车轮胎在加工过程中有合成橡胶、天然橡胶、可塑剂、炭黑、灰分等多达数十种添加成分,其中合成橡胶和天然橡胶是最主要的成分。在轮胎行业,橡胶占轮胎成本约50%,而在橡胶使用中合成橡胶和天然橡胶的比重平均约为6:4。其中全钢子午胎和斜交胎所消耗的天然橡胶比重较大,而半钢子午胎消耗的合成橡胶的比重相对较大。全钢子午胎主要用作载重汽车轮胎,半钢子午胎主要用作轿车胎和轻卡胎。

天然橡胶含量的不同对沥青橡胶的性质产生显著影响。一般来说,增加天然橡胶含量,可以加快沥青橡胶反应速度,增加沥青橡胶黏附性。澳大利亚专家研究认为,天然橡胶的溶解性和兼容性比合成橡胶好。

8.3 路用废轮胎胶粉材料特性

橡胶沥青良好的使用性能来源于轮胎橡胶粉对沥青的改性。1997 年,美国 ASTM 将 asphalt rubber(直译为沥青橡胶,在我国习惯称为橡胶沥青)定义为:由沥青、回收轮胎橡胶和一定的添加剂组成的混合料,其中胶粉含量不少于总质量的 15%,且要求橡胶颗粒在热沥青中充分反应并膨胀。该定义明确了橡胶沥青的成分、加工工艺和废胎胶粉的掺量等主要的材料要素。除橡胶沥青外,还有一种称作 terminal blend 的废胎胶粉改性沥青技术(也有资料翻译为沥青库混合法),它是由低剂量细胶粉、沥青及添加剂组成。该沥青一般包含 10% 或更少的细胶粉和解决搅拌问题的添加剂,橡胶粉用量较低,与橡胶沥青("湿法"生产)相比,黏度较低,拌和的混合料达不到橡胶沥青混合料相同的性能。

橡胶沥青已被广泛应用于道路工程建设的沥青洒布、沥青混凝土和裂缝填缝料等。橡胶沥青如何具备此优良的性能,并为工程实践所认可,则需从橡胶沥青的作用机理进行研究。

8.3.1　橡胶沥青的作用机理分析

废胎胶粉具有多种有效的化学成分。这些成分在高温条件下与沥青产生某种程度的相互作用和反应,其反应过程十分复杂。目前,有关聚合物改性沥青的机理主要有三种学说,即物理共混说、网络填充说和化学共混说。

废胎胶粉和沥青在高温下共混成橡胶沥青,废胎胶粉与沥青之间的相互作用十分复杂,这些学说所提及的废胎胶粉与沥青的相互作用,在其共混过程中都有可能存在,只是程度不同。

1) 溶胀反应

从宏观角度看,当废胎胶粉与沥青在高温条件下反应表现为废胎胶粉颗粒体积的膨胀、沥青黏度的增加,在一般的条件下废胎胶粉并不会完全溶解在沥青中。

美国学者在 163℃ 下反应 45 min 橡胶沥青进行抽提试验表明,91% 的废胎胶粉能够回收,并且回收的废胎胶粉保持与加入时相似的级配。同时,对抽提后的沥青进行测试,结果表明在橡胶沥青中的废胎胶粉被脱离出来后,沥青的性能指标变化也会发生可逆变化(与基质沥青相比还略有改善)。这表明在该温度和反应时间下,废胎胶粉和沥青的反应是可逆的,橡胶沥青中反应以物理反应为主。同时,研究还指出,废胎胶粉彻底溶解在沥青中需 287℃ 以上反应 54 h。

图 8-3 为典型的橡胶沥青结构示意图。根据沥青组分分析,沥青中除了沥青质外,

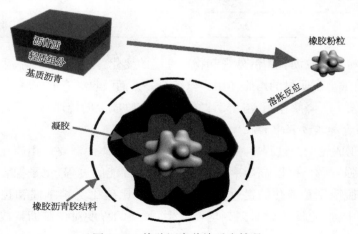

图 8-3　橡胶沥青共炼反应情况

还有其他的轻质组分,如芳香分等。在高温条件下,当废胎胶粉与沥青拌和过程中,废胎胶粉将会吸收一部分沥青中的轻质组分,导致其体积膨胀,并在其周围形成较厚的凝胶层。

2003年国际橡胶沥青会议上,一张表征橡胶颗粒与沥青拌和前后的显微照片(图8-4)表明,废胎胶粉与沥青拌和后,其颗粒明显变大,即存在溶胀反应;而橡胶颗粒的结构并未破坏,未完全溶解到沥青中。同时,由于沥青中轻质成分的减少和橡胶颗粒的存在导致沥青或橡胶沥青的黏度明显增大。

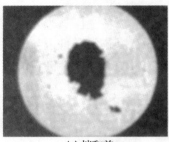 

(a) 拌和前   (b) 废胎胶粉与沥青拌和后

图8-4　橡胶颗粒与沥青拌和前后颗粒形状变化

研究过程中采用三氯乙烯溶解过滤法从橡胶沥青中提取橡胶粉。表8-2为室内制备橡胶沥青时所掺加的橡胶粉含量和从橡胶沥青中回收的橡胶粉含量,有23%左右的橡胶粉在加热剪切的过程中已经溶于沥青中。

表8-2　橡胶粉回收试验数据　　　　　单位:%

试验次数	掺加橡胶粉量	回收橡胶粉量
1	18.5	14.0
2	18.5	14.3
3	18.5	14.4

根据橡胶粉在橡胶沥青中的外观和物理性能的变化,可以推断出,高温高速搅拌反应过程中,橡胶粉发生了明显的熔胀作用。橡胶粉一方面吸收沥青而膨胀,另一方面部分橡胶粉在沥青中发生了降解作用,溶于沥青,两者存在物质上的传递与互换过程。

2) 橡胶沥青加工过程中的脱硫反应

在橡胶加工成轮胎的过程中,为提高轮胎强度和整体性需要采用硫化工艺。硫化是使胶料具有高强度、高弹性、高耐磨、抗腐蚀等优良性能的过程,也是橡胶制品的最后一个工艺过程。脱硫则是硫化的逆过程,其反应过程比硫化更难掌握和控制。在橡胶沥青的加工过程中,脱硫反应时时刻刻均在发生,脱硫的程度对橡胶沥青成品的质量有显著的影响。

脱硫工艺主要有以下几种：在化学方面，可以通过高温、高压来促使交联网点发生变化，并且通过添加化学再生剂进一步加快交联网点断裂的速度；在物理机械方面，主要通过高挤压、高剪切造成交联网点切断，而添加油料可以加速橡胶膨润、脱硫塑化的过程。在轮胎粉碎成废胎胶粉或颗粒的过程中，废胎胶粉的脱硫过程已经产生，只不过是物理机械脱硫。

橡胶沥青的加工温度往往在180℃以上，最高时达到220℃，在沥青介质中废胎胶粉持续保持高温状态(一般为1~4 h)，同时橡胶沥青加工过程中要采用高速搅拌设备进行分散，并采用搅拌设备使其保持运动状态，因此，橡胶沥青的加工工艺符合废胎胶粉脱硫再生的工艺过程。大量试验已证明，橡胶沥青的加工过程也是废胎胶粉的脱硫过程，只是脱硫的程度难以控制。实体工程中，通常采用橡胶沥青的黏度变化水平间接反映其在加工过程中的废胎胶粉的脱硫过程。橡胶沥青中胶粉变软、变黏，表面体现出类似于生胶的性质，且制备橡胶沥青过程中会产生不同于一般沥青的特殊刺激性气味，因此，可以推断在橡胶沥青制备过程的高温下，橡胶粉在成分复杂沥青中可能发生了一定程度的脱硫反应，硫黄等添加剂从合成橡胶中分离出来，溶于沥青，同时这一过程中产生刺激性气味。硫黄自身也可作为一种沥青改性剂，可使沥青针入度降低，软化点上升，高温性能提高。

3) 橡胶沥青反应影响因素分析

大量实践表明，反应时间也是影响橡胶沥青性能的另一个重要参数。总体而言，在高温下，橡胶沥青的反应时间越长，橡胶沥青材料黏度降低后，橡胶沥青的高温性能会降低，混合料高温性能降低。采用30目级配胶粉与70号基质沥青，分别在6个不同温度条件下搅拌反应45 min后再保温，共8 h分别测定不同时段橡胶沥青材料的黏度(黏度试验均采用27号转子在20 rpm的条件下进行测定)，试验结果如表8-3、图8-5所示。

表8-3 橡胶沥青黏度随时间的变化试验结果

储存时间/h	不同反应温度下的黏度/(Pa·s)						备 注
	160℃	170℃	180℃	190℃	200℃	210℃	
0.75	6.9	4.77	3.18	2.91	1.81	0.79	高速搅拌反应
1	7.35	5.19	3.32	3.04	1.98	0.74	恒温保存
2	7.89	5.61	3.70	3.17	2.07	0.72	
3	8.65	5.79	3.76	2.80	1.68	0.65	
4	9.54	5.84	3.55	2.58	1.42	0.58	
5	9.86	5.86	3.42	2.37	1.30	0.51	
6	9.92	5.75	3.26	2.18	1.14	0.42	
7	9.91	5.53	3.08	1.95	1.08	0.36	
8	9.84	5.37	2.84	1.73	0.96	0.35	

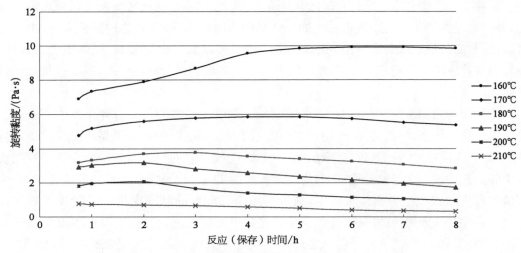

图 8-5　橡胶沥青粘度随搅拌时间的变化

　　由表 8-5 可知,橡胶沥青黏度随反应(保存)温度、反应时间均呈现出不同的变化趋势。总体而言,温度越高,黏度越低,早期黏度随时间延长先增大后减小,较低的保存温度黏度维持较好。

　　结合已有经验,分析认为在最初阶段,橡胶粉溶胀占据主导地位。高温条件下,橡胶粉吸收沥青的能力极强,橡胶颗粒体积迅速膨胀,颗粒之间发生相对移动越来越困难。此外,轻质组分被吸收后,自由沥青的黏度也相应升高,复合体黏度快速增加。溶胀达到一定程度后,脱硫和降解过程加速发展。脱硫是橡胶分子间的交联断裂,导致橡胶颗粒崩解。降解则是橡胶分子链连续断裂,橡胶分子量持续下降。脱硫和降解均导致复合体黏度下降。如果检测到橡胶沥青黏度出现趋势性下降(图 8-5),说明脱硫和降解进程开始占据主导地位。轮胎橡胶脱硫后,力学性能下降,弹性工作温度区间变窄,降解则意味着橡胶性质的彻底失去。这对橡胶沥青路面的使用性能是不利的,需要在产品生产过程中控制和避免。由于橡胶粉颗粒在反应过程中仍保持硫化胶结构,同时基质沥青由于胶粉吸收轻质成分而提高了化学稳定性。沥青与橡胶颗粒的作用以物理吸附为主。对于橡胶沥青这种大颗粒悬浮体系,沥青和橡胶粉之间即使产生了一些化学连接,作用也是非常有限的。橡胶沥青的内部化学变化,主要体现在物质交换造成的成分变化,以及橡胶内物质进入沥青后对沥青的作用上。

　　根据橡胶沥青反应黏温时程变化情况,以及橡胶沥青作用机理,对橡胶沥青反应情况逐一分析,见表 8-4。

　　由表 8-4 可知:

　　(1)橡胶沥青材料在 160℃条件下,溶胀反应较缓慢,在经过 6 h 后溶胀基本完成,并达到黏度高点,此后橡胶沥青黏度较稳定。

　　(2)橡胶沥青材料在 170℃条件下,溶胀反应较缓慢,在经过 5 h 后溶胀基本完成,并达到黏度高点,此后橡胶沥青黏度仍有较明显的衰减。

表 8 - 4 不同温度条件下橡胶沥青反应机理分析

储存时间/h	温度/反应情况描述					
	160℃	170℃	180℃	190℃	200℃	210℃
0	溶胀反应为主沥青黏度增加	溶胀反应为主沥青黏度增加	溶胀反应为主沥青黏度增加	溶胀反应为主沥青黏度增加	溶胀反应为主沥青黏度增加	早期溶胀为主后期脱硫黏度即开始降低
0.75						黏度高点
1						脱硫反应为主沥青黏度持续降低
2				黏度高点	黏度高点	
3			黏度高点	脱硫反应为主沥青黏度降低	脱硫反应为主沥青黏度降低	
4			脱硫反应为主沥青黏度降低			
5		黏度高点				
6	黏度高点	脱硫反应为主沥青黏度降低				
7	脱硫反应沥青黏度降低缓慢					
8						

（3）橡胶沥青材料在180℃条件下，溶胀反应较缓慢，在经过3 h后溶胀基本完成，并达到黏度高点，此后橡胶沥青黏度仍有较明显的衰减。

（4）橡胶沥青材料在190℃、200℃条件下，溶胀反应较缓慢，在经过2 h后溶胀基本完成，并达到黏度高点，此后橡胶沥青黏度仍有较明显的衰减。

（5）在210℃条件下，橡胶沥青材料便较早地进入脱硫反应阶段，黏度随时间产生较明显的变化。

因此，在进行橡胶沥青生产过程中应严格控制生产温度、时间，避免橡胶沥青的过度储放消解，影响路面性能。根据上海地区沥青拌和运输情况，确定橡胶沥青生产温度宜控制在180～200℃，储存时温度应控制在160℃以下，以降低胶结料性能的过度衰变。

8.3.2 橡胶沥青技术指标体系

橡胶沥青技术标准是橡胶沥青技术的核心之一，国内外各技术指南中，规定虽有所差异，但其核心技术指标包括针入度、软化点、弹性恢复及黏度等。以美国为例，美国加利福尼亚州、亚利桑那州和得克萨斯州的橡胶沥青技术要求分别见表8-5、表8-6、表8-7。亚利桑那州的技术要求也参照基质沥青PG等级分为三种类型，规定根据气候条件等因素的影响选择合适的橡胶沥青类型。得克萨斯州的橡胶沥青也分为三种类型，规定类型Ⅰ和类型Ⅱ用于热拌沥青混合料，类型Ⅲ用于表面处治。

表 8-5　加利福尼亚州橡胶沥青技术要求

项　　目	技 术 指 标
190℃旋转黏度/(Pa·s)	1.5～4.0
针入度(25℃,100 g,5 s)/0.1 mm	25～70
软化点/℃	52～74
回弹率(25℃)/%	≥18

注：回弹率采用 ASTM 5329 的方法。

表 8-6　亚利桑那州橡胶沥青技术要求

类　　别	类型Ⅰ	类型Ⅱ	类型Ⅲ
基质沥青等级	PG 64-16	PG 58-22	PG 52-28
177℃旋转黏度/(Pa·s)	1.5～4.0	1.5～4.0	1.5～4.0
针入度(25℃,100 g,5 s)/0.1 mm	≥25	≥25	≥50
软化点/℃	≥57	≥54	≥52
回弹率(25℃)/%	≥30	≥25	≥15

表 8-7　得克萨斯州橡胶沥青技术要求

类　　别	类型Ⅰ	类型Ⅱ	类型Ⅲ
175℃旋转黏度/(Pa·s)	1.5～5.0	1.5～5.0	1.5～5.0
针入度(25℃,100 g,5 s)/0.1 mm	25～75	25～75	50～100
针入度(4℃,200 g,60 s)/0.1 mm	≥10	≥15	≥20
软化点/℃	≥57	≥54	≥52
回弹率(25℃)/%	≥25	≥20	≥10
闪点/℃	≥232	≥232	≥232
薄膜烘箱老化后针入度比(4℃,200 g,60 s)/%	≥75	≥75	≥75

整体而言,各州橡胶沥青的检测项目和技术要求基本相同,仅得克萨斯州的检测项目多了 4℃针入度、闪点和老化后针入度比三个指标。

交通部公路科学研究院《橡胶沥青及混合料设计施工技术指南》针对我国气候交通环境,橡胶沥青的有关技术指标见表 8-8,江苏省橡胶沥青路面技术规程《橡胶沥青产品建议技术标准》对橡胶沥青的有关技术标准确定见表 8-9。

表 8-8　交通部公路科学研究院橡胶沥青技术标准

项　　目	寒　区	温　区	热　区
基质沥青	110 号、90 号	90 号、70 号	70 号、50 号
180℃旋转黏度/(Pa·s)	1.0～3.0	2.0～4.0	2.5～5.0

（续表）

项　目	寒　区	温　区	热　区
针入度(25℃,100 g,5 s)/0.1 mm	60～100	40～80	30～70
软化点/℃	＞50	＞58	＞65
弹性恢复/%	＞50	＞55	＞60
5℃延度/cm	＞10	＞10	＞5

注：气候分区是根据《公路沥青路面施工技术规范》(JTG F40—2004)表 A.4.4 确定；一般来说，重交通道路宜选择较硬沥青，较轻交通可选择较软的沥青，基质沥青的选择宜根据实际工程具体情况而定。

表 8 - 9　江苏省交通科学研究院制定江苏橡胶沥青指标

项　　目	技 术 指 标
177℃旋转黏度/(Pa·s)	1.5～4.0
针入度(25℃,100 g,5 s)/0.1 mm	≥25
软化点/℃	≥54
弹性恢复/%	≥60

因此，根据上海地区气候特征，综合美国、我国交通部公路科学研究院、江苏橡胶沥青路面技术经验，确定上海地区橡胶沥青技术要求见表 8 - 10，对于一些条件允许的项目，可适当提高黏度控制上限，如 5.0 Pa·s。

表 8 - 10　橡胶沥青技术要求

项　　目	技术要求	试验方法
黏度,177℃/(Pa·s)	1.5～4.0	T0625—2000
针入度(25℃,100 g,5 s)/0.1 mm	≥25	T0604—2000
软化点/℃	≥60	T0606—2000
弹性恢复(25℃,1 h)/%	≥60	T0662—2000

8.3.3　橡胶沥青性能影响研究

橡胶沥青的技术性能与其生产工艺、胶粉类型、基质沥青类型、胶粉掺量等关系密切，通过室内实验研究了这些因素对橡胶沥青性能的影响，对于橡胶沥青应用中的工艺控制和原材料选择具有参考意义。

采用不同胶粉细度、基质沥青类型等制备橡胶沥青，试验项目包括黏度、针入度、软化点、弹性恢复等，研究各因素对橡胶沥青性能的影响。

以下为性能试验所用原材料的性能试验结果：

1) 原材料

（1）橡胶粉。橡胶粉为 900 以上子午胎胶粉，常温机械破碎法加工，细度为 20 目、40 目，胶源一致，检测密度均为 1.14 g/cm³，满足 1.10～1.30 g/cm³，其含水率分别为 0.4％、0.5％，筛分结果见表 8-11，满足既定技术要求。

表 8-11　试验用橡胶粉筛分结果

筛孔尺寸/mm	目数/现场通过率/%	
	20	40
2.36	100.0	100
1.18	100.0	100
0.6	50.1	100.0
0.3	25.0	61.3
0.075	2.1	3.6

（2）基质沥青。基质沥青采用中石化东海牌 70 号 B 级基质沥青，作为研究比较项目也选择了东海牌 SBS 改性沥青（I-C）作为基质沥青，进行橡胶 SBS 改性沥青试验研究，两种沥青材料技术指标试验结果分别见表 8-12、表 8-13。

表 8-12　试验用基质沥青（70 号 B 级）检测结果

项　　目	测 试 结 果	技 术 要 求
针入度（25℃，100 g，5 s）/0.1 mm	67.3	60～80
延度（5 cm/min，10℃）/cm	＞150	≥15
延度（5 cm/min，15℃）/cm	＞150	≥100
软化点（环球法）/℃	48.1	≥44
密度（15℃）/(g/cm³)	1.01	实测记录
溶解度（三氯乙烯）/%	99.92	≥99.5
薄膜加热试验 163℃ 5 h		
质量损失/%	0.2	≤0.6
针入度比/%	71	≥65
残留延度 10℃/cm	5.4	≥4

表 8-13　试验用基质沥青（SBS I-C）检测结果

项　　目	测 试 结 果	技 术 要 求
针入度（25℃，100 g，5 s）/0.1 mm	73	60～80
延度（5 cm/min，5℃）/cm	37.6	≥30
软化点（环球法）/℃	78	≥55

(续表)

项　　　目	测试结果	技术要求
密度(15℃)/(g/cm³)	1.003	实测记录
溶解度(三氯乙烯)/%	99.4	≥99
薄膜加热试验,163℃,5 h		
质量损失/%	0.48	≤±1.0
针入度比/%	78.9	≥60
残留延度 10℃/cm	24.2	≥20

　　对两种规格的橡胶粉,按照标准橡胶沥青制备方法(见图8-6),室内制备了四种不同胶粉掺量的橡胶沥青,分别按表8-14的技术要求进行试验,结果见表8-15。

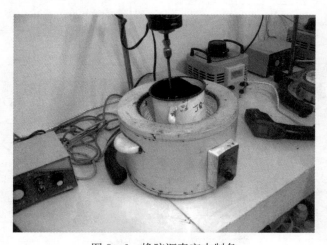

图8-6　橡胶沥青室内制备

表8-14　不同胶粉及其掺量对橡胶沥青(普通沥青)性能的影响试验

胶粉种类与掺量/%		试　验　项　目			
		黏度,177℃/(Pa·s)	针入度25℃/0.1 mm	软化点/℃	弹性恢复25℃/%
未掺胶粉	0	—	67.3	48.1	—
20 目	15.0	1.92	45.3	62.4	64.7
	16.5	2.69	41.7	65.8	67.9
	18.0	3.13	36.8	68	69.0
	20.0	**4.21**	34.5	71.3	70.2
40 目	15.0	2.23	48.9	66.1	65.3
	16.5	3.01	44.2	67.8	67.2

（续表）

胶粉种类与掺量/%	试 验 项 目			
	黏度,177℃/ (Pa·s)	针入度25℃/ 0.1 mm	软化点/℃	弹性恢复 25℃/%
40目　18.0	3.19	39.3	68.6	67.6
40目　20.0	**4.53**	34.9	69.4	67.1
技术要求	1.5～4.0	≥25	≥60	≥60

注：掺量均为沥青材料的内掺。

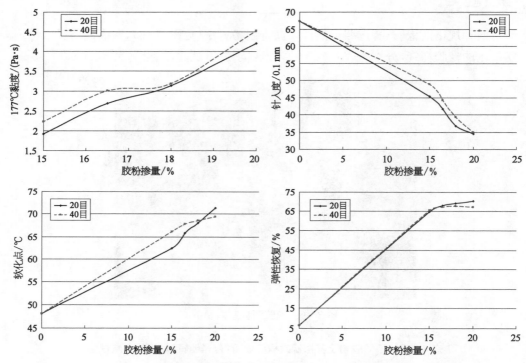

图 8-7　不同胶粉及其掺量对橡胶沥青（普通沥青）指标的影响

表 8-15　不同胶粉及其掺量对橡胶沥青（SBS 改性沥青）性能的影响试验

胶粉种类与掺量/%	试 验 项 目			
	黏度,177℃/ (Pa·s)	针入度25℃/ 0.1 mm	软化点/ ℃	弹性恢复 25℃/%
未掺胶粉　0	—	73	78	—
20目　15.0	2.83	46.8	89.7	91.9
20目　16.5	3.14	44.9	92.1	91.6
20目　18.0	3.86	40.5	94.4	92.1
20目　20.0	4.77	38.3	97.4	92.9

（续表）

胶粉种类与掺量/%		试 验 项 目			
		黏度,177℃/ (Pa·s)	针入度25℃/ 0.1 mm	软化点/ ℃	弹性恢复 25℃/%
40目	15.0	3.19	48.2	93.6	90.8
	16.5	3.67	44.0	95.1	91.9
	18.0	4.31	42.6	96.7	93.2
	20.0	5.32	39.5	98.7	93.7

注：掺量均为沥青材料的内掺。

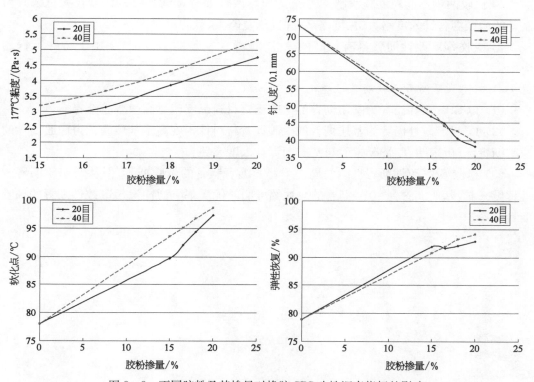

图8-8　不同胶粉及其掺量对橡胶SBS改性沥青指标的影响

2）试验结果分析

（1）橡胶沥青试验结果分析。

由表8-14、图8-7不同胶粉及其掺量对以70号B级沥青为基质沥青的橡胶沥青性能影响结果,可得出结论如下：

① 随着胶粉掺量的增加,橡胶沥青的高温黏度、软化点、弹性恢复均增加,针入度减小,表明随着废胎胶粉掺量的增加,橡胶沥青高温性能、弹性恢复等性能均有显著提高,但随着黏度的增大,施工难度增大,因此,宜控制胶粉掺加量。总体而言,由于40目胶粉黏度偏高,因此其掺量控制上限略低。

②比较两种不同粒度胶粉制备的橡胶沥青,试验结果可知,较高目数胶粉制备的橡胶沥青针入度略大、黏度略高,而弹性恢复、软化点,随着胶粉掺量的增加较略粗胶粉略低。

（2）橡胶 SBS 改性沥青试验结果分析。

由表 8-15、图 8-8 不同胶粉及其掺量对以 SBS 改性沥青为基质沥青的橡胶沥青性能影响结果,可得出结论如下:

①随着胶粉掺量的增加软化点、弹性恢复等指标均增加,针入度则明显降低,表明随着废胎胶粉掺量的增加,橡胶 SBS 改性沥青高温性能、弹性恢复等性能均有显著提高。

②随着胶粉掺量的增加,橡胶沥青高温黏度增大,因此,宜控制胶粉掺加量。

③比较两种不同粒度胶粉制备的橡胶 SBS 改性沥青,试验结果可知,较大目数胶粉制备的橡胶沥青针入度略大、黏度略高、弹性恢复略大、软化点略大。

④橡胶 SBS 改性沥青具有较高的软化点、弹性恢复能力强,可适用于特殊工程的应用。

3）不同基质沥青橡胶沥青性能比较

（1）以 SBS 改性沥青为基质沥青的橡胶沥青材料黏度明显高于普通沥青。

（2）以 SBS 改性沥青为基质沥青的橡胶沥青材料针入度高于基质沥青为普通沥青的橡胶沥青,分析表明,此情况主要与基质沥青针入度有关。

（3）橡胶 SBS 改性沥青性能明显优于普通沥青制备的橡胶沥青,但从对基质沥青改性程度来看,基质沥青为 70 号沥青的改性幅度明显优于基质沥青为 SBS 改性沥青的橡胶沥青。

第九章
生活垃圾焚烧炉渣应用

当前,国内大城市主要采用焚烧发电的方式处理大量的生活垃圾,但也因此产生了数量可观的炉渣,其处理处置问题亟待解决。将生活垃圾焚烧炉渣经过处理后用于市政道路基层,替代部分粉煤灰、石料,不但可以解决炉渣的出路问题,同时还可以缓解粉煤灰资源相对短缺、造价持续攀升的问题。

本章将首先从物料颗粒大小,密度差异,光、电、磁效应差异等不同分类方法介绍焚烧炉渣的选矿技术,并介绍干式与湿式两种物理分选工艺的区别。随后将介绍焚烧炉渣的物理、化学特性和炉渣集料性能,并通过试验确定不同等级道路中炉渣用于二灰碎石基层的掺配比例。试验表明,对各等级道路分别按不同比例将焚烧炉渣替代部分粉煤灰用于二灰碎石基层,可满足对应等级道路的技术要求。

9.1 生活垃圾焚烧炉渣资源化应用概述

9.1.1 生活垃圾焚烧处置现状分析

据统计,全上海每天产生生活垃圾达 1.4 万 t,年产生生活垃圾总量超过 500 万 t。对生活垃圾进行焚烧,并利用其产生的能量发电,变废为宝,是当前国际上进行垃圾处理的一种通用的办法。垃圾焚烧发电具有减量化、无害化、资源化三大优势,是垃圾处理最好的方式之一,得到国人的青睐。

生活垃圾焚烧后留在炉排上和从炉排间掉落的物质称作炉渣。飞灰是指在烟气净化系统和热回收利用系统中收集而得的残余物,约占灰渣总量的 20% 左右。飞灰包括烟灰、加入的化学药剂和化学反应产物,其物理和化学性质随焚烧厂烟气净化系统的类型不同而有所变化。炉渣与飞灰合称为灰渣。据上海御桥生活垃圾焚烧发电厂统计资料表明,每焚烧 1 t 生活垃圾可产生 0.22 t 左右的炉渣与 0.05 t 左右的飞灰。可见,上海每年将产生 100 多万 t 的炉渣与 25 万 t 的飞灰。大量灰渣的产生,将给其处理处置带来困难。为节省日益紧张的农田堆场、填埋场地,降低处置费用,对焚烧灰渣进行资源化利用是符合中国实际的一个可行方法。但由于我国生活垃圾焚烧技术起步较晚,有关灰渣资源化综合利用的研究和实例不多,如何有效地利用即将大量产生的炉渣而又不对生态环境造成不利影响,是我们现在必须面对和解决的问题。

我国采用垃圾焚烧发电起步较晚,1988 年我国第一座垃圾焚烧厂——深圳市市政环卫综合处理厂建成投产。自此,垃圾焚烧处理技术在我国逐步引起重视。从 1999 年开始,国家出台了一系列推动垃圾处理行业发展的相关政策和规划。这其中以 2002 年 6月,国家计委(现国家发改委)、财政部、建设部、国家环保总局四部委联合出台的《关于实行城市生活垃圾处理收费制度促进垃圾处理产业化的通知》最为引人注目。

9.1.2 生活垃圾焚烧炉渣存在问题分析

焚烧可大大减少生活垃圾的量(减少 90% 左右的体积),但仍有 20%～30% 的质量留在了灰渣当中。如此大量灰渣的产生,将给其处理处置带来困难。为节省日益紧张的填埋场地,降低灰渣的处理处置费用,焚烧灰渣的资源化利用将是比较符合中国实际的一个可行方法。

我国现有生活垃圾焚烧厂对焚烧炉渣与飞灰材料均分别收集,处理方法也不尽相同。生活垃圾中的重金属经高温燃烧后,主要进入飞灰中。据统计,生活垃圾中 33% 的 P_b、92% 的 C_d 和 45% 的 S_b、二噁英、呋喃等迁移至飞灰中,直接利用可能会对人类健康和环境造成不利影响,因此,当前国内飞灰以深埋处理为主。

将焚烧炉渣应用到市政道路基层中,替代部分粉煤灰、石料,不但可以解决炉渣的出路问题,还可缓解当前市政建设高峰带来粉煤灰资源相对短缺、造价持续攀升的问题。

9.2 焚烧炉渣选矿技术

炉渣物理分选技术是依据炉渣中各组分物理性质的差异,如密度、颗粒大小、磁化率和光电性质等,通过选用适当的设备,将炉渣分成性质不同的若干类的一种技术。

9.2.1 按物料粒度大小差异的分选技术

按粒度大小的分选实质上就是筛分,利用筛子将物料中小于筛孔的细粒物料透过筛面,而大于筛孔的粗粒物料留在筛面上,完成粗细物料的分离过程。筛分过程包括物料分层和细粒透筛两个阶段,而物料分层是完成筛分的前提,细粒透筛是分离的最终目的。适用于固废处理的筛分设备主要包括固定筛、滚筒筛、振动筛和圆盘筛等。

1) 固定筛分技术

固定筛(图 9-1)分为格筛和棒条筛两种,其筛面由许多平行排列的筛条组成,可以水平安装或倾斜安装。其结构简单、设备费用低、维修方便,一般安装在粗破碎机之前。为保证废物沿筛面下滑,安装倾角应大于物料对筛面的摩擦角,一般为 30°～35°,同时,棒条筛筛孔尺寸为筛下物料粒度大小的 1.1～1.2 倍,筛条宽度应大于物料中最大块度的 2.5 倍;一般筛孔尺寸为 50～100 mm,较适合筛分粒度大于 50 mm 的物料,但该筛分技术的处理量较小,因此应用受到一定的限制。同时由于垃圾组分复杂,组分尺寸变化大,含水率高,垃圾成团现象严重,固定筛分筛效果较差。

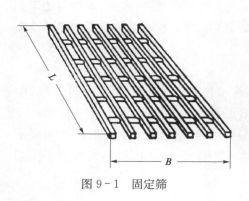

图 9-1 固定筛

图 9-2 滚筒筛

2) 滚筒筛分技术

滚筒筛(图 9-2)是被广泛使用的固废分选设备,利用回转筒形筛体将固废按照粒度进行分级。其筛面一般为编织网或打孔薄板,工作时筒形筛体倾斜安装。进入滚筒筛内的固废随筛体的转动作螺旋状的翻动,且向出料口方向移动,在重力作用下,粒度小于筛孔的物料透过筛孔而被筛下,大于筛孔的物料则在筛体底端排出。

物料在滚筒筛的运动呈三种状态:① 沉落状态。这时筛子的转速很低,物料颗粒由于筛子的圆周运动而被带起,然后滚落到向上运动的颗粒上面,物料混合很不充分,不易使中间的细料翻滚物移向边缘而触及筛孔,因而筛分效率极低。② 抛落状态。当转速足够高但又低于临界速度时,物料颗粒克服重力作用沿筒壁上升,直至到达转筒最高点之前。此时重力超过了离心力,颗粒沿抛物线轨迹落回筛底,因而物料颗粒的翻滚程度最为剧烈,很少发生堆积现象,筛子的筛分效率最高。③ 离心状态。当筛子的转速进一步增大时,达到某一临界速度,物料由于离心作用附着在筒壁上而无法下落、翻滚,因而造成筛分效率相当低。

尽管滚筒筛结构较为简单,筛分效率较高(可达 95%～98%),但由于垃圾组分复杂,连续投入的物料特性不稳定,因此滚筒筛的筛分效率非常不稳定。此外,滚筒筛易出现垃圾堵塞问题,而堵塞之后非常难以清理。

3) 振动筛分技术

振动筛(图 9-3)在筑路、建筑、化工、冶金和植物加工等领域得到广泛应用。振动筛的特点是振动方向与筛面垂直或近似垂直,分筛效果除和分筛物有关外,主要和设备的振动次数频率和振幅有关。物料在筛面上发生离析,密度大而粒度小的物

图 9-3 振动筛

料颗粒将钻过密度小而粒度大的物料颗粒的间隙,进入下层到达筛面,进而通过筛孔达到分选的目的。

由于振动筛筛面振动强烈,因此避免了筛孔的堵塞现象,有利于湿物料的筛分,这一特点符合生活垃圾含水量较高的特点。但振动筛倾角的设计对筛分效果和处理量影响很大,若倾角太小,则单位时间出料较少,难以满足处理量的要求;倾角太大,则物料还未充分透筛即排出筛体,难以达到分选效果的要求。该特点限制了振动筛在生活垃圾分选方面的应用。

4)圆盘筛分技术

圆盘筛分技术是一种选择性筛分技术,即在许多根轴上安装上相互平行、旋转的圆盘,同时相邻轴上的圆盘相互交错,当物料沿着圆盘旋转方向移动时,小于圆盘间空隙的物料进入下部的槽中,而大于圆盘空隙的物料则继续在圆盘上面向前移动,可以通过改变圆盘之间的空隙来调节进入下部槽中物料颗粒的大小,从而满足实际生产要求(图9-4)。

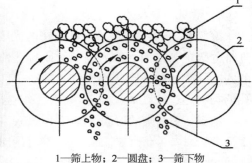

1—筛上物;2—圆盘;3—筛下物

图9-4 圆盘筛结构及原理示意图

5)粒径筛分设备性能比较

见表9-1。

表9-1 粒径筛分设备性能比较

序号	种类	关键参数	适用对象	实际垃圾筛分评价
1	固定筛	筛孔、倾斜角	颗粒相对较小,摩擦较小物料,如谷物、砂石等	未见大型垃圾分筛使用
2	滚筒筛	筛孔、转速、倾斜角	体积差异大,密度相对均匀且较大,如砂石等	容易堵塞筛孔,清理维护困难,且维护环境恶劣
3	振动筛	间距、振动频率、振幅	密度和体积差异显著物料,如玻璃瓶和塑料瓶混合物等	噪声大,筛分效果不佳
4	圆盘筛	间距、转速、圆盘直径	硬度较大,尺寸差异较大,适合大流量,如煤炭初筛	易发生圆盘缠绕,但筛分效果好,不易堵塞,且容易清理

9.2.2　按物料密度差异的分选技术

重力分选是在活动的或流动的介质中按颗粒密度大小进行颗粒混合物的分选过程。重力分选的介质有空气、水、重液（密度大于水的液体）、重悬浮液等。

1）气流分选

气流分选是以空气为分选介质的一种分选方式，也称为风选。其作用是将轻物料从较重物料中分离出来。气流分选的原理是气流将较轻的物料向上或在水平方向带向较远的位置，而重物料由于向上气流不能支承它而沉降，或是由于重物料的足够惯性而不被剧烈改变方向，安全穿过气流沉降。

气流分选工艺简单，作为一种传统的分选方式，在国外主要用于城市垃圾的分选，将城市垃圾中以可燃性物料为主的轻组分和以无机物为主的重组分分离，以便分别回收利用和处置。按气流吹入分选设备的方向不同，气流分选设备可分为两种类型：水平气流风选机（又称为卧式风力分选机）和上升气流风选机（又称为立式风力分选机）。研究表明，要使物料在分选机内达到较好的分选效果，就要使气流在分选筒内产生湍流和剪切力，从而把物料团块进行分散，以利于各物料的分选。

卧式分选机从侧面送风，垃圾经破碎和筛分使其粒度均匀后，定量给入分选设备内。垃圾在下降过程中，被送入的气流吹散，各种组分按不同运动轨迹分别落入重质组分、中重组分和轻质组分的收集槽内，从而达到分选目的（图9-5）。

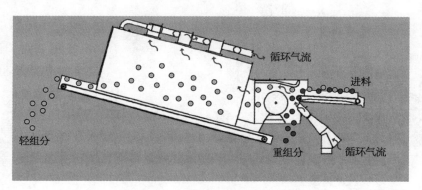

图9-5　卧式风选机原理示意图

立式分选机从侧面送风，破碎后的垃圾从中部给料，垃圾在上升气流的作用下，各组分按密度分离，重组分从底部出料，轻组分从顶部排出，通过旋风分离器进行气固分离，从而达到分选目的。

2）重介质分选

通常将密度大于水的介质称为重介质，在重介质中使固废中的颗粒群按密度分开的方法称为重介质分选。为使分选过程有效进行，需选择重介质密度介于固废中轻物料密度和重物料密度之间。凡颗粒密度大于重介质密度的重物料均下沉，集中于分选设备的底部成为重产物；颗粒密度小于重介质密度的轻物料均上浮，集中于分选设备的上部成为轻产物;重、轻产物分别排出,从而达到分选的目的(图9-6)。

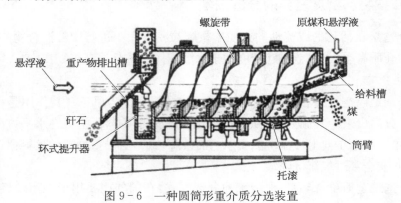

图9-6 一种圆筒形重介质分选装置

3) 跳汰分选

跳汰分选是在垂直变速介质流中按密度分选固废的一种方法,它使磨细的混合废物中不同密度的粒子群在垂直运动介质中按密度分层,密度小的颗粒群居于上层,密度大的颗粒群(重质组分)位于下层,从而实现物料分离(图9-7)。在生产过程中,原料不断地送进跳汰分选装置,轻重物质不断分离并被淘汰掉,这样可形成连续不断的跳汰过程。

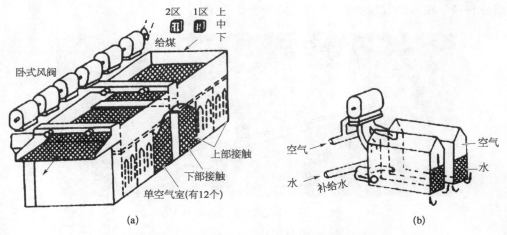

图9-7 一种筛下空气室跳汰分选机构造示意图

4) 重力分选性能比较

见表9-2。

表9-2 重力分选设备性能比较

序号	类 型	关键参数	适 用 对 象	垃圾应用评价
1	风力分选(卧室、立式)	风速风力角	密度差异大,无挥发性危害,如谷物、硬质物料	实现多级分选,轻组分效果良好,重组分不理想

（续表）

序号	类　型	关键参数	适　用　对　象	垃圾应用评价
2	重介质（水、非水/油）	介质	不溶于水/油，如塑料制品	适用于以回收塑料为目的的垃圾分类，不适用于以燃烧为目的的分选
3	跳汰（风、水）	脉动频率、介质	粒径较小，如煤	未经细破碎垃圾，跳汰分选效果不佳，噪声大

9.2.3　按物料光、电、磁效应差异的金属分选技术

1）磁力分选

炉渣的磁力分选是借助磁选设备（如磁选机）产生的磁场使铁磁性物质组分分离的一种方法（图9-8）。在炉渣的处理系统中，磁选主要用于回收或富集黑色金属，或在某些工艺中用于物料中铁质物质的去除。

图9-8　磁选机

炉渣根据其磁性分为强磁性、中磁性、弱磁性和非磁性组分。这些磁性不同的组分通过磁场时，磁性较强的颗粒（常为黑色金属）就被吸附到产生磁场的磁选设备上，而磁性弱和非磁性的颗粒就被输送设备带走，或受自身重力或离心力的作用而掉落到预定的区域内，从而完成磁选过程。

2）光电分选

光电分选技术是利用物质表面光反射特性的不同而分离物料的方法。城市垃圾中分选出来的废玻璃中含无色玻璃和有色玻璃，应把各种颜色的玻璃分离开来。玻璃色别分选机的工作流程是：从料箱落下的一个个玻璃颗粒被带式输送机高速抛送，通过一个光检箱。在光检装置中，有两个光源和两个光传感器，每一个光源的光从底色板反射到光传感器上，光传感器就产生电流。如果通过光检箱落下颗粒的颜色（反射光辉和透射光的某种平均反映）与底色板的颜色相同，光传感器就检测不出任何区别，于是不发生其他动作，这些颗粒就作为可接受者正常通过检测装置。如果某一颗粒的流行色比底色板更深。光传感器就产生电流变化并触发位于检测器下面的压缩空气喷嘴，将被拒绝的颗粒吹入另一箱内，这样就可以将无色玻璃和有色玻璃分开。如需对有色玻璃进一步分选，则可在光

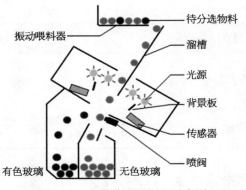

振动喂料器 —— 待分选物料

溜槽

光源

背景板

传感器

喷阀

有色玻璃　无色玻璃

图 9-9　光学分选机原理示意图

传感器上放上颜色滤光板,将电子检测装置调到适当位置,使某颜色的颗粒被检测为浅色颗粒而允许通过,其他颜色玻璃颗粒被检测为深色颗粒而不能通过。这样就可以进一步分选有色玻璃。当颗粒尺寸均匀一致时,这种分选机的分选效率很高(图 9-9)。

3) 涡电流分选

电选分离过程在电选设备中进行,废物颗粒在电晕—静电复合电场电选设备中的分离过程如下:废物由给料斗均匀地给入滚筒上,随着滚筒的旋转进入电晕电场区。由于电场区带有正电荷,导体和非导体颗粒都获得负电荷,导体颗粒一面获得荷电,一面又把电荷传给滚筒(接地电极),其放电速度快。因此,当废物颗粒随滚筒旋转离开电晕电场区而进入静电场区时,导体颗粒的剩余电荷少,而非导体颗粒则因放电较慢,致使剩余电荷多。导体颗粒进入静电场后不再继续获得负电荷,但仍继续放电,直到放完全部负电荷,并从滚筒上得到正电荷而被滚筒排斥,在电力、离心力和重力分力的综合作用下,其运动轨迹偏离滚筒,而在滚筒前方落下。非导体颗粒由于有较多的剩余负电荷,将与滚筒相吸,被吸附在滚筒上,带到滚筒后方,被毛刷强制刷下。半导体颗粒的运动轨迹则介于导体和非导体颗粒之间,成为半导体产品落下,从而完成电选分离过程(图 9-10)。电力分选主要有静电分选、高压电分选和涡电流分离等几种。

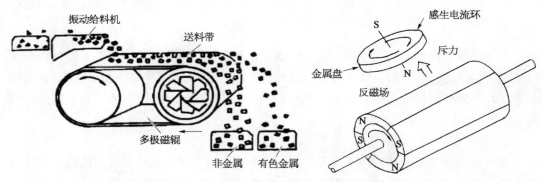

振动给料机

送料带

多极磁辊

非金属　有色金属

S

感生电流环

斥力

金属盘

反磁场

N

N　S

N

图 9-10　涡流分选结构及原理示意图

静电分选技术是一种利用各种物质的导电率、热电效应及带电作用的差异而进行物料分选的方法,可用于各种塑料、橡胶和纤维纸、合成皮革、胶卷、玻璃与金属的分离。高压电选机可作为粉煤灰专用设备。其工作过程为:将粉煤灰均匀地给到旋转接地滚筒上,带入电晕电场。炭粒由于导电性能好,很快失去电荷,进入静电场后从滚筒电极获得同性电荷而被排斥,在离心力、重力及静电力的综合作用下落入集炭仓而成为精煤。灰粒由于导电性较差,能保持电荷,与带相反电荷的滚筒相吸并牢固地吸附在滚筒上,最后被毛刷强制刷下集灰仓,从而实现炭灰分离。

　　涡电流分离技术是一种在固废中回收有色金属的有效方法,应用较为广泛。当含有非磁导体金属的垃圾流以一定的速度通过一个交变磁场时,这些非磁导体金属中会产生感应涡流。由于垃圾流与磁场有一个相对运动速度,从而对产生涡流的金属块有一个推力。利用此原理可使一些有色金属从混合垃圾流中分离出来,作用于金属上的推力取决于金属块的尺寸、形状和不规整的程度。分离推力的方向与磁场方向和垃圾流的方向呈90°。

　　4) 金属分选设备比较

　　见表9-3。

表 9-3　金属分选设备比较

序号	类　型	关键参数	适用对象	垃圾应用评价
1	磁力分选(电磁/永磁)	磁场强度、磁力面积	区分磁性物质	较广泛,但未配合细破碎下,一级磁选效果有限;电磁耗电,永磁卸料不便
2	光电分选	光电信号强度、色谱	区分色差物质	用于分选玻璃等,适用于垃圾精选
3	电选分离	静电电场强度	区分导体和非导体	用于除铁外的非磁性金属,适用于废物资源回收利用生产线

　　结合对炉渣分选目标的要求:将可再生组分与不可再生组分分离,满足资源再利用的需要,并根据后期应用案例调研,在保证稳定运行的情况下,项目拟采用大直径圆盘筛、卧式风选机、电磁式磁选机、涡电流磁选机等设备联合应用,开发干式和湿式物理分离技术工艺,实现炉渣有用组分高效分选。

9.2.4　物理分选工艺介绍

　　根据对国内外炉渣分选工艺调研,设计干式与湿式相结合的物理分选技术分别处理炉渣,考察不同分选工艺对灰渣处理效率。图9-11和图9-12出示了两种炉渣分选工艺流程。该流程的主要目的是分选不同粒径炉渣中废铁、可燃物、有色金属、矿石物等,将可燃组分再送回焚烧炉。

9.2.5　干式选矿与湿式选矿技术对比

　　本书选用荷兰阿姆斯特丹垃圾焚烧发电厂产生的炉渣实验样品,荷兰炉渣中金属含量比较高,将湿式物理分选与干式物理分选应用于该炉渣中可再生组分的回收分选处理,分析分选工艺效率。

　　干式物理分选和湿式物理分选出磁性组分、有色金属组分以及铝,相关金属的回收等级和回收率示于表9-4中。

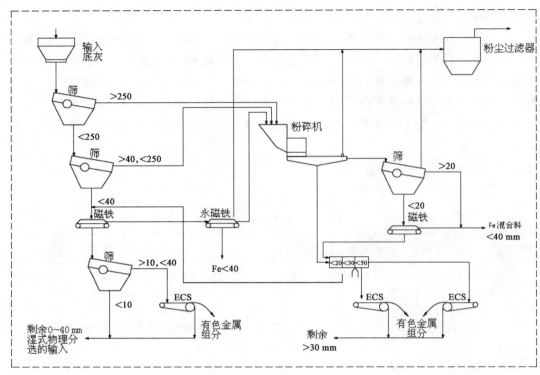

图 9-11 干式炉渣处理流程

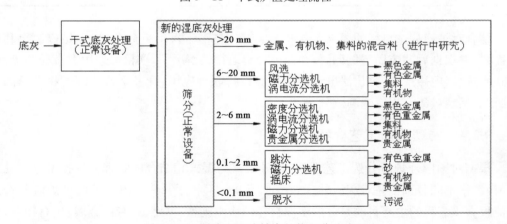

图 9-12 干式和湿式结合的物理分选流程

表 9-4 湿式物理分选和干式物理分选处理荷兰炉渣回收的金属等级与回收率

金属组分	湿式分选		干式分选	
	等级	回收率/%	等级	回收率/%
黑色金属	>80	83	98	82
有色金属	>80	73	75~84	9~28
铝	>80	80	无分选	无分选

湿式物理分选工艺回收的磁性金属等级高于干式物理分选回收金属等级,而湿式物理分选与干式物理分选获得的磁性金属回收率相似。另外,湿式物理分选对有色金属回收率更高。这主要是由于湿式物理分选可分离粒径最低至 0.3 mm 的炉渣中有色金属碎屑。长期来看,湿式物理分选技术具有显著优势,可以回收细小粒度炉渣中有色技术(尤其是铜和贵重金属),对于小粒度炉渣的再生利用具有一定程度的提质效果,如分离除去细炉渣中金属铝,可有限减少细炉渣作为建筑材料应用的强度和耐久性。

9.3　焚烧炉渣集料材料特性

焚烧炉渣是生活垃圾焚烧的副产物,包括炉排上残留的焚烧残渣和从炉排间掉落的颗粒物。国外试验分析表明,炉渣的重金属、溶解盐和有机污染物含量少,属于一般废弃物,同时工程性质类似于天然的轻质骨料。在欧、美、日等,炉渣(或混合灰渣)已经有几十年的应用历史,应用的比例较高,尤其在欧洲,炉渣资源化利用的总体比例在 50% 以上,道路工程应用是目前炉渣资源化利用的最主要的方式。

9.3.1　焚烧炉渣物理性质

原状炉渣呈黑褐色,风干后为灰色,是由陶瓷和砖石碎片、石头、玻璃、熔渣、铁和其他金属及少量可燃物组成的不均匀混合物。

炉渣的粒径分布比较均匀,颗粒主要集中在 2～50 mm 的范围内(占 60.8%～76.8%),小于 0.075 mm 的颗粒含量在 0.06%～1.36%(见表 9-5)。由表 9-5 可知,炉渣材料级配较为均匀。

表 9-5　炉渣中不同粒径范围的颗粒质量百分含量　　单位:%

试验编号	粒径/mm										
	>50	20～50	10～20	5～10	2～5	0.9～2	0.45～0.9	0.28～0.45	0.174～0.28	0.074～0.174	<0.074
1	5.9	19.0	18.1	11.7	27.9	8.5	5.9	2.4	0.3	0.1	0.1
2	5.3	16.6	17.3	15.9	16.5	5.9	6.7	7.6	4.3	3.2	0.6
3	1.6	11.7	14.5	15.8	18.9	7.1	8.6	11.7	6.3	3.8	0.1
4	9.9	20.3	18.0	15.2	14.4	4.4	5.6	6.6	2.1	2.2	1.4
均值	5.7	16.9	17.0	14.6	19.4	6.5	6.7	7.1	3.3	2.3	0.6

不同的粒径范围内炉渣的物理组成是不同的。5 mm 以下的颗粒主要是熔渣,而5 mm 以上的颗粒组分比较复杂,组分的种类较多。试验分析表明,5 mm 以上粒径中主要的组分为熔渣、陶瓷(包括砖头)和玻璃,而金属、石头和可燃物的含量相对较低。

炉渣中黑色金属(铁和锡)的总含量在 3.5%～7.1%,主要为铁罐和少量的铁丝、铁钉和瓶盖之类的物质。由于炉渣含铁和有色金属(主要为铝),与酸性液体接触时,会产生H_2,在炉渣资源化利用时可能会造成膨胀等不利影响,因此炉渣利用前需进行预处理,去除这些金属物质。特别值得注意的是,炉渣中还含有少量的废电池(0.5%以下),存在污染泄漏的风险,在利用前也必须分拣出;另外,应进一步完善焚烧服务区的废电池回收工作。

5 mm 以上颗粒中的可燃物含量在 0.06%～1.34%,平均只有 0.84%。这说明焚烧炉燃尽率较高,同时炉渣中的有机质(包括腐殖质)的含量较低,能够满足石灰稳定土的集料有机质的含量要求(<30%)、二灰稳定土的集料有机质的含量要求(<10%)和水泥稳定土集料中的有机质含量要求(<2%),但不满足级配型集料要求。

尽管炉渣中的可燃物的含量较低,但总体上说,可燃物的存在不利于资源化利用,如腐殖质的生物降解会影响路面的长期稳定性;塑料等会影响无机结合料与炉渣的结合,从而降低材料的强度。因而炉渣如果应用于道路工程,最好还是将这些物质去除。

去除金属和可燃物(5 mm 以上颗粒)后的炉渣主要含熔渣、陶瓷碎片、砖石和玻璃。这些物质具有较高的硬度,能够形成较高的强度,同时可燃物的含量进一步降低,因此,比较适合作为道路建筑材料利用。

电镜扫描炉渣表面发现,炉渣表面比较粗糙,呈不规则角状,孔隙率较高,孔隙直径也比较大。采用更大放大倍数的扫描图可知,炉渣部分位置晶体发育良好,主要为棒状、针状和粒状晶体,但发育不是很均匀。这与焚烧过程中温度和空气分布不均、停留时间不同,以及生活垃圾品质等差异相关。

因此,需对炉渣进行适当处理,以获得质量相对稳定的材料。

9.3.2 焚烧炉渣化学性质

对炉渣的化学分析表明,Si、Al、Ca、Na、Fe、C、K 和 Mg 是炉渣的主要组成元素。与飞灰相比,炉渣中的挥发性重金属(如 Cd、Hg、Pb 和 Zn)含量比较低,其他重金属含量与飞灰相似(如 Ag、Co 和 Ni)或略高于飞灰(如 As、Cu、Cr 和 Mn)。

在元素组成上,浦东新区垃圾御桥焚烧电厂炉渣与国外生活垃圾焚烧厂的炉渣是相似的,除个别的元素(如 Na、Cu、Se)——浦东新区垃圾焚烧电厂炉渣中 Cu 和 Se 略高于国外,而 Na 则比国外的炉渣高出 20～30 倍。这主要与我国的公民的饮食结构(食盐的使用量高)和垃圾中厨余垃圾比例高有关。

对浦东新区垃圾焚烧发电厂熔渣中溶解盐的含量分析见表 9-6,可见炉渣中溶解盐的质量百分含量较低,不到 1%。因此,炉渣处理处置时因溶解盐污染地下水的可能性较小。其中硫酸盐的含量约 0.08%～0.12%(以 SO_4^{2-} 计),能够满足道路中各种稳定土中对硫酸盐含量的要求。

另外,我国的危险废物毒性浸出方法标准——水平振荡法浸出程序(GB 5086.1—1997)和美国的 TCLP 测试所得结果表明,炉渣的重金属浸出浓度较低,远远低于标准限值,属于一般废物。由此可见,炉渣的资源化利用前景比较乐观。

表9-6　上海市浦东新区垃圾焚烧电厂炉渣中溶解盐的含量　　　单位：%

试验编号	全盐量	OH^-	CO_3^{2-}	HCO_3^-	Cl^-	SO_4^{2-}
1	0.94	0.00	0.11	0.19	0.34	0.12
2	1.00	0.15	0.04	0.00	0.29	0.08
3	0.86	0.01	0.04	0.00	0.32	0.12
4	0.66	0.01	0.03	0.00	0.26	0.11
平均值	0.86	0.04	0.06	0.05	0.30	0.11

　　对炉渣的矿物组成分析表明，御桥垃圾焚烧发电厂炉渣的矿物组成比较简单，主要有 SiO_2、$CaAlSi_2O_4$ 和 $Al_2Si_2O_5$，也含有少量的 $CaCO_3$、CaO 和 $ZnMn_2O_4$，因此，炉渣的化学性质比较稳定，耐久性较好。其化学基本组成见表9-7，可见 SiO_2、Al_2O_3、Fe_2O_3 占到混合物总质量的 60%。

表9-7　垃圾焚烧后灰烬的化学基本组成　　　单位：%

矿物组成	SiO_2	Al_2O_3	Fe_2O_3	CaO	MgO	K_2O	Na_2O	BaO	Cr_2O_3	PbO	SO_3	C	H_2O	其他
含量	43.6	8.76	7.29	13.11	7.74	1.63	3.92	0.08	0.062	0.29	1.89	1.66	2.25	7.1

　　对炉渣酸中和能力试验结果表明，炉渣的酸中和能力约为 3.8～4.6 meq/g 炉渣（以 pH 值＝4 为终点），pH 值缓冲能力较强，抵抗酸性物质（如酸雨）的能力较强。初始 pH 值（蒸馏水浸出，液固比为 5∶1）在 11.5 以上，能有效抑制重金属的浸出。

　　由上面对焚烧炉渣集料化学分析结果可知，焚烧发电厂炉渣的性质与国外生活垃圾焚烧厂的炉渣性质类似，Si、Al、Ca、Fe、C、K 和 Mg 是其中主要组成元素。可见炉渣的重金属含量和浸出毒性以及溶解盐含量均低于国家标准要求，且材料化学性能较为稳定，炉渣资源化利用的环境风险较小。

9.3.3　焚烧炉渣集料材料性质

　　基于焚烧炉渣材料的组成、毒性、放射性等分析结果，相关指标均满足建筑材料有关要求，上海有关单位对生活垃圾焚烧炉渣进行了应用领域的探索。为拓宽焚烧炉渣的应用领域，通常将生活垃圾焚烧炉渣经粉碎、筛选、分级制成细粒径、具有一定级配的炉渣集料，通过材料的组成设计，可将材料掺配制成建筑用材。炉渣集料秉承了炉渣材料的性能特性，化学成分基本相近，材料组成、毒性、放射性同样满足建筑材料要求。炉渣集料通过粉碎、筛选、分级，炉渣中含有的部分不利于应用的材料（有机塑料、有机质等）含量得到明显降低。集料颗粒性状见图9-13。

　　对浦东新区垃圾焚烧电厂炉渣处理后的集料，进行筛分试验，结果表明浦东新区垃圾焚烧电厂炉渣集料具有较稳定的级配。试验结果见表9-8，可见焚烧炉渣集料具有良好且较稳定的级配为该集料的应用提供了良好的材料特性。

图 9-13 集料颗粒性状

表 9-8 炉渣中不同粒径范围的颗粒质量百分含量 　　　　　　单位：%

试验编号	筛孔(mm)通过率								
	13.2	9.5	4.75	2.36	1.18	0.6	0.3	0.15	0.075
1	100	99.4	84.3	66.2	46.1	27.6	13.1	5.7	1.8
2	100	98.6	81.5	64.3	43.6	24.7	11.1	5.1	1.7
3	100	99.0	77.3	56.9	37.4	21.3	9.9	4.7	1.5
4	100	97.9	68.5	47.3	30.9	18.8	10.2	5.4	2.0
均值	100	98.7	77.9	58.7	39.5	23.1	11.1	5.2	1.8

　　焚烧炉渣可以成为制备混凝土路面砖、墙砖等建筑材料的原材料。上海寰保渣业处置有限公司在国内率先试用于行道砖、墙面砖的试验和应用研究,但技术经济性欠佳。与此同时,行道砖直接暴露于环境中,承担着较为恶劣的环境因素作用。其环保效果如何,目前正对其耐久性进行跟踪观测。

9.3.4 炉渣集料粗粒径二灰碎石基层材料性能

1) 试验方案

本书组建立在室内试验研究,确保二灰碎石基层具有足够强度的基础上,控制炉渣材料掺配比例上限。制定抗压强度试验方案见表9-9。

表9-9 二灰稳定碎石细料抗压强度试验方案 单位:%

方案编号	材 料 比 例		
	消石灰	炉渣集料	粉煤灰
1	30	70	0
2	30	50	20
3	30	35	35
4	30	20	50
5	30	0	70

2）原材料性质

本书试验主要采用了焚烧炉渣集料、消石灰、粉煤灰三种材料,焚烧炉渣集料材料性质在第二章已作介绍,本处不作赘述。消石灰、粉煤灰等材料化学性质试验结果分别见表9-10、表9-11。

表9-10 消石灰化学性质 单位:%

活性成分含量		
CaO	MgO	CaO+MgO
59.8	2.1	61.9

表9-11 粉 煤 灰 性 质 单位:%

相关化学成分含量					
SiO_2	Al_2O_3	Fe_2O_3	CaO+MgO	其他	烧失量
52.7	28.1	5.3	5.0	8.8	12.3
	86.1			—	

由表9-10可见,试验所选用消石灰为Ⅲ级灰,满足相关规范要求。活性成分含量为61.9%,在上海地区二灰碎石基层所用石灰中较为常见。本次试验选用该材料极具代表性。由表9-11可见,试验所选用的粉煤灰SiO_2与Al_2O_3的总量为80.8%,超过规范大于70%,烧失量为12.3%,满足规范小于20%(DGJ-118-2005),且该材料取之于二灰碎石堆场,具有一定的代表性。

3）最大干密度试验研究

按照表9-9抗压强度试验方案,根据经验分别选择6个含水量,采用直径为10 cm的击实筒进行标准击实试验,分别测得材料实际含水量;根据不同含水量对应的干密度绘制干密度、含水量关系图,分析得出最大干密度及对应的最佳含水量,本书共进行了5方案、30次标准击实试验。试验结果见表9-12、图9-14。

表 9‑12　重型标准击实试验结果

方案编号	试　验　项　目		
	炉渣集料/%	最佳含水量/%	最大干密度/(g/cm³)
1	70	19.9	1.480
2	50	21.2	1.465
3	35	23.0	1.447
4	20	25.2	1.413
5	0	26.4	1.350

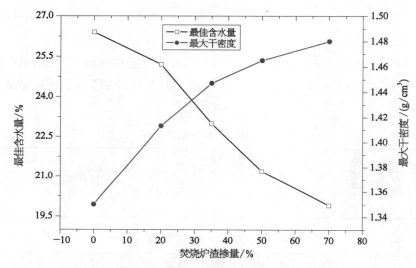

图 9‑14　最佳含水量、最大干密度与焚烧炉渣掺量关系图

由表 9‑12、图 9‑14 可知,随着焚烧炉渣集料掺量的增加,最佳含水量逐渐降低,最大干密度逐渐增大,表明掺加焚烧炉渣材料后,对混合料压实性能有一定影响。

4) 强度试验

按《粉煤灰石灰类道路基层施工及验收规程》(CJJ 4)附录 E 试验方法,最大压力按 12 MPa 控制,成型 7 cm 的高度控制,成型直径为 7 cm 石灰、粉煤灰、炉渣集料等细料,试验过程见图 9‑15。各方案分别成型三组,每组每个龄期各 6 块试件进行不同龄期抗压强度试验。

强度试验包括快速抗压、7 d 抗压强度试验、28 d 抗压强度试验。快速抗压强度是将试件放在 65±1℃的恒温箱内保温 24 h 后,取出冷却至室温,再将其置入水浴中常温 24 h。7 d 抗压强度试验、28 d 抗压强度试验试块则是将到达养生龄期的试件与试验前一天取出,将其置于水浴中浸水 24 h。在浸水过程中应保持水面在试件顶面以上 2.5 cm,到达浸水时间后,将试件从水浴中取出,用湿布吸去周边水分,再将试件放置在压力试验机承压平台的球座上启动压力机,使压力机头与试件顶面均匀接触,然后以 1 mm/min 的变

图 9-15　混合料抗压强度试块的成型

形速度加压,直至试件破坏,记录为破坏荷载。

快速法、7 d、28 d 各龄期试验结果列于表 9-13,各不同龄期强度与炉渣集料材料用量汇总见图 9-16。

表 9-13　快速法强度试验结果

序　号	快速法		7 d		28 d	
	抗压强度/MPa	变异系数/%	抗压强度/MPa	变异系数/%	抗压强度/MPa	变异系数/%
1	1.33	7.85	1.14	8.7	1.37	12.0
2	1.59	5.37	1.27	11.1	1.70	6.4
3	1.63	6.13	1.32	11.3	2.68	7.9
4	1.60	3.36	1.30	6.1	2.91	6.4
5	1.67	6.79	1.07	2.2	2.74	4.5

由表 9-13 试验结果可知,各方案强度均满足表 9-10 其他道路强度大于 1.2 MPa 的要求,方案 2～方案 5 强度满足高等级道路大于 1.5 MPa 的要求。总体上随着粉煤灰材料掺配比例的增加,快速法强度有增长趋势,进一步表明在采用焚烧炉渣替代粉煤灰

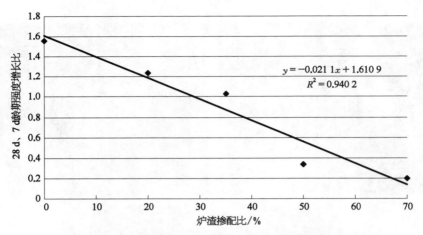

图 9 - 16　7～28 d 强度增长率随炉渣集料掺配比变化情况

用于二灰碎石基层时宜适当控制掺量,以确保满足快速法抗压强度要求。根据 7 d 抗压强度试验、28 d 抗压强度试验结果发现,各方案抗压强度随龄期的延长均有增长,但增长情况不尽相同。图 9 - 16 所表示的是混合料 28 d 抗压强度在 7 d 抗压强度基础上增长的情况。本书采用 7 d、28 d 抗压强度增长比来表示,强度增长比为 28 d 抗压强度扣去 7 d 抗压强度试验后,除以 7 d 抗压强度所得到的值(无量纲)。可见,随着炉渣集料掺配比的增加,混合料强度增长幅度逐渐降低,表明掺焚烧炉渣集料后二灰碎石材料表现出一定的早强趋势。

据此,研究分析认为对于早强类材料不宜按快速法抗压强度确定焚烧炉渣材料掺量,而应在确保二灰碎石基层材料强度的前提下,控制炉渣集料掺量,以期获得良好的结构长期强度。

5) 炉渣集料掺配比例的确定

本书组选定以龄期为 28 d 的抗压强度为标准,并最终确定焚烧炉渣材料用量比例,按表 9 - 14 要求进行控制,由表 9 - 14、图 9 - 17 可确定高等级道路、其他等级道路二灰碎石层焚烧炉渣掺配比例上限分别为 29.5%、47.8%,对粉煤灰置换比例分别为 42.1%、68.3%,最终选定 40% 作为高等级道路二灰碎石基层焚烧炉渣集料对粉煤灰置换比例控制上限,60% 作为其他道路二灰碎石基层焚烧炉渣集料对粉煤灰置换比例控制上限。

表 9 - 14　28 d 细料抗压强度控制标准

道 路 类 别	细料 28 d 抗压强度
快速路、主干路、高速公路和一级公路	≥2.6
其他道路	≥2.1

据此,初步确定粗粒径二灰碎石基层材料配合比(质量比)为:

高等级道路:石灰∶粉煤灰∶焚烧炉渣集料∶粗粒径骨料=10∶15∶10∶65。

其他等级道路:石灰∶粉煤灰∶焚烧炉渣集料∶粗粒径骨料=10∶10∶15∶65。

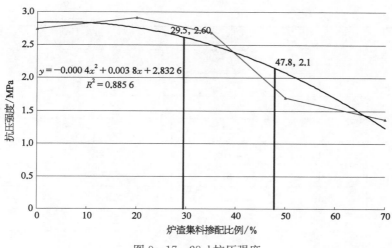

图 9-17　28 d 抗压强度

6）干缩湿胀性能试验

有鉴于干缩、湿胀对路面的不利影响，本次研究过程中将进行干缩、湿胀试验，以比较各方案材料干缩、湿胀性能。工程经验表明，在二灰碎石集料材性、级配一定的条件下，二灰碎石基层材料干缩、湿胀性能直接与无机结合料干缩、湿胀性能相关。有鉴于此，本书主要针对石灰＋粉煤灰、石灰＋粉煤灰＋焚烧炉渣集料等结合料进行试验研究。

（1）试验方案

本书组对炉渣集料对粉煤灰不同的替代比：0％、40％、60％三种配比，见表 9-15，进行干缩、湿胀性能对比试验。

表 9-15　结合料抗压强度试验方案　　　　　　　　单位：％

方案编号	材 料 比 例		
	消石灰	炉渣集料	粉煤灰
1	30	0	70
2	30	28	42
3	30	42	28

（2）试验结果与分析

对各方案进行了长达 3 个月龄期条件下的浸水膨胀、干燥收缩试验，试验结果见表 9-16。

表 9-16　3 个月龄期干缩试验累计变形量　　　　　　单位：％

龄　期		方　案　编　号		
		1	2	3
龄期 1 个月浸水膨胀试验	3 d	2.28	2.37	2.42
	7 d	2.62	2.55	2.57

（续表）

龄 期		方 案 编 号		
		1	2	3
龄期 1 个月 浸水膨胀试验	14 d	2.78	2.65	2.62
	28 d	2.90	2.74	2.67
龄期 2 个月 干缩试验	33 d	2.81	2.67	2.62
	37 d	2.73	2.62	2.58
	44 d	2.62	2.54	2.51
	58 d	2.58	2.51	2.49
	75 d	2.58	2.50	2.47
	90 d	2.57	2.50	2.47

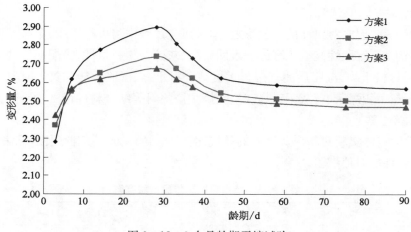

图 9-18　3 个月龄期干缩试验

由表 9-16、图 9-18 干缩试验结果，得出如下结论：

（1）各方案无论是浸水还是干燥条件下，膨胀量或收缩量均随着龄期的增长而趋于稳定。

（2）浸水 3 d 后各方案膨胀量自小到大依次为方案 1、方案 2、方案 3，表明随着炉渣集料掺量的增大膨胀量增大，但浸水 28 d 后各方案膨胀量自小到大依次为方案 3、方案 2、方案 1，表明随着炉渣集料掺量的增大总膨胀量逐渐变小。可见焚烧炉渣集料替代粉煤灰材料后，可较大程度上减少膨胀变形量，对结构强度形成有利。

（3）干燥 60 d 后各方案变形量由大到小依次为方案 1、方案 2、方案 3，表明焚烧炉渣集料部分替代粉煤灰材料后，材料收缩变形明显降低。

试验结果表明，焚烧炉渣集料二灰碎石材料干缩性能明显低于普通二灰碎石。

9.3.5　炉渣集料细粒径二灰碎石基层材料性能

与粗粒径二灰碎石材料一样，构成细粒径二灰碎石材料的强度内容，由两部分构成，包括颗粒间的内摩擦力、构成二灰碎石材料各组分之间的黏聚力。颗粒间的内摩擦力主要与级配、各组分强度、颗粒形状等因素有关，由于二灰碎石基层对材料级配要求不是很高，颗粒间的内摩擦力对二灰碎石基层材料强度影响相对较小。黏聚力的大小则与黏结细料自身随龄期强度的变化、黏结料对集料颗粒的胶黏作用有关，黏聚力构成了二灰碎石基层强度的主要构成部分。因此，前面对粗粒径二灰碎石材料研究所确定的比例上限，同样适用于细粒径二灰碎石，即对于细粒径二灰碎石高等级公路与其他道路，焚烧炉渣对粉煤灰材料的置换比例分别为 40%、60%。

1) 细粒径二灰碎石强度试验方案

为考察焚烧炉渣集料的掺配对细粒径二灰碎石材料强度影响，本书组取焚烧炉渣置换比例 0%（方案 1）、40%（方案 2）、60%（方案 3），进行 4 个不同龄期（7 d、28 d、60 d、90 d）细粒径二灰碎石抗压强度、间接抗拉强度试验回弹模量。本书采用石灰岩集料，采用两种集料筛分结果见表 9-17，相关材性指标试验结果见表 9-18。1♯、2♯质量比为 68∶32，即包括三个试验方案，各材料比例、最佳含水量—最大干密度试验结果见表 9-19，并以此表为准进行配料与试件的成型，进行 7 d、28 d、60 d、90 d 等龄期抗压强度、间接抗拉强度试验试验。

表 9-17　各材料筛分试验结果

材料编号	通过下列方筛孔(mm)百分率/%									
	31.5	26.5	19	13.2	9.5	4.75	2.36	1.18	0.3	0.075
1♯	100	81.6	26.6	0.0	0.0	0.0	0.0	0.0	0.0	0.0
2♯	100	100.0	100.0	84.0	23.0	3.5	0.0	0.0	0.0	0.0

表 9-18　石灰岩集料试验结果

试 验 项 目	材料规格/mm	
	15～37.5	5～15
压碎值/%	14.7	14.2
饱和面干吸水率/%	0.57	0.69
毛体积密度/(g/cm³)	2.638	2.707

表 9-19　细粒径二灰碎石试验方案

试验方案	各材料比例/%					最大干密度/(g/cm³)	最佳水灰比
	消石灰	炉渣集料	粉煤灰	15～37.5	5～15		
方案 1	8.0	0.0	19.0	49.6	23.4	2.108	0.077
方案 2	8.0	7.6	11.4	49.6	23.4	2.173	0.064
方案 3	8.0	11.4	7.6	49.6	23.4	2.180	0.061

2）细粒径二灰碎石强度试验

按表 9-17 细粒径二灰碎石最佳含水量拌制混合料，并采用静压法控制试件干密度成型，直径为 15 cm，高为 15 cm 的无侧限抗压强度试件。并对前面成型细粒径二灰碎石抗压强度试件，按标准要求进行养生，在龄期到达前一天浸入常温水中 24 h，分别进行 7 d、28 d、60 d、90 d 等龄期抗压强度试验。试验结果见表 9-20、图 9-19。

表 9-20　细粒径二灰碎石强度试验结果

试验方案	龄期/d	抗压强度试验结果	劈裂抗拉强度试验结果
		抗压强度/MPa	劈裂强度/MPa
方案 1	7	1.07	0.16
	28	2.68	0.32
	60	3.95	0.47
	90	4.83	0.54
方案 2	7	0.97	0.17
	28	2.44	0.29
	60	3.62	0.43
	90	4.39	0.51
方案 3	7	0.82	0.13
	28	2.27	0.26
	60	3.21	0.40
	90	3.77	0.48

3）细粒径二灰碎石强度试验结果分析

由细粒径二灰碎石四个不同龄期饱水抗压强度试验结果可知，各方案强度随着龄期的增长而不断增长，未掺加焚烧炉渣集料二灰碎石强度要高于其他两个方案。掺配 40% 炉渣集料的二灰碎石材料，7 d 饱水抗压强度为 0.97 MPa，高于 0.8 MPa，可满足高等级公

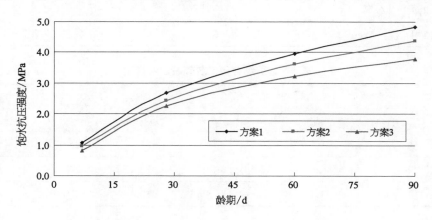

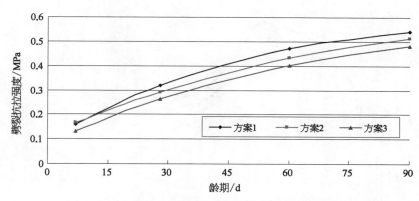

图 9‑19　三方案抗压强度、劈裂抗拉强度随龄期变化图

路、市政主干道的技术要求。掺配 60％炉渣集料的二灰碎石材料，7 d 饱水抗压强度为 0.82 MPa，高于 0.6 MPa，可满足其他道路技术要求且强度随着龄期的增长趋势明显。

室内试验结果表明：粉煤灰替代比为 40％焚烧炉渣集料细粒径二灰碎石可满足快速路、主干路、高速公路、一级公路等高等级道路要求；粉煤灰替代比为 60％焚烧炉渣集料的二灰碎石材料可满足其他道路要求。

4）湿胀干缩性能试验结果

对三不同方案混合料进行湿胀、干缩试验，试验结果见表 9‑21。

表 9‑21　3 个月龄期干缩试验

项　　目		累计变形量/％		
		方案 1	方案 2	方案 3
龄期 1 个月浸水膨胀试验	3 d	0.78	0.82	0.86
	7 d	1.02	1.00	1.01
	14 d	1.11	1.06	1.06
	28 d	1.18	1.11	1.09
龄期 2 个月干缩试验	33 d	1.11	1.05	1.03
	37 d	1.05	1.00	0.99
	44 d	0.96	0.93	0.93
	58 d	0.93	0.90	0.90
	75 d	0.92	0.89	0.89
	90 d	0.91	0.88	0.89

由表 9‑21、图 9‑20 干缩试验得出如下结论：

（1）各方案无论是浸水还是干燥条件下，膨胀量或收缩量均随着龄期的增长而趋于稳定。

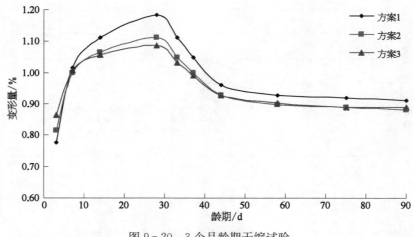

图 9 - 20　3 个月龄期干缩试验

（2）浸水 3 d 后各方案膨胀量自小到大依次为方案 1、方案 2、方案 3，表明随着炉渣集料掺量的增大膨胀量增大，但浸水 28 d 后各方案膨胀量自小到大依次为方案 3、方案 2、方案 1，表明随着炉渣集料掺量的增大总膨胀量逐渐变小。可见焚烧炉渣集料替代粉煤灰材料后，可较大程度上减少膨胀变形量，对结构强度形成有利。

（3）干燥 60 d 后各方案变形量由大到小依次为方案 1、方案 2、方案 3，表明焚烧炉渣集料部分替代粉煤灰材料后，材料收缩变形明显降低。

试验结果表明：焚烧炉渣集料粉煤灰细粒径二灰碎石材料干缩性能明显低于普通二灰碎石。

第十章
工程废弃泥浆资源化利用

在城市建筑地下基础、公路隧道、地铁等工程中,钻孔灌注桩施工、盾构掘进施工和地下连续墙施工的过程中会产生大量的废弃泥浆,若处置不当,将对土壤、植被、水质造成严重污染。目前对工程废弃泥浆再利用的研究大部分仅停留在泥浆本身净化循环再利用上,对泥浆处理物的再利用研究较少。本章介绍了工程废弃泥浆的选矿技术、材料特性及资源化利用途径,并以某盾构废弃泥浆资源化利用案例验证了废弃泥浆用于道路基层的可行性。

10.1 工程废弃泥浆概述

10.1.1 工程废弃泥浆的定义

泥浆是一种由水、膨润土颗粒、黏性土颗粒和外加剂组成的悬浊体系,由膨润土或黏性土与水配制而成。一般来说,按体积比计算,水占 70%～80%,固体颗粒占 20%～30%。泥浆的性能指标如相对密度、黏度、含砂量、pH 值、稳定性等应符合规定的要求。在钻孔或掘进过程中,其成分和特性不断地发生变化,泥浆性质会逐渐变差,当不能满足使用要求时,就应当进行处理或者废弃。

泥浆作为一种工程辅助施工材料,广泛应用于钻孔灌注桩施工、盾构掘进施工和地下连续墙施工中。泥浆的主要作用为:

(1) 护壁作用。在钻孔和掘进工程施工中,泥浆能够平衡孔中或掘进面的土压力,在孔壁或开挖掌子面形成泥膜,防止塌方。

(2) 排渣作用。在钻孔桩和连续墙施工过程中,通过泥浆的不断循环,钻孔中的钻渣被排出,在盾构掘进中盾构前端刀盘切削下来的土砂通过泥浆的循环带出。

(3) 冷却作用。在钻进或掘进过程中,泥浆对刀盘、钻头等设备有冷却和润滑作用,保证钻井的正常进行。

(4) 清孔作用。浇筑混凝土前,泥浆能够清理钻孔桩和连续墙孔底沉渣,保证成孔质量。

（5）泥浆还能有效地抑制地层中的地下水喷出及突涌,确保施工的顺利进行。

10.1.2　废弃泥浆的环境影响

虽然工程泥浆在施工中的作用很大,但是多余的泥浆和废弃泥浆的处理一直是困扰工程施工的重大难题。现行的处理方式是用槽罐车把泥浆运到郊外使其自然干化。这种处理方式原始落后、效率低、费用高,在运输过程中常因泥浆的漏洒而污染市容。

更严重的是,在巨大的经济利益驱使下,有的建筑工地趁监管漏洞,将工程泥浆偷排乱排,产生了非常严重的后果：① 污染环境,工程泥浆的乱排放污染水源,破坏自然植被,板结土壤,影响环境；② 偷排入江河的泥浆不仅使江河浑浊,破坏水质、河道生态安全,使大量鱼虾死亡,危及城市生活用水安全,还使河道淤塞,影响船舶航行；③ 破坏市政设施,偷排入下水道等设施的泥浆极易阻塞管道,造成市政工程的破坏；④ 工程泥浆也加剧了水土流失。

随着中国工程建设步伐的加快,泥浆污染,特别是对河流的污染事件越来越多。虽然各地政府出台了大量的政策法规,同时也投入了大量的资金整治泥浆带来的水质污染,但是由于没有很好的泥浆处理方式,再加上利益的驱使,很多措施收效甚微。因此,为工程泥浆找到一条经济环保的处理方式已成为社会发展的迫切需要。

10.1.3　国内外废弃泥浆处理现状

目前我国对于工程废弃泥浆,如泥水盾构弃浆、地下连续墙护壁泥浆、钻孔桩泥浆、地基加固水泥土返浆等,一般采用外运丢弃的方法,丢弃法需要保证足够的堆弃场所,而废弃泥浆本身会对环境产生不利影响,不宜作农用土或工程建筑再利用。目前,发达国家处置污泥的主要方法有：

（1）回填农牧用地,包括可耕地和牧场。

（2）回填土地,包括森林、花园和社交场地(操场、高尔夫球场、公园和空地)。

（3）污泥填埋,包括与城市垃圾混合填埋和单独填埋。

（4）海洋处置,用于填海造陆。

（5）改良处理作为一般建筑材料再利用。

我国目前对于城市隧道建设中产生的废弃泥浆很少采用有效地生态处理和再利用方法,一般由承包商分包给当地的环保相关部门抛弃处理,这不仅会污染环境,而且造成土体资源的浪费。随着未来城市地下空间开发朝着"大规模、大空间"方向发展,巨大土方量开挖土的外运以及废弃泥浆的处理将是工程建设方面临的巨大难题。目前,上海地区地下工程建设产生的开挖土以及废弃泥浆基本上是直接利用土方或槽罐车外运废弃为主,这不仅造成了施工成本的增加,也给城市交通、自然环境及国土资源造成了十分不利的影响。具体表现在：

（1）废弃开挖土及泥浆的外运处理占据了施工方大量的资金与时间成本,不利于施工成本的控制和提升效率。

（2）大量的土方车运输给城市交通带来了巨大的压力，由土方车引起的交通事故频繁发生，给社会及人民生命财产安全造成了不利的影响。

（3）废弃土采用简单填埋的方式，填埋场地的土体资源长时间无法使用，填埋场地地基承载力低，部分工程废弃泥浆甚至会造成土地资源的污染。

10.2　工程废弃泥浆选矿技术

10.2.1　泥浆脱水技术研究

迄今为止，对工程废弃泥浆的处理通常采用两种方法：一种是固液分离法，一种是固化处理法。

固化处理就是向防渗废弃泥浆土池中投入适量配比的固化剂，按照一定的技术要求进行均匀搅拌，通过一定时间的物理和化学反应，使其中的有害成分发生转化、封闭、固定作用，转变成一种无污染的固体。但是需要效果较好的固化剂，需要的固化时间较长，需要的场地也较大。

国外主要以固液分离法为主，而国内目前还没有全面开展建筑施工废弃泥浆的处理工作，目前主要采用罐车运输至弃渣场的处理方式。该方式遗洒严重且费用很高，因此很有必要对废弃泥浆进行固液分离研究，减少废弃泥浆的体积，同时也减少废弃泥浆对周边环境的污染，从而达到文明施工、有效保护环境的目的。

固液分离法分离泥浆往往需先对废弃泥浆进行化学脱稳、絮凝处理，强化脱水机械的固液分离能力，并在化学脱稳、絮凝处理中把废弃泥浆中的有害成分转化为危害性小或无害的物质或减少其淋滤浸出率。然后将已脱稳、絮凝的废弃泥浆泵入脱水机械中，通过机械作用实现固液分离。经固液分离后，沉渣（泥饼）的含固率大大增加，体积减小。分离出的废水，经过二级絮凝、过滤处理后达标外排或回用。影响固液分离技术运用的因素有两个方面：一是化学药剂，对于不同的泥浆体系需筛选出不同的化学药剂进行处理。二是分离设备，对于不同的工程要求需要选用不同的分离设备，选定分离设备后仍需进行现场分离实现才能确定分离效果。

对于无机絮凝剂，如铁铝聚结剂，铁盐絮体分维尺寸较铝盐絮体分维尺寸小，即铁盐絮体结构更开放些，因此含更多的水，但结合水含量却少些，因此其污泥脱水程度高些。由此结果可得铁铝聚结剂絮体结构在一定程度上有利于污泥的脱水。

在泥浆的分离中，应用更多的是有机絮凝剂。

对于聚丙烯酰胺，其絮凝沉淀试验表明，采用直接固体加药进行絮凝沉淀是可行的；阴离子型聚丙烯酰胺混凝沉淀效果最好；加药量过大絮团松散，不利于压缩沉淀底泥的体积，添加合适的药量对于提高沉淀效果具有重要的意义。

10.2.2　泥浆脱水机械研究

固液分离法对泥浆脱水时一般都会采用机械脱水。脱水机的种类很多,按脱水原理可分为真空过滤脱水、压滤脱水和离心脱水三大类。离心机的优点是出泥干、全密闭运行环境好,不需冲洗水。带式压滤机的优点是节省电耗、噪声小。

目前,国内外广泛采用的脱水机械有很多,分类方法也很多。根据推动力和操作特征可细分为若干种固液分离设备,如表 10 - 1 所示。分离设备种类繁多,各自对应的分离情况也各不相同,根据不同的实际工程情况,需要选用合适的固—液分离设备,以免因选型不当而不能满足工艺要求。

表 10 - 1　固液分离设备主要类型一览表

分离原理	动力	操作特征		典 型 设 备
沉降	重力	连续操作		连续沉降槽(鼓),连续澄清器,连续浓缩器,流化床澄清器,螺旋分级机,斜板分级机,逆流分级机,泡沫浮选器
		间隙操作		间隙沉降槽(鼓),沉降筒,澄清池
	离心力	静止壁		液固旋流器,液液固旋流器,Statifuge 沉降装置,Tedman 沉降装置
		转动壁	连续卸料	卧螺离心机,立螺离心机,管式离心机,碟式分离机,室式分离机,离心浓缩机
			间隙卸料	撇液管离心机,刮刀卸料沉降离心机
	电磁力			高梯度磁分离器,静电分离器,电渗析脱水机
过滤	重力	连续操作		带式过滤器,格栅,振动筛
		间隙操作		重力过滤器,袋式过滤器,砂层过滤器
	真空	连续操作		转鼓真空过滤机,带式真空过滤机,圆盘真空过滤机,翻盘真空过滤机,转台真空过滤机
		间隙操作		努契过滤器,真空吸滤器,真空叶滤机
	加压	连续操作		加压转鼓过滤机,加压带式过滤机,加压圆盘过滤机,带式压滤机,旋叶过滤机,连续压滤机,螺旋压滤机,锥盘压榨机,螺旋压榨机
		间隙操作		板框压滤机,箱式压滤机,管式压滤机加压叶滤机,离心力卸料加压圆盘过滤机,变容积压滤机,筒式压滤机,预涂层过滤机
	离心力	连续操作		离心力卸料离心机,活塞离心机,振动离心机,进动离心机,螺旋过滤离心机,导向通道式过滤机
		间隙操作		三足式离心机,刮刀离心机,上悬式离心机

10.2.3　日本 YS 工法固化泥浆

近年来,日本社会从大量消费型社会向循环型社会转变,日本开发了一种重视环境保护的循环性工法——YS 工法,YS 工法使用一种特殊处理剂 DF,解决了以往仅仅通过水泥改良废弃土工法的环境问题,其改良土可作为道路路基、江河堤坝及公园绿化种植土来安全使用。

在日本伴随着建设工程所产生的建设产生土,由于处理场所的远程化、处理费用的上涨和环境考虑等因素,逐渐从处理转为如何有效利用,同时相关法规的制定也同步进行。因为建设产生土是伴随建设工程所获得的副产物,其性状多种多样,难于直接利用的土是很多的。但即使是品质较低的建筑废弃土,也可以通过 YS 工法进行改良处理后再利用。因此,YS 工法作为建筑废弃土的改良工法被广泛应用。工法中的核心技术为 DF 土体改良剂,由 40% 的粉煤灰、40% 的水泥、8% 的硫酸钙和 2% 的其他无机材料组成。相比较水泥土改良工法,YS 工法的优点有:

(1) 控制六价铬(废弃土中普遍存在的重金属)的析出,使得六价铬的污染控制在环境标准要求以下,可使废弃土还原为种植土。

(2) 土壤改良后,由于碳酸化作用,可抑制短期内不析出碱性物质(水泥土所不具备的特征)。

(3) 水泥类固化材料土壤一般呈现固态化,而 DF 土体改良剂可保持土壤呈现颗粒化形态,利于植物的生长。

(4) 能保持长期稳定,不易劣化。

10.2.4　钻孔灌注桩压滤泥

钻孔灌注桩是产生泥浆最多的领域,也是造成污染最严重的领域。目前对于钻孔桩泥浆处理的研究较少。现有的工地施工中主要采用泥浆净化加废弃泥浆沉淀分离的方式。

利用固液分离技术对钻孔桩泥浆进行处理,能取得很好的效果。其主要的工艺流程见图 10-1。

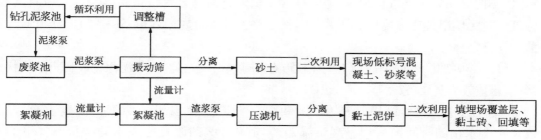

图 10-1　泥水分离流程图

该处理方法共分为三步,即泥浆净化、泥浆絮凝和固液分离。第一步类似于盾构施工中的泥浆净化方法,用振动筛将泥浆中的大颗粒筛除,增加泥浆循环次数,减少废气泥浆的产生量。第二步是化学絮凝沉淀,向泥浆中加入絮凝剂进行絮凝,破坏泥浆相对稳定的悬浊体系,使泥浆中的土颗粒沉淀。最后一步是实现固液分离,通过压滤机对絮凝后的泥浆进行压滤处理,将泥浆分离为水和土。

目前对泥浆再利用的研究大部分仅停留在泥浆本身净化循环再利用上,对泥浆处理物的再利用研究较少。比如盾构施工净化泥浆产生的废渣基本上还是外运作为填土处理。怎样实现分离物的现场再利用已经成为泥浆处理中的一个重要问题。一方面,现场再利用减少了废弃物外运的成本;另一方面,可以解决一些工程上的需要。

国外进行了一些泥浆再生处理的研究,比如在威悉河隧道掘进泥浆处理过程中,分离出的砂土根据其颗粒含量的不同可分别作为公路路基的承重层、隔音墙覆盖层和填充料等。石油钻井废弃泥浆分离产物掺入适当的水泥可提高强度,固结后可用于铺路等。

通过固液分离法处理的泥浆,其分离的砂土可用于现场砂浆和低强度混凝土的原材料,分离出的黏性土由于强度很高可用作回填土或现场固化制砖等。这种方式不仅节省了外运的成本,还创造了再利用价值。

钻孔灌注桩压滤泥主要成分为黏性土和砂,其应用对环境的负面影响较小。

10.3 工程废弃泥浆资源化材料特性

10.3.1 盾构泥浆固化材料特性

对某隧道工程的盾构泥浆,分别使用普通水泥固化和 YS 工法固化,并对各自材料特性进行室内试验研究。水泥作为常用的胶凝材料,可在水泥土浆液中起到固化黏土、提高重塑黏土强度的作用。本试验采用 P.C32.5 复合硅酸盐水泥作为固化材料。YS 工法使DF 土体改良剂固化。

室内试验分别对两种工法所得固化土的含水量、强度、pH 值等指标在不同固化剂掺量、不同时间条件下进行测试。其中,含水量通过简易含水量试验(微波炉法)测试,强度通过无侧限抗压强度试验测试(执行《公路土工试验规程》JTJ051-93),pH 值通过酸度计测定。

(1)表观变化。DF 剂改良土呈颗粒形态,土质较松散、均匀;水泥固化改良土呈块状形态,土质较为坚硬、致密,如图 10-2 所示。

(2)含水量。试验结果如表 10-2 和图 10-3 所示,原状土、DF 剂改良土、水泥改良土含水量随时间推移均呈现下降趋势,其中 DF 剂改良土在不同掺量条件下的降低趋势较为平均,而水泥改良土随着掺量的不同,含水量降低趋势要大于 DF 剂改良土。

(3)强度。水泥改良土后期强度要高于 DF 剂改良土,如表 10-3 和图 10-4 所示。

(a) DF剂改良土　　　　　　　　　　(b) 水泥改良土

图 10‑2　DF 剂与水泥改良土表观比较图

表 10‑2　含水量随时间变化统计表

项　目	序号	掺量	初始含水量	1 d 含水量	3 d 含水量	7 d 含水量
原状土	0	0%	0.85	0.602 28	0.400 56	0.366 12
DF 剂改良土	1	1%	0.650 165	0.602 564	0.538 462	0.497 006
	2	3%	0.612 903	0.562 5	0.501 502	0.466 276
	3	5%	0.582 278	0.543 21	0.470 588	0.424 501
	4	7%	0.547 988	0.501 502	0.440 922	0.388 889
	5	10%	0.510 574	0.461 988	0.404 494	0.369 863
水泥改良土	6	1%	0.742 16	0.677 852	0.557 632	0.520 455
	7	3%	0.623 377	0.562 5	0.519 757	0.470 588
	8	5%	0.510 574	0.461 988	0.457 726	0.424 501
	9	7%	0.457 726	0.424 501	0.408 451	0.377 41
	10	10%	0.396 648	0.392 758	0.355 014	0.315 789

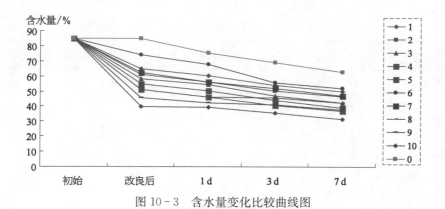

图 10‑3　含水量变化比较曲线图

表 10-3 强度随时间变化统计表

项 目	序号	掺量	1 d 强度	3 d 强度	7 d 强度
原状土	0	0%	0.01	0.01	0.01
DF 剂改良土	1	1%	0.01	0.01	0.02
	2	3%	0.01	0.03	0.06
	3	5%	0.04	0.07	0.09
	4	7%	0.06	0.11	0.17
	5	10%	0.14	0.2	0.29
水泥改良土	6	1%	0.01	0.02	0.03
	7	3%	0.02	0.11	0.15
	8	5%	0.08	0.17	0.26
	9	7%	0.1	0.23	0.35
	10	10%	0.23	0.45	0.59

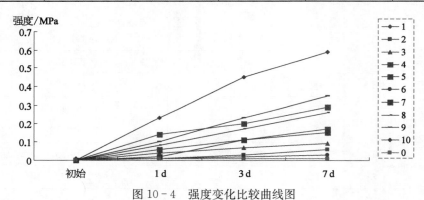

图 10-4 强度变化比较曲线图

（4）pH 值。DF 剂与水泥改良土 pH 值随时间推移均呈现逐渐降低的趋势，但相同掺量条件下 DF 剂改良土 pH 值下降趋势较为明显，如表 10-4 和图 10-5 所示。

表 10-4 pH 值随时间变化统计表

项 目	序号	掺量	初始 pH 值	1 d pH 值	3 d pH 值	7 d pH 值
原状土	0	0%	7	7	7	7
DF 剂改良土	1	1%	9	7	7	7
	2	3%	10	8	7	7
	3	5%	10	9	8	8
	4	7%	11	9	8	8
	5	10%	11	10	8	8

（续表）

项　目	序号	掺量	初始 pH 值	1 d pH 值	3 d pH 值	7 d pH 值
	6	1％	9	9	8	8
	7	3％	10	10	9	9
水泥改良土	8	5％	11	10	9	9
	9	7％	11	11	9	9
	10	10％	11	11	9	9

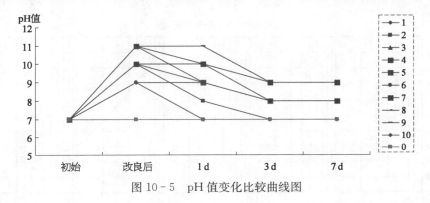

图 10 - 5　pH 值变化比较曲线图

10.3.2　钻孔灌注桩压滤泥浆材料特性

所用钻孔灌注桩压滤泥泥浆来自上海某高架道路钻孔灌注桩泥浆护壁施工，护壁泥浆经聚丙烯酰胺絮凝沉淀，通过专用设备压滤后，形成具有较低含水率（45％左右）的压滤泥浆。压滤现场如图 10 - 6 所示。

图 10 - 6　护壁泥浆压滤现场

为了探寻钻孔灌注桩压滤泥的路用性能，现场取样并进行了级配分析、烧失量、有机质含量、液塑限、塑性指数试验、击实试验和 CBR 试验。

1）筛分试验

筛分试验结果见表 10 - 5。

表 10-5 筛分试验结果

孔径/mm	5	2	1	0.5	0.25	0.075	0.073 3	0.052 9
小于该孔径土质量百分数/%	100	99.8	99.6	98.8	98.3	85.2	78.6	73.5
孔径/mm	0.025 4	0.015 2	0.011 0	0.007 9	0.005 6	0.003 9	0.001 7	0.001 2
小于该孔径土质量百分数/%	52.2	39.4	32.1	2.9	25.0	21.6	15.6	9.6

由表 10-5 和图 10-7 可知,压滤泥的颗粒粒径主要分布于 0.001 2~0.075,属于细粒土。

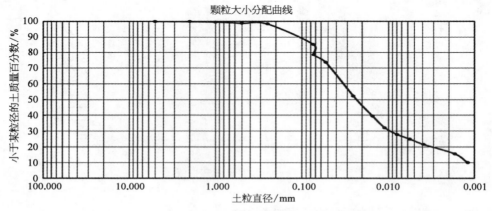

图 10-7 级配曲线

2) 液限和塑性指数试验

液限和塑性指数试验如表 10-6 所示。

表 10-6 液限和塑性指数试验结果

试 验 项 目	试 验 结 果
液限/%	39.4
塑限/%	18.8
塑性指数	20.6

由图 10-8 可知,该压滤泥属于低液限黏土。

3) 烧失量和有机质含量试验

试验结果如表 10-7 所示。

表 10-7 烧失量和有机质含量试验结果

试 验 项 目	试 验 结 果
烧失量/%	4.8
有机质含量/%	0.8

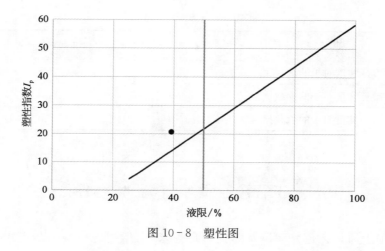

图 10 - 8　塑性图

根据试验结果,压滤泥的有机质含量和烧失量分别为 0.8 和 4.8。

4) 击实试验

试验结果如表 10 - 8 所示。

表 10 - 8　击实试验结果

试 验 项 目	试　　　验　　　结　　　果				
含水率/%	6.4	8.2	10.6	12.7	15
干密度/(g/cm³)	1.73	1.89	2.05	1.95	1.79

根据实验结果(图 10 - 9),压滤泥的最佳含水量为 10.6%,最大干密度为 2.05 g/cm³。

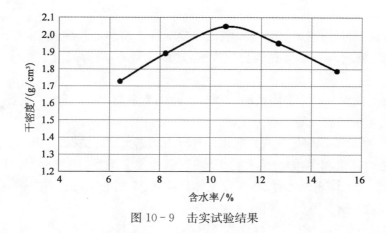

图 10 - 9　击实试验结果

5) CBR 试验

CBR 试验结果如表 10 - 9 所示。

由以上研究内容可知该压滤泥可以用于道路路基填筑。

表 10‑9　CBR 试验结果

试 验 项 目	试 验 结 果
93 压实度对于的承载比/%	11.8
95 压实度对于的承载比/%	14.0
98 压实度对于的承载比/%	19.9

10.4　工程废弃泥浆资源化材料用途

根据当前上海地区道路建设及养护管理需求,对压滤泥材料初步考虑如下资源化途径。

(1)种植营养土。压滤泥材料内含有少量有机质、聚丙烯酰胺且材质总体较为酥松,初步判断可以以此为基础制备营养种植土。针对公投旗下道路建设、公路养护管理和海绵城市建设需要,考虑将高速公路养护过程中产生的灌木修剪枝条和植被粉化(锯木屑也可)与压滤泥按一定比例混合后,再掺配一定数量的聚丙烯酰胺,通过袋包装即可形成种植营养土,可用于高速公路绿化堆肥、新建道路表层土填筑、家庭绿化养殖、屋顶绿化等。

(2)砌筑砖。压滤泥材料主要作为填充料,通过与碎石、石屑、水泥、石灰、粉煤灰等材料合理掺配,压制成型后,进行蒸汽养生,形成砌筑砖。

(3)地聚物。以烘干压滤泥、淤泥质亚黏土(G1501 同三段现状软弱填料)为主要原料,通过掺配激发剂(石灰、水玻璃、水泥等),经过球磨工艺,制备成具有一定活性的地聚物材料。

(4)烧制砖(轻质陶粒)。将压滤泥、淤泥质亚黏土材料与稳定剂(少量水泥、石灰)、粉煤灰、无机色粉、木屑(粉)等材料合理掺配,初步成型后,进行高温煅烧,形成烧制砖或轻质陶粒。

(5)轻质土填料。研究采用水泥、石灰、乳化沥青等材料,进行综合稳定形成强度足够、刚柔相济、可浇筑施工的轻质土填料。

图 10‑10 为废弃泥浆固化改良后用作种植土的露天试验情况。与原状土对比可见,经均匀改良之后弃浆,土体的自然劣化程度较高,土体呈散状、颗粒形态,且土体较为湿润,植物可生长于土体表面;而原状弃浆土体呈块状、干裂形态,植物在其表面较难生长,多由土体间缝隙长出。

图 10‑11 为废弃泥浆固化改良后,经搅拌、摊铺、碾压等工序制作临时路基材试样试验。通过一定掺入比的 DF 剂改良之后,废弃泥浆的表观含水量明显降低,符合外运运输及摊铺施工的指标要求,且经压实、养护处理之后,试样的表面平整度、强度指标等均较为理想,7 d 强度可达 1.7 MPa,28 d 强度可达 1.8 MPa。

图 10-10 露天试验改良种植土情况

(a) 原状废弃泥浆

(b) 加水

(c) 密度测定

(d) 搅拌

(e) DF剂掺入

(f) 停止搅拌

(g) 改良后

(h) 运输

(i) 摊铺

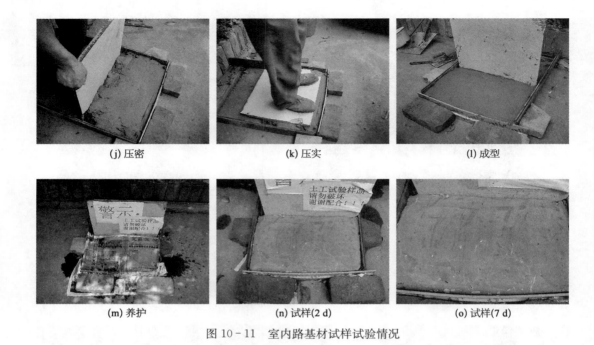

(j) 压密   (k) 压实   (l) 成型

(m) 养护   (n) 试样(2 d)   (o) 试样(7 d)

图 10-11　室内路基材试样试验情况

10.5　固化废弃泥浆资源化应用案例

某泥水平衡盾构工程中,将产生的废弃泥浆进行资源化处理,作为道路路基回填材料。试验路结构如图 10-12 所示。试验固化泥浆总量为 100 m³,回填区大小约为长 16.0 m×宽 15.0 m,现场情况如图 10-13 所示。

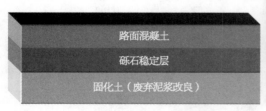

图 10-12　改良土施工方案   图 10-13　固化废弃泥浆试验路现场情况

试验前需将试验区域内现有回填杂物清理干净至设计标高,并符合道路路基施工要求。

废弃泥浆运送试验区域后取样,进行初始指标测试,数据记录如下:

表 10 - 10 弃浆指标记录表

日 期	时 间	测定项目	指 标		
			含水量%	pH 值	密度 g/cm³
3.22	13:15	原状废弃泥浆(试验场)	33	7	1.65

根据测定的弃浆指标及相关性能试验结果,确立改良添加剂掺入比,参数如下:

表 10 - 11 改良参数记录表

测 定 项 目	实 际 指 标		
掺量/%	弃浆量/m³	投入 DF 剂/t	掺入比例/%
3	100	5	3.03

利用土方车将弃浆装运至试验场地,然后利用挖机将改良添加材料 DF 剂与弃浆进行充分搅拌。具体实施步骤:① 将改良添加材料 DF 剂悬挂于挖机挖抖上;② 挖机将 DF 剂悬吊至摊铺弃浆上方;③ 操作人员将 DF 剂包装袋下封口撕开;④ 挖机将 DF 剂悬吊弃浆改良区域,反复抖动挖机挖抖,将 DF 剂散落至改良区域,覆盖于弃浆表面,尽量使 DF 剂覆盖层厚度均匀;⑤ 卸下挖机抓斗上的 DF 剂包装袋(避免混入改良土中);⑥ 利用搅拌式挖抖将 DF 剂散落区域内弃浆反复充分搅拌(若弃浆较堆积层较厚,则分层搅拌);⑦ 搅拌结束后,取适量改良弃浆进行含水量指标测定。

(a) 原状弃浆　　　　　　　　(b) 摊铺　　　　　　　　(c) DF剂运输

(d) 搅拌作业　　　　　　　　(e) 改良后土样

图 10 - 14 改良作业施工示意图

完成后的路基土区域如图 10 - 15 所示。

图 10 - 15　施工完成后现场情况

基于规范设计要求,对改良土取多个位置土样进行压实度指标测定,结果如下:

表 10 - 12　改良土指标测定

项　目	设计要求	改良土样 1	改良土样 2	改良土样 3	改良土样 4	改良土样 5	改良土样 6
压实度	≥90%	97%	95%	96%	96%	97%	96%

通过本工程应用可得出结论:

(1) 固化改良废弃泥浆可作为正式道路路基土进行使用,土体指标符合规范设计要求。

(2) 采用搅拌式挖抖进行废弃土改良施工,有效提高了改良效率,使得 DF 剂的利用率得到提高,弃土搅拌更加充分、均匀。

(3) 通过对比不同掺量改良土指标,得出符合规范中路基土设计标准的最低 DF 剂掺量配比为 3%(重量比)。

(4) 通过与传统工艺进行经济性比较发现,采用 3%(重量比)DF 剂进行废弃泥浆改良与传统道路路基填土成本相当,但采用新型的改良工艺可大大降低环境污染,其社会效益十分明显。

第十一章
建筑装修垃圾资源化处置技术

建筑装修垃圾占城市固体垃圾的 30%～40%,我国多省份每年建筑垃圾的产生量已达上亿吨。如能将建筑装修垃圾应用于道路工程建设,一方面可以解决建筑装修垃圾的环境问题,另一方面可以解决因道路建设材料生产导致的生态环境和社会问题。本章首先简要介绍建筑装修垃圾的定义、产生、分类与特征;随后介绍国内外建筑装修垃圾分选技术,并以浦东新区曹路试验基地为例,详细介绍建筑装修垃圾资源化处置技术,包括流程、工艺和设备等;最后将结合试验介绍建筑装修垃圾资源化所得材料的物理性能及其路用特性。

11.1 建筑装修垃圾资源化处置概述

11.1.1 装修垃圾定义

伴随着现代社会的发展,建筑装修越来越受到人们的重视,一方面,建筑装修改善了人们的工作和生活环境;另一方面,在装修过程中,也伴生着大量装修垃圾的产生。目前,对装修过程产生的垃圾还没有专门的定义,我国普遍将其归于建筑垃圾(图 11-1)中。

我国在《城市建筑垃圾和工程渣土管理规定》中指出,建筑垃圾是指建设、施工单位或个人对各类建筑物、构筑物等进行建设、拆迁、修缮及居民装饰房屋过程中所产生的余泥、余渣、泥浆及其他废弃物。建筑垃圾主要分为三类:工程渣土、建筑拆除垃圾和装修垃圾。

结合现有研究成果及实际情况,本书将装修垃圾定义为居民对房屋进行装修过程中产生的垃圾。

11.1.2 建筑装修垃圾的产生与分类

建筑装修中所涉及的项目大致分为墙面、天棚、地面、门、窗等几个部分。装修的墙面装饰材料一般包括涂料、石材、墙砖、壁纸、软包、护墙板、踢脚板等;装修工程中天棚(包括梁)的装饰材料一般包括涂料、吊顶、石膏线和角花等;地面的装饰材料一般包括地砖、木

图 11-1 装修垃圾

地板、地毯、楼梯踏板及扶手等;装修垃圾的组成与建筑垃圾组成成分具有相似之处,但各成分的比例相差较大。据调查,装修垃圾的主要成分有以下几种:

1) 混凝土块、砖块和灰浆等

在装修之前,由于对房屋的使用功能和美观等方面的个体差异化要求,业主会对房屋的部分墙体(非承重墙)进行改建,在此过程中会产生一定量的废弃混凝土块、砖块和灰土(如废旧水泥等)。

2) 废旧金属、玻璃等

房屋交房后,人们会对原有的安全防护装备,如防护栏杆、窗户等进行改造和替换。在此过程中会产生大量废旧五金和窗户玻璃等。

3) 废旧地砖、墙砖和木地板

在对房屋的地面和墙面进行装修的过程中,由于房屋自身设计尺寸的不同,会导致在地砖、墙砖和木地板等铺设过程中产生不可避免的切割。另外,在实际施工过程中,由于业主的审美要求和施工损耗破坏,还会增加额外数量的损耗。

4) 废旧墙纸和墙布

目前国内主要墙纸销售时以"卷"为单位进行售卖,一般为每卷 5.3 m^2,因此每个家庭在进行装修时,大多会剩余一定量的墙纸。

5) 木块、刨花和人造板材

在房屋中定做柜子、天棚安装龙骨时会伴随产生一定量的木块、刨花和人造板材。

6) 纸板、包装袋

主要包括在装修过程中产生的用于包装材料、保护地面的纸板或包装袋等。

7) 其他有害废弃物

废油漆、涂料、胶乳剂以及它们的包装物等。

11.1.3　建筑装修垃圾的特征

近年来,随着人们生活水平的提高,房屋装修的比例也日渐增长。但在美化居室的同时,装修过程中产生了大量的垃圾。据统计,每平方米的建筑面积将产生 $0.1\sim0.4$ m³ 的装修垃圾,其值的大小与装修的精致程度和装修房屋的原状相关。

建筑装修所用材料范围广、装修工艺差异大、尺寸参差不齐等特点决定了建筑装修垃圾成分的复杂性,且部分建筑装修垃圾含有有毒有害成分。通常建筑装修垃圾包括混凝土块、砂浆碎块、砖块、木材、纸类包装、钢材、玻璃、塑料等。建筑装修垃圾具备以下特征:

1) 组分复杂且强度差异大

装修垃圾中混凝土块、砖块产生量为 $45\%\sim50\%$,但装修垃圾的成分组成复杂,包括木材、废陶瓷、废五金、塑料、玻璃等,而且其中含有一定量的有毒有害成分。我国还没有采取建筑装修垃圾分类的措施,也没有相应的预处理技术,所以现阶段装修垃圾中各组成物质强度差异较大。

2) 再加工难度大

由于我国目前分类收集水平不高,装修垃圾多与生活垃圾混合在一起,分离装修垃圾中可作为筑路材料的混凝土、砖块所需工艺复杂,再生料成本很大。

3) 难以实现规模化加工

装修垃圾以小区为单位分布较为分散,数量相对较少,不适合规模化的再生利用。

11.1.4　建筑装修垃圾资源化必要性分析

近年来,随着我国城市人口的日益增长和城市规模的不断扩大,城市固体垃圾的产生量与日俱增,所带来的环境和社会问题愈发凸显。其中,建筑垃圾占比高达 $30\%\sim40\%$,我国多省份每年建筑垃圾的产生量已达上亿吨。装修垃圾作为建筑垃圾的重要组成部分,也是处置成本最高、处置难度最大的部分。目前国内还没有成熟的技术对建筑装修垃圾进行有效处置。

建筑装修垃圾的主要成分是无机物,难以减量处理,而传统的填埋需要消耗大量的土地资源,且会引发二次环境污染问题。综合考虑经济及环境因素,资源化利用是装修垃圾有效且环保的处理方式。道路建设作为城市建设的重要组成部分,需要消耗大量无机材料,是装修垃圾天生的优质"处理场"。

目前,国内已有部分企业开始着手于建筑装修垃圾的资源化处置及利用研究。通过调研发现,大部分建筑垃圾资源化利用企业主要是对水泥混凝土进行再生利用处置,较少涉及建筑装修垃圾。部分涉及建筑装修垃圾处置的企业,其再生料主要用于制砖,利用量少,可消纳装修垃圾数量有限。还有部分涉及建筑装修垃圾处置的企业,其作业不规范,再生集料去向不明。国内大部分建筑装修垃圾依然得不到有效处置,对城市环境的影响正日益凸显。

如能将建筑装修垃圾应用于道路工程建设,一方面,可以解决建筑装修垃圾的环境问题;另一方面,可以解决因道路建设材料生产导致的生态环境及社会问题。

11.2 建筑装修垃圾选矿技术

11.2.1 国内外分选技术简介

装修垃圾的处置技术研究包括两个方面:分选技术的研究和利用技术的研究。这是同一问题相互关联又相互促进的两个方面。分选技术的发展和提高,为后端的利用创造了条件,而利用途径的拓展又对分选技术提出了要求。研究装修垃圾的处置,必须结合两方面的现实条件和需求进行研究和实践。装修垃圾的主要特点是组分多,分选技术针对这一特点展开研究。

欧美及亚洲发达国家和地区在对垃圾和固废方面处理的研究比较深入,目前已形成了较为完备的处理方法,形成了成熟的处理设备和技术。然而,在针对我国目前装修垃圾的处理方面,却缺乏可供借鉴的完整技术,主要原因如下:

第一,发达国家控制和规范了前端的产生,很难看到像我国城市这样大规模又无序的个体装修现象。在日本东京,全市的装修垃圾量不到生活垃圾量的四分之一,且有分类收集要求,整个城市感觉不到装修垃圾的压力。

第一,国外发达国家的住宅基本用材与我国有较大的差别,组装件和钢木结构为主要材料,其废弃物的组分没有我国复杂。没有需要,也就没有发展。

图11-2是日本东京两处装修垃圾处置现场。

图11-2　日本东京两处装修垃圾处置现场

图11-2可反映出:进处置场的装修垃圾已经过分类,以可燃物为主,此处的出口是打碎后作燃料或绿化覆盖层;图中所见到的处置设备以通用设备为主,没有专用的设备。右图为东京另一装修垃圾处置场,作业工人对运输车卸下的装修垃圾进行人工分拣。经分拣后的无机物,有两个去处,东京湾填海或高温熔融制人造砂。

　　在国内,尚没有真正意义上的装修垃圾处置的专业设备,基本采用建筑垃圾的部分设备进行装修垃圾的处置,而建筑垃圾的处置加工设备,一般套用了矿山机械设备。在此基础上,所设计的装修垃圾处置工艺主要着力在粒径的大小和统一上,与此相应的设备主要有以下两类:① 各类型破碎设备,如颚式破碎机、圆锥破碎机、辊式破碎机,以及反击式破碎机、冲击式破碎机等。② 筛分设备,典型的有两种形式:滚筒筛和振动筛。近期,针对装修垃圾中大量轻飘物需要分选的现实要求,又开始引用了生活垃圾分选设备——弹跳机械、风选机械。

　　上述各类功能性设备经过相应的输送设备连接,组合成现有的装修(建筑)垃圾处置生产线。国内也有针对特定条件而设计制作的装修(建筑)垃圾处置设备。

　　图 11-3 为适用于临时堆场装修垃圾处置分类的湿法生产设备作业现场。

图 11-3　适用于临时堆场装修垃圾处置分类的湿法生产设备作业现场

11.2.2　浦东新区曹路试验基地分选技术

1) 分选技术研究的目标和要求

　　装修垃圾的处置和其他固废一样,都有一个末端处置方式以及资源化再利用目标的选择问题。分选技术的研究需要结合上述具体要求予以展开。同时末端利用相结合,否则再好的分选技术最后的结果都可能会成为“垃圾转移”。

　　由于装修垃圾的总量大,且受时间、地点的影响,单一的利用目标不可能消耗全部的装修垃圾,分选技术的研究需要适应各种不同需要,整个处置分选过程要做到“逐步减量,分类利用”。

　　在具体的装修垃圾分选技术的研究方向和目标方面,要结合以往的经验和教训。装修垃圾的一个主要特征是组分复杂,为其处置、分选、利用带来困难。在上述国内外各类型的装修垃圾乃至建筑垃圾的处置技术中,基本是以粒径大小作为主要技术要求和处置手段;而装修垃圾是各类不同材质的混杂物,单以粒径大小的处置分选不能满足其后精准的利用需要。区分装修垃圾中各类材质的一个重要特征是各自的比重（质量密度），再加上对小粒径的控制，可使整个装修垃圾的处置利用走出一条新路。

　　2）装修垃圾分选目标物的研究

　　装修垃圾的处置利用，合理确定分选物是一项关键的研究。经过对曹路装修垃圾取样及组分分析整理，得出表 11-1 中各组分统计特征和各组分所占百分比（表 11-2）。

表 11-1　统计特征表

特征指标	成　分									
	竹木	纸	纺织物	塑料	混凝土	红砖	轻质砖	玻、陶	五金	灰砂浆
均值	2.085	0.15	0.721	0.54	15.3	30.4	14.48	19.545	0.936	47.65
方差	7.903	0.05	1.275	0.48	257.74	453	357.2	308.01	15.85	595.6
标准差	2.811	0.22	1.129	0.69	16.05	21.3	18.9	17.55	3.98	24.41
极差	16	0.8	5	3.8	60.2	110	73.2	73	27.5	49.1
变异系数	1.35	1.43	1.57	1.27	1.05	0.70	1.31	0.90	4.25	0.51

表 11-2　各组分所占百分比

特征指标	成　分									
	竹木	纸	纺织物	塑料	混凝土	红砖	轻质砖	玻、陶	五金	灰砂浆
均值	2.085	0.15	0.721	0.54	15.3	30.4	14.48	19.545	0.936	47.65
变异系数	1.58	0.1	0.5	0.4	11.6	23.06	10.99	14.83	0.71	36.15

　　上述分析表明：① 装修垃圾中没有控制性组分；② 统计表明各组分的占比差异较大；③ 由于采样是在控制最大粒径条件下进行，各组分的粒径可视为呈相互交集状态。

　　在上述分析基础上，结合现有技术条件和对分选物市场接受度情况，拟对装修垃圾作如下三方面分类：① 可燃不可燃；② 粒径大小，砂粉料及规格料；③ 物料比重，规格料中的重骨料和轻骨料。

　　3）实现装修垃圾有效处置的功能研究

　　本书确立的装修垃圾分选的目标（功能）及实现途径如表 11-3 所示。

表 11-3　装修垃圾分选目标及实现途径

功　能	要　求	拟选设备	设备来源
粒径控制	满足要求的粒径	破碎+筛分	矿山机械
去杂物	分选出可燃物	弹跳+风选	垃圾处理设备
比重分选	按比重分选	气跳汰+振动	合作研制
去包装	拆除包装袋	剪切+风选（或其他）	合作研制
扬尘抑制	现场抑尘	干雾抑尘+封闭	技术组合

（1）粒径控制。采样分析表明，5 mm 以下砂粉料占比在 20% 左右，再经过各道处理，其占比可在 30% 以上，通过筛分，可直接分选该部分。其余各类骨料，经过破碎、筛分，得到各档规格料。该部分设备，可借用建筑垃圾处置加工设备进行。

（2）去杂物。本书将可燃物全部归作杂物一类。去杂的功能主要由风选、弹跳组合设备承担。但实践证明，单靠一道工序，很难达到理想的要求，且各应用目标对含杂物的要求不同，所以，去杂工序可在整个处置过程中予以实施，应根据需要布置。去杂设备，弹跳风选组合机，见图 11 - 4、图 11 - 5。

图 11 - 4　去杂设备　　　　　　　图 11 - 5　弹跳风选组合机

（3）重力分选。同样粒径的规格料，不同的材质有不同的用途。石子和红砖（或砌块）混在一起，就只能当作一堆填充料。将其有效分选，使各自体现各自功能，以目前认识，区分这两类物料的一个主要特征就是比重。重力分选就成了本次研究的一项核心内容。

专用于装修垃圾骨料分选的重力分选设备的基本分选原理是气跳汰加振动技术。

整套设备由入料喂料机、带有激震装置的分选床、供风装置、卸料装置、气体循环除尘装置组成。

其工作原理为物料通过入料装置进入带有振动装置的分选床，分选床下的供风装置将风供到分选床上的物料层，使得物料在重力、振动力、摩擦力和上升的气流压力下进行分层，轻物料在上层，重物料在下层，由卸料装置将重、中、轻各档物料分别予以卸出。构造与工作原理如图 11 - 6 所示。

（4）去包装。城市居民装修垃圾一般采用包装收集，对其处置前就有一个去包装的要求。对此，本项目的设计方案为：剪切＋风选的技术组合，并进行了实际试验，但最后因为现场动力配置和中试基地资金问题而放弃实施。在现场采用了"碾压破包＋机械抓手（或人工）捡袋"的方法，较实用。

（5）扬尘抑制。采用干法处置装修垃圾的技术路线，需要相应的防扬尘措施。在固废处置现场，喷雾降尘是普遍使用的技术方法。由于本项目需要对物料以比重分选，含水率会直接影响分选效率，所以不能采用喷雾的技术方法，而是选用了相对需水量较少的干

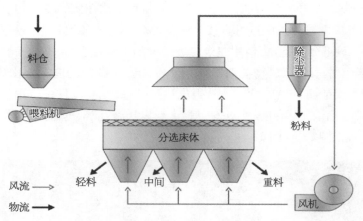

图 11-6　重力分选机示意图

雾抑尘加上扬尘点封闭的组合措施。结合现场在适当位置设置防尘网,取得较好的抑尘效果(图 11-7~图 11-9)。

图 11-7　基地干雾抑尘设备调试

图 11-8　防尘网设置

图 11-9　作业线密封处理

4）设备（设施）配备

本项目在实施过程中，充分考虑了研究的各项条件和要求，同时也发挥了试验基地综合优势。基地装修垃圾的处置按表 11-4 予以配备，装潢垃圾资源化处置技术流程图如图 11-10 所示。

表 11-4 装修垃圾设备及用途

序号	设备（设施）名称	规格、型号	用 途	附 注
1	挖掘机加机械抓手	履带挖掘机，液压抓手	碾压破袋，抓手分拣	部分人工替代抓手
2	破碎机加振动筛	颚破、振动筛	破碎，分选可燃物	—
3	筛砂机	滚筒式筛砂机	分选砂粉料	—
4	破碎机加振动筛	颚破、反击破、振动筛	规格料生产	与建筑垃圾线共用
5	弹跳风选机	滚筒弹跳、吹吸分选	分选可燃物	—
6	重力分选机	6 m² 气跳振动式	规格料比重分选	—
7	除尘系统	Sv882 喷嘴，空压机系统	扬尘点抑尘	结合区域密闭

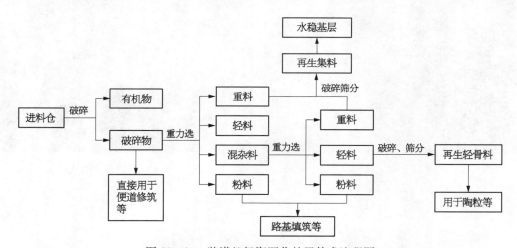

图 11-10 装潢垃圾资源化处置技术流程图

5）实际分选效果汇总

经过近两年的实际运行，各类分选物及占比汇总于表 11-5。

表 11-5 分选物及占比

指 标	分 选 物 组 分						
	砂粉料	规格硬骨料	砖块规格料	焚烧物	填埋物（其他）	损 耗	总 量
重量/t	26 522	12 510	37 406	2 880	17 800	约 1 400	98 506
占比/%	27	13	37	3	18	1.5～2.0	100

各类分类物见图 11-11～图 11-14。需要说明的是,装修垃圾的处置过程中,各分类物出路市场需要就是目标,没有必要一定要处理到最终和最精细。

图 11-11 规格硬骨料

图 11-12 规格轻骨料

图 11-13 砂粉

图 11-14 未经去杂的规格料

11.3 建筑装修垃圾材料特性

11.3.1 装修垃圾分选物

装修垃圾经再生处理,得到第一道工序粉料(粗粉)、重力分选的细粉料(石屑)、轻料(红砖为主)和三档集料产品(30%装修垃圾分选重质材料和 70%废旧混凝土混合破碎筛分得到)。

本次试验主要针对第一道工序粉料、重力分选得细粉料(石屑)和两档粗集料产品(5～15 mm、15～25 mm)。

样品标号 1#、2#、3#、4#,共四批料。

11.3.2　第一道工序粉料(粗粉)

第一道工序粉料(粗粉)占装修垃圾总量 30% 左右,是装修垃圾再生利用的主要对象之一。本次试验内容包括筛分试验、含水率试验、密度及吸水率试验、液限和塑性指数试验、击实试验。

1) 筛分试验

本次试验根据《公路工程集料试验规程》(JTG E42—2005)T0327—2005 的细集料筛分试验方法进行试验,采用的筛孔尺寸包括 9.5 mm、4.75 mm、2.36 mm、1.18 mm、0.6 mm、0.3 mm、0.15 mm 和 0.075 mm。试验结果如表 11 - 6 和图 11 - 15 所示。

表 11 - 6　筛分试验结果

		筛孔尺寸/mm								
		9.5	4.75	2.36	1.18	0.6	0.3	0.15	0.075	0
通过质量百分率/%	1♯	100.0	99.0	83.2	69.2	55.4	33.7	13.2	8.5	0.0
	2♯	100.0	96.9	85.2	71.8	59.3	40.5	21.3	16.4	0.0
	3♯	100.0	98.1	79.8	67.4	54.8	36.4	16.8	11.7	0.0
	4♯	100.0	98.6	85.4	73.2	59.8	38.9	17.1	12.8	0.0

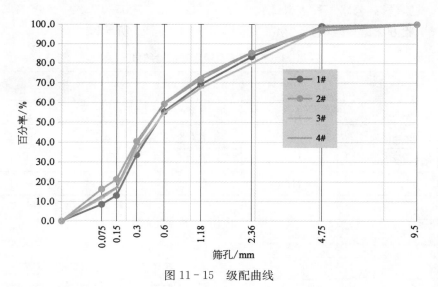

图 11 - 15　级配曲线

根据试验结果,通过第一道工序筛分得到的粉料(粗粉),其级配组成呈连续状态,级配相对均匀,变异性小。

2) 含水率试验

本次试验根据《公路工程集料试验规程》(JTG E42—2005)T0332—2005 细集料含水率试验的试验方法进行。试验试验结果如表 11 - 7 和图 11 - 16 所示。

表 11-7 含水率试验结果

试验项目	1#	2#	3#	4#
含水率/%	9.2	9.1	7.2	8.1

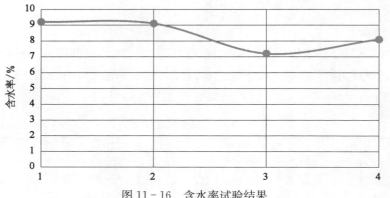

图 11-16 含水率试验结果

根据试验结果,通过第一道工序筛分得到的粉料(粗粉)含水率处于 7.2%～9.2%之间,存在一定的变异性。

3) 密度及吸水率试验

本次试验根据《公路工程集料试验规程》(JTG E42—2005)T0330—2005 细集料密度及吸水率试验方法进行。试验结果如表 11-8 和图 11-17 所示。

表 11-8 密度及吸水率试验结果

试 验 项 目	1#	2#	3#	4#
表观密度/(g/cm³)	2.668	2.675	2.685	2.674
表干密度/(g/cm³)	2.229	2.238	2.222	2.244
毛体积密度/(g/cm³)	1.968	1.978	1.948	1.988
吸水率/%	11.72	11.59	12.29	11.39

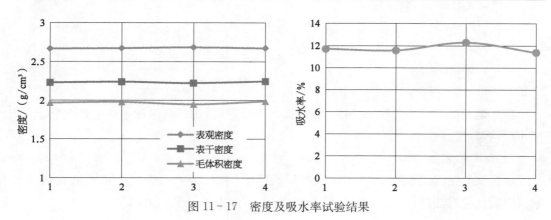

图 11-17 密度及吸水率试验结果

根据试验结果,通过第一道工序筛分得到的粉料(粗粉)的表观密度介于2.668～2.685 g/cm³,表干密度介于2.222～2.244 g/cm³,毛体积密度介于1.948～1.988 g/cm³,吸水率介于11.59%～12.29%,表现相对稳定。

4) 液限和塑性指数试验

本次试验根据《公路土工实验规程》(JTG E40—2007)T0118—2007液限和塑限联合测定法进行测试,液塑限试验新增了四组试样,编号5#、6#、7#、8#。试验结果如表11-9所示。

表 11-9　液塑限试验结果

试验项目	1#	2#	3#	4#	5#	6#	7#	8#
液限/%	33	35	36	32	35	34	35	34
塑限/%	27	26	27	24	28	28	29	28
塑性指数	6	9	9	8	7	6	6	6

塑性图如图11-18所示。

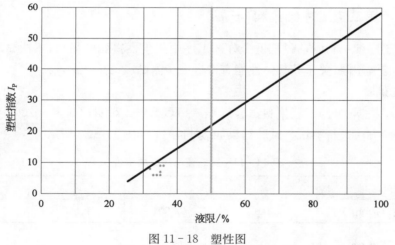

图 11-18　塑性图

试验结果表明,通过第一道工序筛分得到的粉料(粗粉)属于低液限粉土。

5) 击实试验

本次试验根据《公路土工实验规程》T0131—2007击实试验的方法进行试验,采用重型击实试验Ⅱ-1击实方法。试验结果如表11-10和图11-19所示。

表 11-10　击实试验结果

试 验 项 目	试 验 结 果					
干密度(g/cm³)	1.61	1.68	1.73	1.77	1.74	1.69
含水率/%	9.2	11.0	12.6	14.7	15.4	17.9

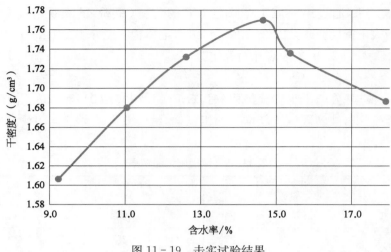

图 11-19　击实试验结果

试验结果表明,通过第一道工序筛分得到的粉料(粗粉)的最佳含水率为 14.7%,最大干密度为 1.77 g/cm³。

11.3.3　第二道工序细集料(石屑)

第二道工序细集料(石屑)是重力分选工序中集尘器得到的粉料,本次试验仅测试了其表观密度与液塑限,关于其具体性能有待进一步测试。

1) 密度试验

本次试验根据《公路工程集料试验规程》(JTG E42—2005)T0330—2005 细集料密度及吸水率试验方法进行测试。试验结果如表 11-11 和图 11-20 所示。

表 11-11　第二道工序石屑密度

试 验 项 目	1#	2#	3#	4#
表观密度/(g/cm³)	2.320	2.300	2.098	2.187

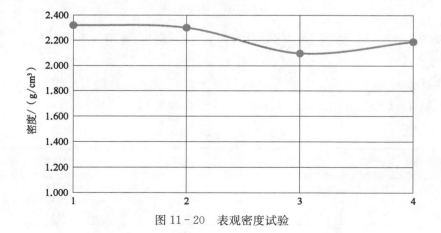

图 11-20　表观密度试验

试验结果表明,第二道工序细集料(石屑)的表观密度介于 2.098～2.320 g/cm³,表观密度存在一定的波动。

2）液限和塑性指数试验

本次试验根据《公路土工实验规程》(JTG E40—2007)T0118—2007 液限和塑限联合测定法进行测试,塑限试验新增了四组试样,编号 5♯、6♯、7♯、8♯。试验结果如表 11 - 12 和图 11 - 21 所示。

表 11 - 12　液塑限试验结果

试验项目	1♯	2♯	3♯	4♯	5♯	6♯	7♯	8♯
液限/％	45	42	45	45	41	42	43	43
塑限/％	28	27	29	28	33	33	32	33
塑性指数	17	15	16	17	8	9	11	10

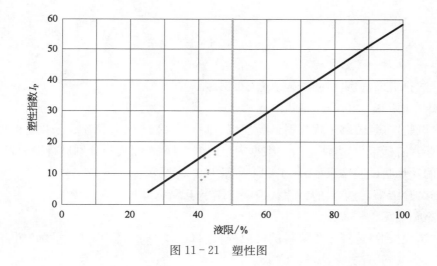

图 11 - 21　塑性图

试验结果表明,第二道工序细集料(石屑)属于低液限粉土。

11.3.4　粗集料试验

本次粗集料试验对象为装潢垃圾经重力分选后得到的重料,按 30％的装潢垃圾重料＋70％废旧混凝土混合,经破碎和筛分得到的两档集料产品 5～15 mm、15～25 mm。试验内容包括压碎值、针片状、密度及吸水率和软弱颗粒含量。

1）压碎值试验

本次试验按照《公路工程集料试验规程》(JTG E42—2005)T0316—2005 粗集料压碎值试验方法进行,采用 5～15 mm 档集料,过 13.2 mm 和 9.5 mm 筛,取粒径 9.5～13.2 mm 的粗集料进行试验,压碎值试验结果如表 11 - 13 和图 11 - 22 所示。

表 11‑13 压碎值试验结果

试验项目	1#	2#	3#	4#
压碎值/%	26.5	25.6	25.7	25.1

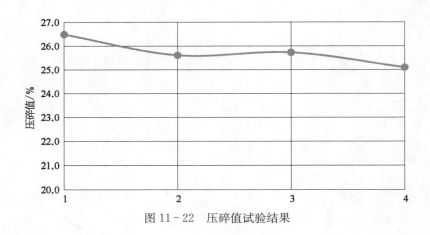

图 11‑22 压碎值试验结果

根据试验结果,粗集料的压碎值介于 25.1%~26.5%。

2)针片状试验

本次试验按照《公路工程集料试验规程》(JTG E42—2005)T0312—2005 粗集料针片状含量试验(游标卡尺)方法进行。根据规范要求,对两档粗集料分别进行筛分,得到四档料,测得的针片状试验结果如表 11‑14 和图 11‑23 所示。

根据试验结果,粗集料的针片状含量整体小于 7%,针片状含量较低。

3)密度及吸水率试验

本次试验按照《公路工程集料试验规程》(JTG E42—2005)T0304—2005 粗集料密度与吸水率试验(网篮法)方法进行测试。

(1)5~15 mm 档集料。试验内容包括表观密度、表干密度、毛体积密度和吸水率。试验结果如表 11‑15 所示。

表 11‑14 针片状试验结果

		规格/mm			
		4.75~9.5	9.5~16	16~19	19~26.5
针片状/%	1#	6.50	3.90	4.20	3.60
	2#	3.10	3.80	3.20	3.60
	3#	5.60	4.50	4.20	4
	4#	3.20	3.60	3.40	3.80

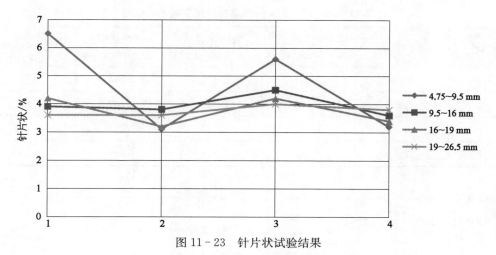

图 11‑23　针片状试验结果

表 11‑15　5～15 mm 档集料密度及吸水率试验

序号	生产日期	表观密度/ (g/cm³)	表干密度/ (g/cm³)	毛体积密度/ (g/cm³)	吸水率/%
1	6.29	2.497	2.331	2.220	5.00
2	6.30	2.463	2.316	2.215	4.54
3	7.1	2.530	2.329	2.198	5.97
4	7.2	2.509	2.366	2.271	4.18

集料的密度及吸水率随取样时间不同的变化如图 11‑24 所示。

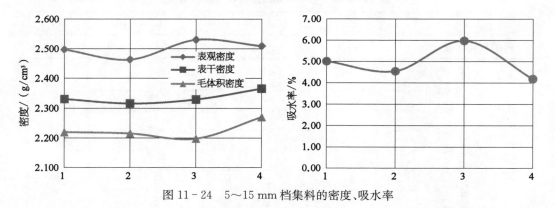

图 11‑24　5～15 mm 档集料的密度、吸水率

（2）15～25 mm 档集料。试验内容包括表观密度、表干密度、毛体积密度和吸水率。试验结果如表 11‑16 所示。

集料的密度及吸水率随取样时间不同的变化如图 11‑25 所示。

4）软弱颗粒含量试验

本次试验按照《公路工程集料试验规程》(JTG E42—2005)T0320—2000 进行。

表 11-16　15～25 mm 档集料密度及吸水率试验

序号	生产日期	表观密度/(g/cm³)	表干密度/(g/cm³)	毛体积密度/(g/cm³)	吸水率/%
1	6.29	2.459	2.331	2.243	3.91
2	6.30	2.519	2.380	2.289	3.99
3	7.1	2.480	2.332	2.233	4.47
4	7.2	2.461	2.342	2.261	3.58

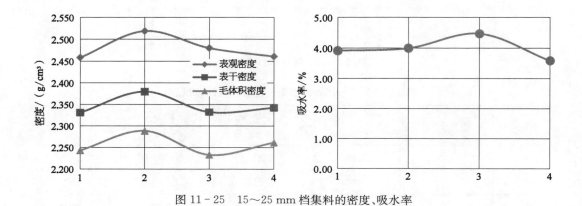

图 11-25　15～25 mm 档集料的密度、吸水率

（1）5～15 mm 档集料。试验结果如表 11-17 和图 11-26 所示。

表 11-17　5～15 mm 档集料软弱颗粒含量

试 验 项 目	1#	2#	3#	4#
软弱颗粒含量/%	81.9	74.7	78.0	86.1

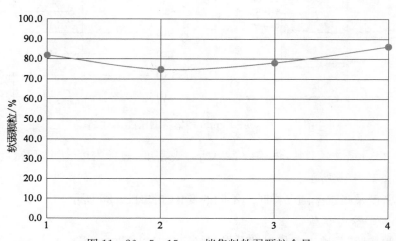

图 11-26　5～15 mm 档集料软弱颗粒含量

根据试验结果,5～15 mm 档粗集料的软弱颗粒含量介于 74.7%～86.1%。

(2) 15～25 mm 档集料。试验结果如表 11‐18 和图 11‐27 所示。

表 11‐18　15～25 mm 档集料软弱颗粒含量

试 验 项 目	1#	2#	3#	4#
软弱颗粒含量/%	38.1	39.4	43.5	40.5

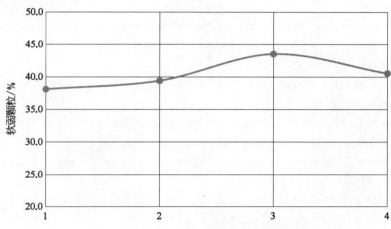

图 11‐27　15～25 mm 档集料软弱颗粒含量

根据试验结果,15～25 mm 档粗集料的软弱颗粒含量介于 38.1%～43.5%。

试验结果显示粗集料的软弱颗粒含量明显偏高,主要是因为再生粗集料以废旧混凝土块为主。在试验过程中,混凝土块表面附着的砂浆被压碎而导致软弱颗粒含量偏多。

参考文献

[1] Collins R J, Ciesielski S K, Mason L S. Recyling and use of waste materials and by-products in highway construction: a synthesis of highway practice[R]. Springfield, VA: National Academy Press, 1994.

[2] European Union. EuroStat regional yearbook 2010[R]. Luxembourg: Publications Office of the European Union, 2010.

[3] Pietersen H S. Application of recycled aggregates in the European concrete industry-its current status and future outlook[R]. Delft: Delft University of Technology, 1999.

[4] United States Environmental Protection Agency, MSW generation and recycling rates, 1960 – 2013[R]. 2015.

[5] Bunge R. Recovery of metals from waste incinerator bottom ash[R]. Switzerland: Institut für Urnwelt and Verfahrenstechnik UMTEC, 2015.

[6] Sampaio C H, Cazacliu B G, Miltzarek G L, et al. Stratification in air jigs of concrete/brick/gypsum particles[J]. Construction and Building Materials, 2016(109): 63 – 72.

[7] Weihong XING. Quality improvement of granular secondary raw building materials by separation and cleansing techniques[D]. Delft: Delft University of Technology, 2004.

[8] Choudhary J, Kumar B, Gupta A. Effect of filler on the bitumen-aggregate adhesion in asphalt mix[J]. International Journal of Pavement Engineering, 2018: 1 – 9.

[9] Reid J M, Evans R D, HoInsteiner R. Alternative materials in road construction[R]. Deliverable D7, Version 2.1, 2001.

[10] Pádraic Mac Giolla Bhríde, Evaluation of the potential expansion mechanisms of bottom ash in unbound sub-base materials[D]. Dundee: Univesity of Dundee, 2015.

[11] SelFrag-Lab. SelFrag-Lab laboratory fragmentator[Z]. SelFrag-Lab Brochure, 2006.

[12] University of Nottingham. Construction with unbound road aggregates in Europe[C]. Road & Transport Research, 1999.

[13] 中华人民共和国交通运输部.公路沥青路面施工技术规范: JTG F40—2004[S].北京: 人民交通出版社, 2005.

[14] Baldwin G, Addis R, Clark J, et al. Use of industrial by-products in road construction-water quality effect[R]. London: CIRIA, 1997.

[15] Brannon J M, Tommy E M, Barbara A T. Leachate testing and evaluation for freashwater sediments[R]. Vicksburg: US Army Corps of Enginneers Waterways Experiment Station, 1994.

[16] Kosson D S, Van der Sloot H, Sanchez F, et al. An integrated framework for evaluating leaching in waste management and utilization of secondary materials[J]. Environment Engineering and

Science，2002，19(3)：159－204.

[17] Muchova L. Wet physical separation of MSWI bottom ash[M]. Wageningen：Ponsen & Looijen，2010.

[18] Bradbury S A. Passive dust control for steel mills-control dust without the use of baghouses or suppression[C]. AISTech 2006 Proceedings — Volume Ⅱ，2006：1145－1151.

[19] Sunthonpagasit N，Duffey M R. Scrap tires to crumb rubber：feasibility analysis for processing facilities[J]. Resources，Conservation and Recycling，2004，40(4)：281.

[20] Thomas M H，Dhaniyala S，Philip L H. Fugitive dust emissions：development of a real-time monitor[R]. Potsdam：Clarkson University，2011.

[21] Sloot H A Vander，Dijkstra J J. Development of horizontally standardized leaching tests for construction materials：a material based or release based approach? Identical leaching mechanisms for different materials[R]. ECN－C－04－060，2004.

[22] Advanced Asphalt Technologies，LLC. A Manual for design of hot mix asphalt with commentary [R]. Washington，D.C.：National Cooperative Highway Research Program，2011.

[23] Julia G G，Desirée R R，et al. Pre-saturation technique of the recycled aggregates：solution to the water absorption drawback in the recycled concrete manufacture[J]. Matierals,2014,7(9)：6224－6236.

[24] Gy P. Sampling of particulate material：theory and practice[M]. Amsterdam：Elsevier，1982.

[25] 李晓东,陆胜勇,徐旭,等.中国部分城市生活垃圾热值的分析[J].中国环境科学,2001,21(2)：156－160.

[26] Meima J A，Comans N J. Geochemical modeling of weathering reactions in municipal solid waste incinerator bottom ash[J]. Environmental Science and Technology，1997，31(5)：129－1276.

[27] Mashaan N S，Karim M R. Waste tyre rubber in asphalt pavement modification[J]. Materials Research Innovations，2014(6)：6－9.

[28] Parvini M. Pavement deflection analysis using stochastic finite element method[D]. Hamilton：McMaster University 1997.

[29] Ferrari S，Belevi H，Baccini P. Chemical speciation of carbon in municipal solid waste incinerator residues[J]. Waste Management，2002(3)：303－314.

[30] West R，Willis J R，Marasteanu M. Improved mix design，evaluation，and materials management practices for hot mix asphalt with high reclaimed asphalt pavement content[R]. Auburn：National Center for Asphalt Technology，2013.

[31] 夏溢,章骅,邵立明,等.生活垃圾焚烧炉渣中有价金属的形态与可回收特征[J].环境科学研究,2017,30(4)：586－591.

[32] 过震文,李立寒,胡艳军,等.生活垃圾焚烧炉渣资源化理论与实践[M].上海：上海科学技术出版社,2019.

[33] 江苏省交通科学研究院.沥青路面再生技术的调查研究[R].2002.

[34] 江苏省交通科学研究院.橡胶改性沥青在高速公路上的应用研究[R].2007.

[35] Kandhal P S，Mallick R B. Pavement recycling guidelines for state and local goverments：paticipant's reference book[R]. Auburn：National Center for Asphalt Technology，1998.

[36] Asphalt Recycling and Reclaiming Association. [M]. Annapolis：2001.

[37] Mcdaniel R，Anderson R M. Recommended use of reclaimed asphalt pavement in the superpave mix design method：technician's manual[M]. National Cooperative Highway Research Program，2001.

[38] National Asphalt Pavement Association. Recycling hot mix asphalt pavements[R]. Information Series 123，2007.

[39] McDaniel R S，Anderson R M. Recommended use of reclaimed asphalt pavement in the superpave mix design method：guidelines[R]. NCHRP Research Results Digest 253，TRB 2001，3，Washington，D.C.：National Academy Press，2000.

[40] Stephen A C. Determination of ndesign for CIR mixtures using the superpave gyratory compactor [R]. RMRC Research Project No. 15 Final Report，2002.

[41] 廖明义,李雪,等."力化学"原理制备废橡胶粉改性沥青的研究[J].石油沥青,2005,19(1)：16-20.

[42] State of California Department of Transportation，Use of Scrap Tire Rubber，2005.

[43] 赵可,原健安.聚合物改性沥青流体流变性及改性剂的亚微观形态[J].中国市政工程,2001(4)：4-7.

[44] 孔宪明,张小英.废胶粉改性沥青的柔度与粘度[J].化学建材,2004(6)：39-41.

[45] 孔宪明,王陆.废胶粉改性沥青的应用实践[J].新型建筑材料,2001(11)：32-33.

[46] 叶智刚,张玉贞.废胶粉改性沥青溶解度的判别与比较[J].中国建筑防水,2004(12)：14-17.

[47] 陈蛋,陈斌,等.近红外光谱分析法测定菜籽油中芥酸的含量[J].农业工程学报,2007(1)：234-237.

[48] 杨素,杨苏平,周正亚.红外光谱法对聚烯烃中抗氧剂1010的定性、定量研究[J].红外,2007(2)：40-43.

[49] Colfof W.各种橡胶对石油沥青性质的影响[R].同济大学道路教研室,1958.

[50] King G，King H，Harder O，et al. "Influence of Asphalt Grade and Polymer Concentration on the High Temperature Performance of Polymer M odified Asphalt". AAPT，1992，73：196-210.

[51] 李智慧,谭忆秋,周兴业.沥青胶浆高低温性能评价体系的研究[J].石油沥青,2005,19(5)：15-18.

[52] Potgieter C J，Visser，A. Bitumen rubber chip and spray seals as used in south africa[C]. AR2003，2003.

[53] California Department of Transportation Flexible pavement rehabilitation manual[R]. Sacramento，2001.

[54] Potgieter C J，Coetsee J S. Design and construction procedures in south africa[C]. AR2003，2003.

[55] Charania E，Cano J O，Schnormeier R H. A twenty year study of asphalt rubber pavements in the city of phoenix，Arizona[J]. Transportation Research Record，1991.

[56] Hicks R J，Epps J A. Quality control for asphalt rubber binders and mixes[J]. AR2000，Portugal，November 2000.

[57] Shatnawi S. Performance of asphalt rubber mixes as thin overlays[C]. Vilamoura：AR2000，2000.

[58] Transportation Research Board. Hot-mix asphalt paving handbook 2000[M]. Washington D.C.：National Research Council，2000.

[59] American Society of Testing and Materials，D8 standard terminology relating to materials for roads and pavements in Vol. 4.03，road and paving materials；vehicle-pavement systems，Annual

Book of ASTM Standards 2001[S]. West Conshohocken: ASTM, 2001.

[60] Florida Department of Transportation. Florida method of test for measurement of water permeability of compacted asphalt paving mixtures FM 5 – 565[S]. 2003.

[61] Watson D E, Cooley L A, Moore K A, et al. Laboratory performance testing of OGFC mixtures [R]. Annual Meeting of the Transportation Research Board, 2004.

[62] Way G B. OGFC meets CRM, where the rubber meets the rubber, 12 years of durable success [C]. Portugal: AR2000, 2000.

[63] Johnston A, Gavin J, Palsat D. An evaluation of the permeability characteristics of superpave coarse mixtures in alberta[C]. Proceedings of the Canadian Technical Asphalt Association, 2001.

[64] Hicks R G, Lundy J R, Leahy R B, et al. Crumb rubber modifiers (CRM) in asphalt pavements: summary of practices in Arizona, California and Florida[R]. FHWA, 1995.

[65] Way, George B. Flagstaff I – 40 Asphalt rubber overlay project nine years of success[C]. 78th Annual Meeting of the Transportation Research Board, 2000.

[66] Kaloush K E, Zborowski A, Sotil A. Performance evaluation of arizona asphalt rubber mixtures in alberta[R]. Tempe Arizona State University, 2003.

[67] Kaloush K E, Witczak M W, Sotil A, et al. Laboratory evaluation of asphalt rubber mixtures using the dynamic modulus (E^*) test. Washington, D.C.: 2003 Annual Transportation Research Board Meeting, 2003.

[68] Visser A T, Verhaeghe B. Bitumen-rubber: lessons learned in South Africa[C]. Vilamoura: Asphalt Rubber 2000, 2000.

[69] Vyncke J, Vrijders J. Recycling of C & D Waste in Belgium: state-of-the-art and opporeunities for technology transfer[R]. Brussel: Belgian Building Research Institute, 2000.

[70] Mulders L. High quality recycling of construction and demolition waste in the Netherlands[D]. Utrecht: Utrecht University, 2013.